▲ 金宗濂

▲ 1964年北京大学本科

▲ 2007年退休

◀ 1991年他和爱人在加拿大Alberta大学做访问学者

▶ 1999年赴欧洲访问调研职业教育

◀ 2001年赴台湾参访统一企业

▲ 2004年在悉尼进行职业教育调研

▲ 2004年在新西兰进行职业教育调研

▲ 2005年去北欧考察本科教育

◄ 2005年去俄罗斯访问

► 2005年指导研究生论文

▲ 2006年在加拿大访问

▲ 2009年参观山西汾酒厂

▲ 2009年在香港参加全球华人保健食品大会

▲ 2009年在英国参加学术会议

▲ 2012年北京食品学会主办的食品科学论坛主持讨论

▶ 2012年参加赵以炳先生诞辰100周年

▲ 2012年与恩师蔡益鹏合影

◀2014年保健食品研讨会

学知学术文库

食学集

——金宗濂文集

學苑出版社

图书在版编目（CIP）数据

食学集：金宗濂文集 /《食学集：金宗濂文集》编委会编. --北京：2015.9

ISBN 978-7-5077-4854-3

Ⅰ.①食…　Ⅱ.①食…　Ⅲ.①食品科学-文集　Ⅳ.①TS201-53

中国版本图书馆 CIP 数据核字（2015）第 215103 号

出 版 人：孟　白
责任编辑：刘　丰
出版发行：学苑出版社
社　　址：北京市丰台区南方庄 2 号院 1 号楼
邮政编码：100079
网　　址：www.book001.com
电子信箱：xueyuanpress@163.com
经销电话：010-67601101（营销部）、67603091（总编室）
印 刷 厂：河北鑫宏源印刷包装有限责任公司
开本尺寸：787×1092　1/16
印　　张：17.5
字　　数：296 千字
版　　次：2015 年 10 月第 1 版
印　　次：2015 年 10 月第 1 次印刷
定　　价：80.00 元

本书编委会

《学知学术文库》总序

2015年，恰逢北京联合大学办学三十七周年（成立三十年）之际，更是“十二五”发展收官之年，北京联合大学应用文理学院于年初决定编辑出版《学知学术文库》，以资纪念。《学知学术文库》以北京联合大学应用文理学院的学科专业体系为框架，以各学科专业的带头人、资深教授为基本线索，精选他们的科研成果代表作，汇集成册，陆续编辑出版，坚持下去，蔚为大观，或不负“文库”之名。

我们的国家正处于前所未有的振兴时期。今天我们深刻感受到中华民族追求中国梦的民族自信、坚强和力量，其中包含着祖国历史的悠久绵长和民族文化的博大精深，这是我们赖以生存发展的不竭生命源泉。中国特色社会主义伟大实践推动着学术的繁荣与发展、实践的开拓与创新。学术研究作为高校的四大职能之一，重在传承和创新，科学、规范、系统和学科的综合交叉研究，显示出人类社会及其科学文明的不断进步与发展。高校的学术研究更是以推动学校教学工作和学科建设、促进国内外学术交流、适应为国家培养高级专门人才的需要、更好地发挥作用为己任。有历史，社会才有积淀，久而文化生成，人相继，代相传，脉脉承载，根基永固。这即是编辑出版本套文库的宗旨之所在。

编辑学术文库，并不是一件很特殊的事情，各类学术文库说不上汗牛充栋，也是比比皆是，诸如西方学术文库、上海三联学术文库、明清史学术文库、日本学术文库等。本套学术文库之所以用“学知”命名，一则缘于北京联合大学应用文理学院地处首都北京中关村科学城核心区的学知桥畔；二则缘于学院近来探索创建的学知书院；三则所谓“学以致其道，知者识与觉。

大学之道在于明德至善，格物以致知”。“学知”二字蕴含了“学而知之，学以致用，知行合一”的本义，是高校人才培养的基本指归。读书乃孕正气，学问以解国忧。北京联合大学应用文理学院几十度春华秋实，有声有色，有韵有律，以往的记叙不仅有难以忘怀的记忆，更有累代师资在学科专业建设中饱含心血、热情、才智的不懈探索，在科研领域的执着前行。这一切都是值得纪念的，也是不可多得的财富。这种积淀是学院得以发展的潜力和底蕴，是聚集起来继续奋发前行的力量。这套汇聚诸位教授多年研究成果的学术精品，以《学知学术文库》命名，自然是题中之意、缘由所在了。

北京联合大学，是改革开放的产物，是教育部于1985批准设立的综合性普通高等学校，其前身是1978年建立的30多所大学分校。应用文理学院，是北京联合大学下属的一所二级学院，从1978年建立的北京大学分校和中国人民大学二分校始，到1985年并入北京联合大学更名为北京联合大学文理学院和北京联合大学文法学院，再到1994年两院合并为北京联合大学应用文理学院，至今已走过了三十七个春秋。三十七年来，学院传承了老大学优秀的文化基因，在承继北京大学和中国人民大学部分基础性学科专业的基础上，为适应首都北京经济社会发展需要及高等教育大众化的变化，从20世纪80年代开始，开展深入调研和科学论证，探索发展应用文科、应用理科学科专业方向，优化学科专业结构，深化学科专业调整，逐步实现了学科专业由基础型向应用型、复合型的转变。

《学知学术文库》第一辑编辑出版六本文集，是由应用文理学院现有六个教学系各推荐一位学术造诣高、对学科专业发展起了重要作用、已经荣退的知名专家学者，收集他们多年发表的学术论文、研究报告等优秀科研成果，总结归纳，汇编而成。具体包括法学学科刘隆亨教授的《砺行集》、食品科学学科金宗濂教授的《食学集》、地理学学科张妙弟教授的《蓟草集》、新闻学学科周传家教授的《采菊集》、历史学学科孔繁敏教授的《敏学集》和档案学学科贺真教授的《兰台集》。本辑呈现了六位专家学者多年的学术探讨与实践收获，从史事探究、文献辑考，到戏曲文学、曲韵舞律，从史册档案、管理编研，到法治建设思想、制度政策研究，从地理生态研究、北京城市建设，到保健食品功能因子及作用机理研究、基础材料研究，既有宏观概括，又有微观分析，既有深入的理论探讨，也有具体的对策建议，既有基础科学研究，又有应用理论探索。

这套文库的核心与灵魂就是在于真实地展示学院的办学历程、发展足迹与不懈探索。这不仅是应用文理学院学科专业学术研究的成果荟萃，更是北京联合大学学术研究筚路蓝缕的纪念，是学术文脉薪火相递的传承。

《学知学术文库》编委会

2015 年 9 月 北京

序一：陈可冀院士序

金宗濂教授早年毕业于北京大学生物系，为著名科学家赵以炳教授所至为器重，是我国著名的食物科学家，在高校从事食品科学教学与研究多年，著述及获奖甚丰。他对常用食物、食品，尤其是保健功能食品，有深邃的专业教学及研究成就。近三十多年以来，我与宗濂教授不时在食品科学会议、卫生部保健功能食品审评会议，以及有关食品生产制作会议上谋面，很是快慰。宗濂教授真诚而率直，讨论问题，常常能够理想与现实结合，接上地气，折射出他对事业与学问的真性情，有浓厚的家国情怀，也不时流露出他对食品科学专业的钟爱与情趣，多有建言，有底气，更有灵气。多年以前，我曾拜读过他的《功能食品评价原理及方法》、《功能食品教程》等多种专著，获益良多。

食品科学、食品功能、食品制作工程与保健功能食品等科学技术，是一门极为重要的学问，涉及国民健康、经济发展、合理监管，以及相关的食物文化等一系列科学技术及社会民生发展等问题，必须认真研究和发展。我国上下五千年的悠久历史，传统生活中还有所谓酒文化、茶文化、饮食环境文化、食疗文化、素食文化、药食两用文化等诸多流派或考究，也有不少值得继承、研究与发展的。

宗濂教授今又将其自1983年之后公开发表之二百余篇论著精选三十余篇成《食学集》一书出版，涉及保健食品功能因子及作用机理研究、保健食品功能基础材料研究、保健食品功能检测方法及实例研究、保健功能食品管理及产业评述，以及食品学科教学和学科建设等，均以实例加以阐述。书末并附有本人发表过的文献200余篇，实为当下不可多得之鸿篇巨制，对我国食品科学技术各界专业人员都是一部极好的案头参考用书。宗濂教授书成，邀我为此书作序，谨以此序祝贺该书的面世。

中国科学院资深院士 陈可冀

2015年盛夏于北京

序二：孙宝国院士序

民以食为天。食品的营养与健康是食品之本。随着生活水平的提高和健康意识的增强，人们对食品的要求已不仅仅是能吃饱、吃好，更希望食品能对身体健康有促进作用，吃出健康。食品领域的研究也由最初的注重食品加工过程中的科学技术问题，发展到关注食品科学与人类健康的新领域——功能（保健）食品的研究。金宗濂教授是我国功能（保健）食品的先驱和开拓者，自1983年率先主持建立“食品科学与营养学”专业以来，金先生在功能（保健）食品研究开发领域已经耕耘了30多年，是国内外著名的功能食品专家。

功能（保健）食品是一个综合学科，相关研究涉及化学、生物化学、生理学、营养学及中医药学等多学科的基础理论。对功能食品中生物活性因子的化学结构、构效关系、量效分析以及作用机理的研究是关键环节。金先生在化学、生物学和营养学方面有着扎实的理论功底，加上敏捷的思维，高瞻远瞩的科研思路和娴熟的实验技能，金先生几十年来硕果累累，获得国家和北京市多项奖励，累计发表论文200余篇，对功能（保健）食品的基础研究和相关的管理和发展趋势都有独到的见解。

这本书中收录了金先生30多篇论文的全文，均是有关功能（保健）食品的研究和功能（保健）食品学科建设方面的精品，也介绍了有关我国功能（保健）食品产业发展、法律、法规建设方面的情况，非常值得功能（保健）食品相关的研究人员和从业人员研读。

食品产业是民生产业，是永恒的朝阳产业。功能（保健）食品发展前景十分广阔，其中普通食品功能化也是未来功能（保健）食品非常重要的增长点。能为金先生这本书作序我感到非常荣幸，把包括功能（保健）食品在内的食品产业做好是我们义不容辞的历史使命，我们应该向金先生学习，聚焦食品一个研究领域，长期坚持下去。此为序。

中国工程院院士 孙宝国

2015年7月11日

自　序

这本集子取名为《食学集》，“食”，膳食、食物、食品是也。“学”，意为学问、学科和科学。食品科学是我的科研方向。食品科学也是我们的学科方向。众所周知，在食品专业领域内，大致需要“食品科学”、“食品工程”和“食品装备”三方面专业人才。但在“文革”前，由于学习苏联，当时的食品专业设在轻工院校内，也就是“文革”前的高校，只培养“食品工程”和“食品装备”人才，不培养“食品科学”人才。“文革”后1978年，当时的北大分校生物系是按照北大模式培养基础生物学人才。1982年第一届学生毕业后，北京市教育行政部门的领导开始察觉，北京市不需要这么多基础学科专业人才，提出北京的分校应培养应用型人才。根据市委指示，北大时任校长张龙翔教授建议北大分校生物系应着手建立培养“食品科学”与“食品营养”方面的人才的专业。根据我们的调研，“食品科学”有两方面学科方向。一是研究食品加工中的科学问题，他需要较强的工科基础；二是研究“食品与人类健康关系”方面的科学问题，后者需要较强的生理学、生物化学、营养学与微生物学等理科基础。这正是当时北大分校生物系的强项，又有北大的支持，因而在校党委支持下，我们决定，在北大分校生物系建立以研究“食品与人类健康关系”为特点的食品科学学科。学科建设应从哪里突破呢？在研究“食品与人类健康关系”领域，有一个重要内容是研究营养素与人类健康关系的问题。20世纪80年代国内营养素摄取不足，是影响国人健康的突出问题，也是我国公共卫生与临床营养一个严峻问题。当时国内一些医药院校和科研机构在开展这方面的研究、培养这方面的人才。在研究食品与人类健康关系还有一个重要的研究领域，即研究食品的健康功能。当时在国外如日本刚开始，而我国尚属空白。因为当时人们只有“食”与“药”之分。因而提及食品的健康功能是属于药物的研究领域。如果我们要将研究

“食品健康功能”作为学科的科研方向，就必须要回答“食品的健康功能是否客观存在”、“能否用现代科学手段来检测这一功能”两方面的问题。因此1983年，在国内我们率先在北大分校生物系，建立了以研究“食品与人类健康关系”为特点的食品科学学科。而且用现代科学手段，来客观评价食品健康功能作为科研突破口。自1983年至1992年，大致花了不到十年时间，我们建立了近十个食品健康功能的检测评价方法，并于1995年由北大出版社出版了我国第一部食品健康功能评价的专著《功能食品评价原理及方法》，明确了“功能食品概念”及科学的功能评价方法。当时正值《食品卫生法》出台，该法确立了保健（功能）食品的法律地位。我国保健食品自此进入法制化的管理轨道。北京联合大学应用文理学院（即北大分校）的“保健食品功能评价中心”成为我国首批卫生部认定的保健食品功能检测机构。我本人也成为我国首个非卫生部保健食品评审专家。2001年北京联合大学（北大分校）的“生物活性物质与功能食品”实验室，被北京市教委和科委联合认定为北京市重点实验室，得到了政府的强有力支持。我校的食品科学学科也被北京市教委认定为北京市重点建设学科。

本文集收录了我从1983年开始公开发表的近200余篇有关功能食品的论文。由于受文集篇幅限制，本文集只能收录30余篇论文的全文。但在附录中详细记录了全部论文的名称与出处。这些论文分为两类，一类是功能食品的研究论文，另一类是学科建设论文，包括我国保健食品产业发展，法律、法规建设方面的论文。以飨读者，并请批评指正。

2015年6月于北京

金宗濂小传

跌宕起伏　爱国敬业　开拓向前

1940 年，金宗濂出生在上海一个普通职员家庭。他的父亲是一位银行的会计，母亲是家庭主妇。1946 年在他家附近的一所小学上学。1952 年进入上海市重点中学南洋模范中学。1958 年考入北京大学生物系人体及动物生理专业学习，1964 年（本科六年制）毕业。回顾这五十余年，正可以“跌宕起伏，潮起潮落”来形容。

五十年前，由于众所周知的原因，他失去了再入北大深造的机会，但是他却步入了当时最属“绝密”的“核爆炸效应”的研究领域，中国农业科学院原子能所二室（核试验研究室）。自 1965 年进入 21 基地，至 1967 年秋返回北京。在新疆基地，他参与了多次核试验，他所在的研究团队由于工作出色，荣立了集体二等功和集体三等功各一次，因此他体会到，在完成重大科研项目时“大力协同”发挥的作用，也体会到“伟大”孕育在“平凡”之中。1967 年回到北京后，因没有参加“文化大革命”，先后去了河南干校，并于 1970 年底下放到革命圣地——江西省井冈山地区吉安市。先在一所刚筹建的中学当教员，不到半年调到吉安市革命委员会（现在称市政府）科委工作。在江西吉安市工作了近八年，虽然与北大的生理学专业相距甚远，但他还是将在北大学到的理论知识与实践相结合，在工作中做出一定成绩，也受到当地领导、工程技术人员和工农群众的欢迎。在吉安市工作的八年间，他深深感谢北大给予他扎实的“基础知识”和良好的“实践和为人处世能力”的培养，使他工作游刃有余，并进入市长候选人行列。

1978 年科学的春天来了，他收到恩师赵以炳教授和蔡益鹏教授的召唤回到了北大，成为了赵教授的关门弟子。在他硕士研究生答辩会上，赵教授发表了一番感人肺腑的即席发言，并说“金宗濂你是否记得 1964 年你报考我的研究生”，他说“记得”。接着赵教授拿出一张发黄的纸片，讲了金宗濂当时考试成绩，并说“由于大家知道的原因，当时没有办法录取，但是现在我还是让你完成了研究生学业”。

1982 年研究生毕业，他和葛明德教授（时任北大生物系党总支书记，副系主任）一起来到“北大分校”。当时北大分校是一所由北大领导，北大和北京市合办的一所大学分校。因为 1982 年第一届学生毕业后，北京市认为，从事基础研究的高级人才，北京市需求有限，应把“北大分校”建设成一所应用型大学。如何建设“应用生物系”是摆在葛明德和他面前的一项任务。

从 1983 年暑假起，生物系的金宗濂、杨思鞠、董文彦等同志走出校门，深入实际进行社会调查，拜访有关专家并做了大量文献调研。经过近一年的努力，提出试办当时国内尚属空白的“食品科学和营养学专业”。对于办这样的应用理科专业，虽然一时在校内外众说纷纭，但得到张龙翔、于若木、沈治平等科技界前辈的赞许和鼓励。有关方面的专家如天津轻工业学院的姚国雄和北京营养源研究所朱相远给予了大力支持。根据调研发现在“食品科学”领域大致有两大方向：一是研究“食品加工过程中的科学”问题，二是研究“食品与人类健康”问题。前者需要良好的工科基础，后者需要较好的医学和理学基础，这正是北大的强项。在进一步调查中发现，研究“食品与人的健康”课题，当时正经历“文革”后的磨难，国民的营养素缺乏症严重威胁人们的健康，但这一课题已是医学院校的公共卫生的重点的学科方向。而研究“食品的健康功能”在当时国外如日本刚开始，在国内还尚未开展。经过多年调查，并经教育主管部门批准，北大分校率先在国内建立了以研究“食品健康功能”为学科方向的专业，并于 1983 年招收大专生，1984 年招收本科生。经过近十年辛勤的科研工作，于 1995 年由北大出版社出版了《功能食品评价原理及方法》一书，这是我国第一部食品功能评价专著，并获得北京市科技进步三等奖。1993 年他获得国务院特殊津贴。

1996 年建立了被卫生部认定的“保健食品功能评价中心”，成为当时唯一一所非卫生部系统检测中心。2000 年由北京市教委和北京市科委批准成立“生物活性物质与功能食品”北京市重点实验室。由于表现突出，成绩卓越，金宗濂也于 1997 年被评为北京市优秀教师，1998 年获全国优秀教师称号。

至今，金宗濂已成为国内知名的功能食品专家，国家保健食品资深评审专家，得到国内外同行认可。虽然于2007年已正式退休，适逢教授重新评级，评为“二级教授”，至今仍返聘在工作岗位，贡献一点余热。

一眨眼，五十年过去了，正是弹指一挥间。在五十年间，随着国家命运潮起潮落。回顾往事，但他心中的信念一直没有变。他正是“六四风波”后赴加拿大Alberta大学做访问学者，1989年12月出国，1992年1月回国，在加拿大看到他们国家经济高度发展，人们生活富足。他相信“贫穷不是社会主义”。国外朋友也对他说“你们说的那个社会主义，我们并不欣赏”。回国后，一位组织部门的同志找他谈话，问及：“你对共产主义的信念有变化吗”？他很坦荡地回答说：“我是1989年‘六四’风波后出访加拿大，在加拿大两年内既没有申请绿卡，也没有申请入籍，按时回国，表示我的信念没有变化。”他热爱祖国，他相信中华民族一定会进入世界民族之林，而且不断走向新辉煌。工作五十年来，他发表论文200余篇，出版专著3本，他参与的科研工作，获得国家科技进步三等奖一项，部委级科技进步二等奖2项，三等奖2项。

今年他已经75岁了，从“小金”真正变成了“老金”，但是他心中的那份信念始终没变，他对工作的热爱始终没有变，对这个学科和学校的热爱和关心始终没有变。

目　录

一、保健食品功能因子及作用机理研究

腺苷与阿尔采默氏型老年痴呆症

——一种可能的分子机制的新思路

阿尔采默症又称老年痴呆症(senile dementia of Alzheimer type,SDAT),随着人类寿命的普遍延长,这种世纪之病已被认为是当前危害人类健康的主要疾病之一。据调查,上海市55岁以上人群患病率为1.5%,60岁以上为2.05%,65岁以上为2.9%[1]。西方国家统计的发病率还要高,甚至有人认为在80岁以上的老年人中,30%以上存在着不同程度的痴呆。病理学研究表明,患者脑皮层呈进行性萎缩变性,病变主要位于额叶、颞叶、海马等部位;组织学观察表明:患者脑内有明显的神经细胞变性,脱失,胶质细胞增生,神经原纤维缠结,颗粒空泡变性及老年斑形成。患者认知障碍与病理改变程度密切相关。发病早期(1—2年),主要表现为记忆力减退,逐渐发展为认知功能的完全丧失呈高度痴呆,患者多死于并发感染性疾病。电子计算机断层摄影及核磁共振扫描的研究表明:AD患者出现弥漫性脑皮质萎缩,脑室扩大,正电子断层扫描可见脑皮质能量代谢较正常对照组减少40%以上[2]。

自20世纪初该病由德国病理学家阿尔采默(Alzheimer)首先报道以来,对其病因学及发病机理进行过大量研究,提出了许多假说,其中神经递质假说研究得最早,成果也较为丰富。已经发现AD患者脑内出现一系列神经递质功能的紊乱,不仅涉及皮层内神经元还累及到某些特异性皮层下核团向新皮层和海马的投射,如基底前脑的胆碱能系统神经元,中缝核群的5-羟色胺能神经元,兰斑核的去甲肾上腺能神经元以及黑质中的多巴胺能神经元,因此有人提出AD为一种中枢神经系统多递质联合受损性疾病,其中胆碱能系统的功能障碍已得到普遍公认。

胆碱能神经元在脑内分布很广,与记忆、痴呆关系密切的有两处:一处位于大脑深层无名质(substantia innominate)的大型细胞团,从基底前脑Meynert底核(NBM)向大脑皮质的投射系统;另一处位于海马区的胆碱能神经元,其起始核位于透明隔基底部的中隔内侧核以及 Brosca 对角带状核。1974 年 Drachman 指出脑内 Ach 与记忆、认知功能有密切关系。1976 年后相继报道 AD 患者脑内胆碱能神经元异常，表现为 AD 患者的胆碱能递质的减少与智力的丧失，皮层老年斑及神经原纤维缠结增加的程度呈正相关[3]。另有报道指出 AD 患者 NBM 的胆碱能细胞数减少 50%—75%，推测这一减少是 AD 患者皮层胆碱能递质衰减的直接原因[4]。在 AD 动物模型突触前胆碱的再摄取能力也呈现降低趋势，利用胆碱合成 Ach 的功能亦下降[5]，Ach 的合成酶：胆碱乙酰化转移酶（CAT）及分解酶——乙酰胆碱酯酶（AchE）在 AD 患者大脑皮层及海马内的活性均较同龄对照组下降 28%—50%，其中以颞叶减少最为显著。多数研究证实：在皮层和海马内突触前的 M_2 受体密度下降，而突触后 M_1 受体则无改变；在颞叶皮层 N 受体显著减少；壳核，NBM 的 N 受体结合能力也降低[6]。

其次累及的是单胺类神经递质系统，中枢的去甲肾上腺素主要由脑干兰斑核团前部的神经元合成，这些神经元发出的上行纤维投射到大脑皮质。在 AD 患者中，兰斑核细胞丧失，兰斑和海马内 NE 浓度较正常同龄对照组显著减少；NE 合成酶——多巴胺 β - 羟化酶活性在大脑皮层内亦呈下降趋势，而其分解酶之一——单胺氧化酶含量则较高[7,8]；额叶皮层的 α_2 肾上腺素能受体密度下降。

AD 患者脑内多巴胺递质含量变化报道不一，这可能是由于合并帕金森氏综合征所致。多巴胺 D_1 受体总浓度无改变，但在额叶皮层 D_1 受体激动剂的高亲和力位点有显著性降低 D_1，在该病早期即发现嗅球中 D_2 受体丧失[9]。

AD 患者 5 - 羟色胺系统亦受到影响。即 5 - HT 含量及其细胞数均下降，皮层中 5 - HT 的 S_2 受体下降明显，海马的 S_2 受体是各受体中减少得最为明显的一种[10]。

总之，AD 患者脑中各类递质变化总的趋势是其含量下降，受体数目及其亲和力也有降低，因此有人提出 AD 可能是中枢神经系统多种递质联合受损性疾病。利用上述中枢递质的变化可以解释许多关于 AD 的临床征侯及其病理学改变，但是应用递质替代疗法，却往往不能收到满意的效果，提示 AD 的产生可能存有更深层次上的分子机理。

中枢神经系统内存在众多的神经调质（neuro modulator），它们的释放会影响神经递质的平衡，而后者则会直接影响神经系统功能。所谓调质是指在神经系统中，神经纤维末梢所含有的与神经递质并存的物质。它们可以调制神经递质对突触后膜的作用,增加或降低神经递质对突触后膜的作用,以影响神经递质的效应,同时也可能与突触前膜受体结合,以调制突触前膜对神经递质的释放量。总之,它通过改变神经递质的释放以及在突触后膜上的效应来影响细胞间的信息传递[11]。

近年来,腺苷(adenosine)逐渐受到神经生理学家的重视,作为一种神经调质,它在脑内有着广泛分布。其生成有两种途径:一是以环磷酸腺苷(cAMP)作为前体物质,在磷酸二酯酶的作用下生成一磷酸腺苷(AMP),再通过5′-核苷酸酶(5′-Nucleotidase,5-ND)的催化生成腺苷;另一途径是以ATP作为前体。

ATP --ATP酶--> ADP --腺苷酸激酶--> AMP --5′-核苷酸酶--> 腺苷

腺苷的释放主要来自突触后效应细胞,可被认为是一种突触后对突触前末梢具有负反馈性的调节物质。腺苷受体可分为 A_1 和 A_2 两种类型,其中 A_2 受体存有高亲和力和低亲和力两种亚型,A_1 受体兴奋抑制腺苷酸环化酶的作用,使CAMP生成减少,而 A_2 受体的作用则相反。A_1A_2 两种受体有共同的拮抗剂——茶碱(theophylline)及咖啡碱(caffine)。目前尚未发现亚型的选择性拮抗剂。研究表明:脑内腺苷通过突触前抑制的机制对多种神经递质的释放,有着向下调节的作用。临床观察表明:AD患者脑内的腺苷及其受体也有诸多变化,如:海马内 A_1 受体与同龄对照组减少达40%—60%,受体丢失最显著的区域为齿回的分子层,但受体亲和力未有明显改变[10]。A_1 受体的丢失显示这些区域内锥体细胞的丧失,另外还发现纹状体内尾核,壳核 A_1 受体减少,其减少程度与胆碱乙酰化转移酶活性下降程度相平行[12],但对于腺苷含量及其合成酶——5′-核苷酸酶的变化都未见报道。

近年来,我们在研究腺苷在神经调制中的作用时也发现它对Ach有着广泛的调制作用:它能抑制大鼠脑片胆碱能神经元释放Ach,这一效应有随龄变化的特征[13]。提示海马释放Ach的随龄降低有可能是海马嘌呤能神经活动增强的结果。一些与记忆有关的脑结构,如皮层,纹状体和海马的腺苷含量及其合成酶5′-核苷酸酶均有随龄增加的趋势,如用腺苷受体激动剂PLA(phenylisopropyl adenosine)能抑制大鼠海马脑片Ach的释放水平。众所周知,海马Ach降低是老年近期记忆衰退及阿尔采默型老年性痴呆的一个重要原因。我们曾用成龄鼠和老年鼠为材料,以被动逃避反应为行为模型,发现腺苷受体阻断剂——茶碱(theophylline)可明显改善东莨菪碱(Scopamine)造成的近期记忆障碍。这种作用随茶碱浓度增加而加强。而腺苷受体激动剂PLA可抑制大鼠学习记忆行为。

由于腺苷作为一种神经调质对各类递质有着广泛的调制作用,因此,在中枢神经系统内腺苷的随龄增加也很可能是AD产生的一个更为深层的分子机制。令人感兴趣的是,M_1受体激动剂对AD患者有良好的治疗作用,而它们的作用机理是通过激活腺苷酸环化酶,增加细胞内cAMP含量实现的。神经节苷脂(ganglioside)由于刺激神经生长,被用于AD的治疗和预防[13],而Daly等曾发现,高浓度外源性的神经节苷脂能激活腺苷酸环化酶,使细胞内cAMP迅速增加,这一机制可能是神经节苷脂促使神经突起大量萌发的原因之一。而茶碱也是由于阻断了腺苷与A_1受体的作用,通过激活腺苷酸环化酶,增加细胞内CAMP,实现其生理功能。因此腺苷的随龄增加很有可能是SDAT型痴呆发生的原因之一。研究腺苷、神经节苷脂和神经生长因子与SDAT关系,也许能为SDAT研究开辟新思路,为研究AD治疗对策提供一个新途径。

总之,由于腺苷在脑内摄取和代谢都十分迅速,因此要想建立一个理想的药物代谢动力学模型有一定的困难,特别是缺乏有高度特异性的受体激动剂和阻断剂,所以迄今为止对于这一系统的研究还远远不够,特别是关于AD与腺苷的关系还有许多问题有待澄清。但由于腺苷在中枢神经系统中存在广泛的调节作用,我们认为它可能是AD发病机理中一个重要的因素,至少通过对腺苷的研究,将使我们对AD时各类神经递质改变的最终原因有进一步的认识。

参考文献(略)

(作者:金宗濂,王卫平,赵江;原载于《心理学动态》1995年第4期)

腺苷受体阻断剂对老年大鼠记忆障碍的研究

学习和记忆是脑的高级机能,中枢胆碱能递质系统在学习和记忆中有重要的调节作用。老年性痴呆是一种常见病,它的病因很可能与脑内胆碱能系统功能的衰退[1,2]有关。胆碱能系统的活动受到多种其他神经递质和神经调质的调控,腺苷(adenosine)是ATP脱磷酸化的一个产物,刺激中枢神经系统可以释放出这种物质。腺苷和它的类似物可以通过突触前抑制来抑制乙酰胆碱(Ach)的释放[3-5]。本文旨在研究腺苷与学习记忆的关系,以探求腺苷受体阻断剂能否改善某些学习和记忆障碍,特别是老年性记忆障碍。

一、材料与方法

(一)实验动物

SD大鼠,雄性(首都医学院动物房提供)。依年龄分为:成年(3—5个月),和老龄(18个月以上)两组。

(二)药品

东莨菪碱(Scop),Sigma产品,用生理盐水配制。

腺苷受体阻断剂茶碱和激动剂PIA,均为Sigma产品,用人工脑脊液(CSF)配制。

(三)脑内埋管手术

行为实验一周前,在动物侧脑室部位插入不锈钢套管,并固定于颅骨上,以便进行脑室注射。

(四)被动回避性反应实验

采用跳台法(step - down)。跳台训练期先将动物放入箱内适应5分钟。然后将其放在平台上并立即通电,电压为36V。通常情况下,动物由台上跳下后，会立即跳回平台以逃避电击，如此连续训练，直至动物在台上站立满 5 分钟，以此作为学会的标准。记录训练过程中，动物下台受到电击的次数，即为错误次数，作为学习结果。24 小时后，将动物再次置于台上，以同样方式考察记忆保持。记录动物第一次跳下平台的潜伏期及 5 分钟内的错误次数，作为记忆结果。

二、结　果

(一) 东莨菪碱(Scop)对大鼠学习记忆的影响

训练前 30 分钟，腹腔注射 Scop(成年鼠 0.5mg/kg，老龄鼠 0.3mg/kg，对照组以生理盐水代替 Scop)，脑室注射 5mL 人工脑脊液。结果发现，Scop 明显增加了训练期和记忆保持期的错误次数，缩短了 24 小时后的潜伏期(表 1)。这个结果表明 Scop 确实是制备学习记忆障碍模型的有效药物，与文献报道一致[6]。

Tabel 1　Effect of scopolamine(Scop)on learning and memory of SD rats in step-down test($\bar{x} \pm S_{\bar{x}}$)

Group	Treatment[Δ]	n	Training period	Retentive periods	
			Numbers of errancy	Lantency(s)	Numbers of errancy
Adult(Control)	Saline	12	1.4 ±0.2	235.6 ±33.0	0.2 ±0.1
Adult(Scop)	Scop(0.5mg/kg)	12	15.2 ±0.9**	104.0 ±42.1*	0.8 ±0.2*
Old(Control)	Saline	14	1.4 ±0.2	241.4 ±31.2	0.2 ±0.1
Old(Scop)	Scop(0.3mg/kg)	12	16.4 ±1.6**	25.2 ±15.6**	2.3 ±0.4**

Δ　Injected in traperitoneally 30 min before test

*　$P<0.05$, **$P<0.01$ compared with control group

(二) 茶碱对大鼠学习记忆的影响

在 Scop 制备的学习记忆障碍模型上，观察了三种不同浓度的茶碱(0.01μg，0.1μg，1μg)对成年鼠跳台行为的影响。结果发现这三种浓度的茶碱均可明显减少在训练期间的错误次数，这种作用随茶碱浓度的增大而加强(表 2)。1μg 茶碱还可明显延长记忆保持期的潜伏期。10μg 茶碱可明显减少老龄鼠训练期的错误次数，延长 24 小时的后的潜伏期并减少了错误次数(表 2)。

Table 2　Effect of theophylline on Scop induced learning dysfunction of rats in step-down test

Group	Treatment$^{\Delta}$		n	Learning and Memory($\bar{x} \pm S_{\bar{x}}$)		
	Scop(ip)(mg/kg)	Theophy lline(icv) (μg)		Training period Number of errancy	Retentive periods Lantency(s)	Retentive periods Number of errancy
Adult (Control)	0.5	0	12	15.2 ±0.9	104.0 ±42.1	0.8 ±0.2
Adult (Theophyllne 1)	0.5	0.01	10	12.0 ±0.8*	100.4 ±42.5	0.7 ±0.1
Adult (Theophyllne 2)	0.5	0.1	10	6.9 ±0.8**	104.1 ±43.0	0.9 ±0.2
Adult (Theophyllne 3)	0.5	1.0	12	4.0 ±0.5**	202.9 ±41.4**	0.7 ±0.3
Old (Control)	0.3	0	12	16.4 ±1.6	25.2 ±12.6	2.3 ±0.4
Old (Theophylline)	0.3	1.0	13	7.9 ±0.6**	88.8 ±33.9*	1.2 ±0.2*

Δ Injected 30 min before test

* $P<0.05$, ** $P \pm 0.01$　compared with control group

(三)PIA 对动物学习记忆的影响

训练前 30 分钟,腹腔注射生理盐水,脑室注射 PIA(成年鼠 10μg,老龄鼠 1μg,对照组以人工脑脊液代替 PIA)。结果表明,10μg PIA 可明显增加成年鼠训练期和记忆保持期的错误次数,缩短了 24 小时后的潜伏期。1μg PIA 也可明显增加老龄鼠训练期的错误次数(表 3)。以上结果说明,PIA 对大鼠学习记忆行为起一定的阻碍作用。

Tabel 3　Effect of PLA on learning and memory of rats in step-down test($\bar{x} \pm S_{\bar{x}}$)

Group	PIA(civ)$^{\Delta}$ μg	n	Training period Numbers of errancy	Retentive periods Lantency(s)	Retentive periods Numbers of errancy
Adult (Control)	0	12	1.4 ±0.2	235.6 ±33.8	0.2 ±0.1
Adult(PIA)	10	12	4.1 ±0.5**	66.5 +39.0**	0.9 ±0.2**

续表

Group	PIA(civ)$^{\Delta}$ μg	n	Training period Numbers of errancy	Retentive periods	
				Lantency(s)	Numbers of errancy
Old (Control)	0	14	1.4 ±0.2	241.4 ±31.2	0.2 ±0.1
Old (PLA)	1.0	12	3.5 ±0.6**	260.4 ±33.9	0.2 ±0.1

Δ Injected 30 min before test

* $P<0.05$, ** $P<0.01$ compared with control group

三、讨　论

1. 茶碱是腺苷的受体阻断剂，从实验结果来看，它确实能显著增强动物的学习记忆能力。PIA 是腺苷受体的激动剂，结果表明，它可以削弱动物的学习记忆能力。综合这两个结果，可以认为腺苷与受体的活动与学习记忆有关。推测这种作用是通过调节 Ach 递质的释放来完成的。腺苷受体激动剂可以减少 Ach 递质的释放量，从而抑制学习记忆；而腺苷受体阻断剂可以增加 Ach 递质的释放量，因而可以增强学习记忆。体外实验已经证明，PIA 能抑制海马脑片释放 Ach[5] 时，因而推测体内也有类似的机制。当然，这些假设尚有待以后的实验加以证明。

2. 从表 1 可见，0.5mg/kg Scop 可使成年鼠训练期的错误次数由 1.4 ±0.2 次增加到 15.2 ±0.9 次。0.3mg/kg Scop 可使老龄鼠由 1.4 ±0.2 增加到 16.4 ±1.6 次。这说明老龄鼠对付 Scop 的敏感程度比成龄鼠高。因为 Scop 是胆碱能系统 M 受体的阻断剂，这个结果提示老龄鼠的胆碱能系统活性低于成年鼠，和文献报道一致。

3. 茶碱对成年鼠的作用比老龄鼠更强。造成这种差异的原因可能在于老龄鼠脑内腺苷含量的增加，需要更多的茶碱来抑制腺苷作用，以提高胆碱能的活动，才能达到它在成龄鼠上的作用水平。

4. 老年性记忆障碍是一种较为常见的老年性功能障碍，中枢神经系统中胆碱能功能低下是原因之一。因此，目前的大部分工作是针对提高脑内 Ach 水平来进行的，包括给予胆碱酯酶抑制剂[7,8]和胆碱受体激动剂来改善记忆[9,10]。本实验则试图采用调节腺苷受体的活动来影响 Ach 的水平，最终达到改善学习记忆的目的。从结果来看，这种思路是可行的，由于天然的腺苷受体阻断剂较易筛选提取，因此，这种改善老年性记忆障碍的途径具有广阔的应用前景。

参考文献（略）

（作者：金宗濂，朱永玲，赵江等；原载于《营养学报》1996 年第 1 期）

茶碱对由东莨菪碱造成的记忆障碍大鼠海马皮层及机体乙酰胆碱含量的影响

早在1974年,Drachman曾指出脑内Ach与记忆、认知功能有密切关系。此后,许多研究资料都表明,老年记忆障碍最固定的神经化学异常是脑内Ach减少,不仅有合成的随龄降低,在一些与记忆有关的脑区内M受体也明显减少[1]。因此许多学者认为脑内的胆碱能功能的随龄衰退是老年记忆障碍的脑化学基础。那么脑内Ach为什么会出现随龄降低呢?一些研究曾指出,胆碱乙酰化酶活性(Ach合成酶)的随龄下降是重要原因[2]。但是临床上应用递质替代疗法,却往往不能收到满意效果。提示Ach随龄下降也许存在更为深层次的原因。

近年来腺苷(adenosine)作为一种神经调质逐渐受到人们的重视。在我们的实验室里也曾观察到:在一些与记忆有关的脑区如海马、纹体、皮层的腺苷含量也有随龄增加的趋势[3]。进一步体外研究指出,腺苷受体激动剂PIA能抑制大鼠脑片胆碱能神经元释放Ach,这一效应有随龄增加特征[4]。提示海马释放Ach的随龄降低有可能是海马嘌呤能神经元活动增强的结果。此后,我们曾用成龄鼠和老龄鼠为材料,以被动逃避反应为行为模型,发现腺苷受体阻断剂——茶碱(theophylline)可以明显改善东莨菪碱(scopolamine)造成的近期记忆障碍。这种作用随茶碱浓度增强而加强。而腺苷受体激动剂PIA则可抑制大鼠学习记忆行为[5]。可见从体外(invitro)及体内(invivo)实验皆证明腺苷随龄变化很可能是老年记忆障碍产生的一种可能的分子机制。那么利用腺苷受体阻断剂茶碱后,中枢神经系统中与记忆有关的脑结构内的Ach含量,是否会出现增加的趋势呢?这正是本文要回答的问题。

一、材料与方法

(一)实验材料

1. 主要仪器

高效液相色谱仪(美国 BECKMAN 公司)

江湾 I 型 C 脑立体定位器(上海生物医学仪器厂)

酶柱 Brownlee AX-300 3cm×2.1mm(美国 BECKMAN 公司)

跳台(step-down)、迷宫(Y-MAZE)(张家港市生物医学仪器厂)

电化学检测器(美国 BAS 公司)

2. 主要试剂

标准品:氯化乙酰胆碱(Ach Chloride)美国 Sigma 公司出品

氯化胆碱(ch chloride)美国 Sigma 公司出品

酶:乙酰胆碱酯酶(AchE,EC3.1.17)美国 Sigma 公司出品

胆碱氧化酶(Cho,ECl.1.3.17)美国 Sigma 公司出品

全部实验用水为重蒸去离子水,且过 0.3μm 混合纤维素酯微孔滤膜。

东莨菪碱(scopolamine)美国 Sigma 公司出品(生理盐水配制)

茶碱(theophylline)美国 Sigma 公司出品(0.1MPBS pH=7.4,配制)

3. 实验动物

Sprague-Dawlay(SD)大鼠:2—3 月龄,10—12 月龄,雄性。由首都医科大学实验动物中心提供。

(二)实验方法

1. 脑室埋管手术

利用脑立体定位仪,根据《大鼠脑立体定位图谱》(包新民、舒斯云主编,1991)确定大鼠左侧脑室坐标:前囟后 0.5mm(B),中线旁开 1.5mm(L),脑表面下 3.5mm(H)。插入自制不锈钢套管,并用牙科水泥固定于颅骨上,以进行侧脑室注射。手术后一周,动物伤口基本愈合,可进行以下实验。

2. 动物学习记忆行为的测定

采用跳台法(step-down)作为检测学习记忆行为的模型[6]。跳台训练期先将动物放入箱内适应 5 分钟,然后将其放在平台上并立即通电,电压为 36V。通常情况下,动物由台上跳下后会立即跳回平台以逃避电击。如此连续训练,

直至动物在台上站满5分钟,以此作为学会的标准。记录在上述训练过程中,动物受到电击的次数,即错误次数,作为学习成绩的评价标准。24小时后,将动物再次置于台上,以同样方式考察记忆保持能力。记录动物第一次跳下平台的潜伏期以及5分钟内的错误次数,作为记忆的成绩。本实验在训练前30分钟,给予大鼠腹腔注射(i. p.)scopolamine(0. 5mg/kg),同时通过套管,实验组脑室注射 Theophylline 1μg/5μL,对照组注射人工脑脊液(0. 1mPBS,5μL)代替茶碱。然后重复上述实验步骤。

采用迷宫法(Y - MAZE)作为另一种检测学习行为的模型。Y形迷宫一般分为三等分辐射式。它的每一臂顶均有15w信号灯,臂底由铜棒组成,通以可变电压的交流电,以刺激动物引起逃避反应。本实验采用电压为50V。实验时,灯光信号表示该臂为安全区,不通电。安全区顺序呈随机变换。实验开始时,先将动物放入任意一臂内并呈现灯光,5秒后两暗臂通电,直到动物逃避到安全区,灯光继续作用10秒后熄灭。动物所在臂作为下一次测试的起点,两次测试之间的时间间隔为20—30秒。固定测试10次。以10次中的错误次数作为评价动物学习能力的标准。

3. Ach 的 HPLC - ECD 分析

以上跳台实验结果后,立即将动物断头,剥取脑组织,进行海马、纹体、皮层的 Ach 水平分析(HPLC - ECD 法)。

(1)方法原理

利用一根 C - 4 反向色谱柱将样品中的 Ach 和 Ch 分离出来,再使之进入柱后的一个含有乙酰胆碱酯酶(AChE)和胆碱氧化酶(cho)的反应螺旋(酶固定柱),柱中发生如下反应:

$$\text{Ach} \xrightarrow{\text{AchE}} \text{ch} + CH_3COOH$$

$$\text{Ch} \xrightarrow{\text{cho}} (CH_3)_3N^+CH_2COOH + 2H_2O_2$$

$$H_2O_2 \text{——电极} \rightarrow O_2 + 2H^+ + 2e$$

1单位的 AchE 可催化 1μmolAch 产生 lμmolch,再在2单位 cho 催化下形成 2μmolH_2O_2。H_2O_2 被玻璃碳电极捕获,再由电化学检测器检测。

本实验采用的 HPLC 系统由流动相,HPLC - 泵,进样系统,406控制系统,预柱,反向色谱柱,酶反应器和检测器构成。整个系统的核心是酶反应器和电化学检测器。

(2)样品前处理

采用四硫氢二铵镉酸盐(雷氏盐,Reineche 胺盐)沉淀法[7],分别制备大鼠海马、纹体和皮层的待测脑样本。

(3)脑组织蛋白质含量测定

取脑组织用 Bio - rad 法(考马斯亮兰法),以牛血清白蛋白为标准品,分别测定大鼠海马纹体和皮层脑样本中蛋白质的含量。

(4)色谱条件

流动相:0.2MTris - 马来酸缓冲液(pH = 7),其中包括四甲基氯化铵(tetra methyl ammonium chloride,TMA)150mg/l,辛基磺酸钠(sodium octylsulfate,SOS)10mg/l。应用前用 0.3μm 微孔滤膜过滤,超声波除气。

流速:1.3mL/min。

检测器条件:工作电压 +0.5V,量程 20μA,频率 0.1Hz。

(5)装载酶柱

分别把 AchE125 单位,cho75 单位溶解于重蒸水中,用 1mL 注射器注入与进样装置相连的 1000μL 定量环中,环后直接与酶柱相连,启动 HPLC 泵,用低速(0.08mL/min)流动相携带酶液进入酶柱,并使之充分反应,酶通过离子交换作用结合到酶柱中的阴离子树脂上。

(6)样品测定

经树脂处理过的样品上清液,取 20μL 进样,Goldsystem 软件自动分析结果。

二、结 果

(一)不同年龄 SD 大鼠学习记忆能力的比较

选择成龄 2—3 月龄和老龄 10—12 月龄 SD 大鼠,分别进行迷宫及跳台成绩的行为学测试。结果表明在迷宫中老龄鼠错误次数明显增多($P < 0.01$),跳台测试中潜伏期明显缩短($P < 0.05$),记忆保持期中错误次数也显著增加($P < 0.05$),表明 SD 大鼠学习、记忆能力有随龄下降的特征。(见表 1)

表1　老龄鼠和成龄鼠迷宫跳台成绩比较($\overline{X}\pm SD$)

组别	n	迷宫成绩	跳台成绩	
		错误次数(次)	潜伏期(s)	错误次数(次)
成龄鼠	10	1.2 ±0.4	258.0 ±49.4	0.9 ±0.1
老龄鼠	10	3.1 ±1.2**	186.7 ±74.0*	2.2 ±0.6*

* $P<0.05$,与成龄组比较;

* * $P<0.01$,与成龄组比较。

(二)不同年龄SD大鼠海马、皮层、纹体中Ach的含量

行为学测试结束后,将老龄鼠和成龄鼠断头,剥取脑组织,分别测试其海马、皮层和纹体中Ach的含量,结果表明:10—12月龄(老龄)大鼠与2—3月龄(成龄)者相比,海马、皮层和纹体中Ach含量分别减少了49.11%、11.32%和58.15%(见表2)。表明SD大鼠海马、皮层和纹体中Ach含量有随龄下降的特征。另外还发现同龄SD大鼠不同脑区Ach含量也存在差异($P<0.01$),其中纹体中含量最高,海马次之,皮层中Ach水平最低(见表2)。

表2　大鼠脑海马、皮层、纹体中Ach的含量(pmol/mgpro.)

组别	n	脑区含量($\overline{X}\pm SD$)		
		海马	纹体	皮层
成龄鼠	10	592.31 ±57.61	684.25 ±32.62☆	227.31 ±20.50Δ
老龄鼠	10	286.33 ±27.24**	301.44 ±34.53**	201.13 ±23.02**Δ

* * $P<0.01$,老龄组与成龄组比较;

Δ$P<0.01$,老龄、成龄组自身皮层海马、纹体比较;

☆$P<001$,成龄组自身纹体与海马比较。

(三)茶碱对东莨菪碱(Scopolamine)动物模型跳台成绩的影响

在东莨菪碱制备的记忆障碍模型上,与对照组相比,1μg茶碱可明显减少实验动物训练期的错误次数,即可提高学习成绩($P<0.01$),同时可显著延长记忆保持期的潜伏期时间,即可提高记忆成绩($P<0.01$)(结果见表3)。

表 3　茶碱对东莨菪碱动物模型跳台成绩的影响

组别	n	处理Δ		跳台成绩($\bar{X} \pm SD$)		
		东莨菪碱	茶碱	学习	记忆	
		(i. p.)	(i. c. v)	训练错误次数(次)	潜伏期(s)	错误次数(次)
对照组	8	0.5mg/kg	0μg	15.2 ±0.9	104.0 ±42.1	0.8 ±0.2
实验组	8	0.5mg/kg	1μg	4.0 ±0.5**	202.9 ±41.4**	0.7 ±0.3

Δ 训练前 30 分钟注射；

* $P<0.01$，与对照组比较。

(四)茶碱对东莨菪碱动物模型相关脑区 Ach 含量的影响

跳台行为测试结束后，将动物断头，剥取脑组织，分别测定其海马、纹体和皮层 Ach 的含量。结果表明：实验组动物脑室注射 1.0μg 茶碱后与对照组相比，海马、纹体和皮层中 Ach 含量明显升高($P<0.01$)，其中海马中增高了 10.18%，纹体中增高了 10.89%，皮层中提高了 8.21%(结果见表 4)。

表 4　茶碱对东莨菪碱动物模型各脑区 Ach 含量的影响(pmol/mg pro)($\bar{X} \pm SD$)

组别	nΔ	海马	纹体	皮层
对照组	16	185.32 ±8.04	180.32 ±7.21	179.10 ±6.50
实验组	16	204.18 ±6.75**	199.95 ±6.35**	193.81 ±11.75**

Δ 每只鼠均取双侧海马、纹体和皮层，因此 8 只鼠每个脑区共 16 例样本。

** $P<0.01$，与对照组比较

(五)Ach 的 HPLC－ECD 测定

1. 精确度与回收率的测定

将一定浓度的标准品混合液加到一定量的脑样品中，经从样品提取到测定的全过程，进行回收率的测定。本实验将鼠脑海马匀浆液平均分成两份，其中一份加入 Ach 标准品 0.036mg/mL，两份样品平行按上述操作进行测定，用加标准品的样品结果减去未加标准品样品结果，计算 Ach 测定的回收率。(结果见表 5)

表 5　鼠脑海马中加入 Ach 标准品测定的回收率($\bar{X} \pm SD$)

n	1	2	3	4	5	6	7	8	9	10	$\bar{X} \pm SD$
回收率(%)	90.7	89.2	92.7	89.3	91.9	90.9	89.6	92.1	88.9	92.0	90.73 ±1.41

同一份样品在同一天重复测定多次，测得变异系数，来反映样品测定的重复性和精确性。将标准品 Ach4nmol 连续进样 8 次，得到 Ach 峰面积，求出变异系数（CV）（结果见表 6）。

表 6　Ach 标准样品（4nmol）8 次重复测定的结果

n	1	2	3	4	5	6	7	8	$\overline{X}\pm SD$	CV
峰面积 cm^2	0.42	0.50	0.48	0.46	0.40	0.42	0.44	0.45	0.45 ±0.03	0.07

2. 色谱分离及保留时间

标准品和脑样品中 Ach 和 ch 分离良好，脑样品中的杂质峰在 3 分钟内洗脱完毕，对 Ach 和 ch 峰无干扰，Ach 的保留时间（tR）为 7.58 分钟，ch 的保留时间（tR）为 3.66 分钟。

二、讨　论

（一）学习记忆能力，特别是近期记忆能力的下降是脑衰老的一个重要表现，随着人口老龄化进程的加快，这一现象受到人们越来越多的关注。

众所周知，中枢神经系统内胆碱能神经系统功能的随龄衰退是老年学习记忆能力下降的重要原因之一[1]。我们的实验结果也支持这一论点。表 1 结果表明，与 2—3 月龄大鼠相比 10—12 月龄者在迷宫中的错误次数明显增多（$P<0.01$）；在跳台测试中第一次步下平台的潜伏期显著缩短（$P<0.05$），错误次数也明显增加（$P<0.05$）。与此相应的是，与学习记忆能力相关的脑区，如海马、纹体和皮层，Ach 水平出现随龄下降的趋势。在本次实验中，10—12 月龄鼠的海马，纹体 Ach 含量仅为 2—3 月龄者的一半左右；皮层下降幅度较小，为 2—3 月龄者的 88.4%（见表 2）。这些脑区的 Ach 水平为什么会出现随龄下降呢？我们以往的工作曾查明在中枢神经系统中腺苷活动的随龄增强，是产生老年记忆障碍的一种可能分子机制[3]。由表 3、表 4 可见，对东莨菪碱制备的近期记忆障碍大鼠，使用腺苷受体阻断剂茶碱后，实验动物跳台成绩明显改善，表现为训练错误次数显著减少，潜伏期明显延长。而在这些脑区的 Ach 含量测定表明，在注射茶碱后，海马、纹体及皮层 Ach 水平出现显著升高的趋势。这一结果不仅从另一侧面支持了胆碱能系统随龄衰退是老年记忆障碍的重要原因之一；

更重要的是,实验表明腺苷受体阻断剂茶碱可以通过升高与记忆相关脑区内乙酰胆碱含量来改善动物的学习记忆能力。这似乎表明腺苷引起的老年记忆障碍,其机理也是通过降低了相关脑区的 Ach 水平来实现的。综合我们以往的实验结果,可以认为在脑内特别是与记忆相关脑区内腺苷活动的随龄增加,通过它对中枢各类神经元的抑制作用——特别是对胆碱能神经元抑制作用的增强,使 Ach 含量出现了随龄降低和胆碱能系统的功能障碍,在行为学上则表现为老年性学习记忆能力的衰退。基于这一思想,在本次实验中我们使用了腺苷受体阻断剂茶碱,试图通过提高动物脑内 Ach 的水平来达到改善其学习记忆的能力。从结果上看,这一思路是可行的。这就为进一步探讨老年记忆障碍及老年性痴呆的发生机制提供了新的方向,为寻找改善老年记忆障碍的药物和保健食品提供了新途径。

(二)实验中我们还发现同龄大鼠不同脑区 Ach 含量也存在差异,其中纹体 Ach 含量最高,海马次之,皮层最低。

这与胆碱能神经细胞的分布和投射区域相一致[8]。神经解剖学研究发现纹状体内含有丰富的胆碱能神经细胞体,尤其是尾核。另外在 Meynert 基底核中 90% 以上(在啮齿类动物中)为胆碱能神经元[9]。海马除本身具有胆碱能神经元外,还接受 Brosca 斜角带核、内侧隔核和 Meynert 基底核后部的胆碱能投射,大脑皮层(Ⅱ—Ⅲ层)中亦有少量胆碱能神经的胞体定位,同时接受 Meynert 基底核的胆碱能投射。因此在研究这些与学习记忆有关的脑区内 Ach 含量时,取材部位是很重要的。

(三)本实验采用测定 Ach 的方法是利用 HPLC 配电化学检测器来完成的。

该方法目前在国内尚未见报道,与国外类似的方法相比[10],也作了进一步的改进,使其更加准确(变异系数为0.07),灵敏(最低检测限为1nmol),快速简便(Ach 的出峰时间为 7.58 分钟,完成一份样品的测定仅需 10 分钟)。(参见附件)

附件:HPLC－ECD测定Ach的方法

(一)流动相的选择

本实验采用的流动相为0.2MTris－马来酸缓冲液(pH＝7.0),其中加入150mg/l的四甲基氯化铵(tetra methyl ammonium chloride,TMA)和10mg/l的辛基磺酸钠(sodium octyl sulfate,SOS)。SOS作为离子配对剂,能延缓胆碱的洗脱;TMA则可避免Ach在分离柱上过强的吸附,并可使峰形尖锐。实验中观察到,TMA和SOS浓度变化可改变色谱图的特征:增加SOS的浓度,可延长ch、Ach的保留时间;若浓度过低,又会使ch和Ach出峰过于提前,与杂质峰重叠引起干扰。当TMA浓度过低时,Ach保留时间延长,可能会出现峰形严重脱尾,难以进行积分计算。但若TMA浓度过高,则可抑制胆碱氧化酶(cho)的活性,故其浓度一般不应超过1.2mM。虽然本实验中采用的酶最适pH值均为碱性,如cho为8.0、AchE为7.5,但HPLC的反相色谱分离柱却在偏酸性的条件下分离效果最佳。因此本实验采用的流动相pH为中性值,是色谱分离和酶反应各自适宜pH的折中值。实验结果证明是可行的。

(二)分离柱和电化学检测器

文献报道Ach的分离均采用C18柱进行[11]。本实验采用C－4分离柱代替C18柱用于Ach的分离,结果证明由于C－4柱极性较强,样品出峰时间明显提前,同时峰形也得到改善,并具有良好的重复性,这在一定程度上提高了分析质量。对于测定Ach等脑内非极性的神经递质,可使保留时间由13分钟缩短到5分钟以内。

Neff及Meek等均以Ag－Agcl电极作参比电极,铂电极(Pt)为工作电极[12]。由于铂电极容易钝化,所以在使用若干星期后必须进行磨光才可保持其最大灵敏度。因此我们尝试使用玻璃碳电极作为工作电极,不仅取得了与Pt电极相似的灵敏度(ch检测低限为0.5nmol,Ach为1nmol),而且省去了磨电极的烦琐操作。

(三)酶的固定

对于Ach和ch这类没有明显的可被检测的功能基因的物质,一个结合有能产生过氧化物的酶的离子交换柱为它们提供了最佳的解决方案。而最初Ach的HPLC分析方法是采用样品中的分离流出液与酶制剂混合的反应方式进行的[12]。这不仅需两个泵分别提供样品流出液和酶液(这样会使基线不稳定,降低检测灵敏度),而且液体形式的酶液虽转化率高但不稳定,大约4天左右就会失去大部分活性,这样价格昂贵的酶没有被充分利用,消耗量很大。酶溶液的连续灌注还可导致分析样品的稀释和由于蛋白质附着引起的工作电极钝化。这一切都可以通过酶的固定化而大大得以改善。

本实验采用的酶固定方法是直接利用离子交换作用把酶吸附到一根弱阴离子交换柱上(AX－300,3cm×2.1mm)。cho和AchE先后被注射到流动相中,就可很容易地被固定在酶柱上。在装酶过程中,我们利用了HPLC系统的高压泵作为推送酶液的动力,流速设置为0.08mL/min,这使得酶液可以匀速恒压地与酶柱担体充分接触,使AchE和cho最大限度地结合在这一弱阴离子交换柱上。

为了保持吸附后酶的稳定性,延长酶的使用时间,我们选择了低离子强度单一流动相(pH＝7.0),这样酶的洗脱可忽略不计。为了延长酶柱的使用寿命,样品前处理避免使用高浓度的盐及有机溶剂,且避免使极端pH值和温度等条件出现。这样即使放在室温条件下酶柱也可使用10天左右,在此期间,可分析样品约100份。酶柱放在4°C的冰箱中保存可以延长其使用寿命达两周以上。每次样品检测完毕,都需用去盐流动相(未加TMA和SOS)和水充分冲洗分析柱及酶柱,这样可以降低柱压,保护酶柱和分析柱。

(四)样品前处理

由于Ach检测条件的要求,一般的样品前处理都不能符合酶柱保护的原则。于是我们选择了一种较为复杂的神经组织样品提取过程——Reineche胺盐沉淀法。这种方法使以后的测定中消除了内源性干扰物的影响,使分析测定更为精确。该方法是由一系列互相置换的过程组成的:首先是高氯酸沉淀样品中的蛋白质,然后是醋酸钾沉淀高氯酸,接着用四乙胺和雷氏盐将样品中的Ach、ch沉淀出来,最后是用树脂除去该沉淀中的四乙胺和雷氏盐,剩余的则是Ach和ch,可以用于分析测定。

综上所述,本实验采用的分析方法国内尚未见报道,与国外类似方法比较,要相对简单、省时、灵敏。例如生物鉴定法完成一份样品需要几个小时,而本方法只需10分钟。其不足之处是酶柱的要求较高,分析条件限制较严,而且样品前处理过程相对复杂费时。尽管如此,配有电化学检测器和酶反应器的HPLC是Ach和ch定量测定的一种较为理想的分析方法,它是现行方法中选择性较高的,而且仪器设备也相对容易置备。这种方法不仅可用于脑组织,也可用于外周组织中的 Ach 分析。当然,HPLC 还可与其他检测器配合使用。最近有文献报道 Ach、ch 和其他胆碱类似物用 HPLC 分离和固定化酶及荧光检测器的结合使用,与 HPLC - ECD 法同样灵敏而且更简单。

参考文献(略)

(作者:金宗濂,王卫平;原载于《中国营养学会第四次营养资源与保健食品学术会议论文摘要汇编》,1997 年)

Age-Dependent Change in the Inhibitory Effect of an Adenosine Agonist on Hippocampal Acetylcholine Release in Rats

To correlate age-dependent changes in many physiological and behavioral functions, numerous studies have examined the alteration with aging of activities of various neurotransmitters in the CNS. Much attention has been focused on the brain cholinergic systems because their deterioration has been suggested to underlie geriatric memory disorders(for review, see refs. 1 and 2). Dramatic reductions in cholinergic enzymes, muscarinic receptors, and acetylcholine(Ach) release have been reported in specific brain regions, including the hippocampus, cortex, and striatum, during aging(for review, see refs. 14 and 20). Other than the possibility that the impairment of Ach release is due to a loss of cholinergic terminals with age, the exact mechanism-(s) that causes the age-dependent deficit in Ach release remains obscure.

Adenosine is a dephosphorylation product of ATP known to be released from stimulated CNS neurons. It acts as a neuromodulator in inhibiting neuronal firing and synaptic transmission (for review, see refs. 5 and 16). In the hippocampus, a high density of adenosine receptors has been demonstrated (6, 11), and adenosine and its analogs can suppress the release of Ach through presynaptic inhibition (for review, see refs. 5 and 9). Although the exact mechanism of this effect is still unknown, it has been suggested that activation of adenosine A_1 receptors is responsible for the inhibitory effect of adenosine on neurotransmitter release(8, 18). Recently, an age-related increase in purinergic activity has been demonstrated in in vitro human fibroblast cultures (7) and rat neck muscle following cold stimulation(21). Even though no direct measurement of hippocampal adenosine activity has been carried out in aged rats, a subpopulation of low-affinity A_1 receptors in the hippocampus has been observed to disappear in old rats(4). These age-related changes in adenosine concentration and ligand-receptor interaction raise the question whether the age-dependent change in CNS cholinergic function could be related to adenosine metabolism. To answer this, we investigated the modulatory role of and adenosine analog (—) N^6phenylisopropyladenosine (PIA), on Ach release, in the hippocampus. To evaluate further the age-dependent changes in endogenous purinergic metabolism, the hippocampal adenosine concentration and its metabolic enzyme activities were also measured in rats of different ages.

METHOD

All experimental protocols used in the present study received prior approval of the University of Alberta Animal Care Committee following the guidelines of the Canadian Council on Animal Care. Two groups of adult, male Sprague – Dawley rats, 3 – 6 and 26 – 30 months old, were used. They were housed individually in polycarbonate cages with wood shaving bedding at 22℃ ± 1℃ in a walk—in environmental chamber under a 12L:12D photoperiod. Food(Rodent Blox, consisting of 24% protein, 4% fat, 65% carbohydrate, 4.5% fiber and vitamins; Wayne Laboratory Animal Diets, Chicago, IL) and water were made available at all times.

Animals were sacrificed by decapitation and brains were rapidly removed. Both hippocampi were dissected out and sliced to a thickness of 0.3mm using a Mcllwain tissue chopper. Slices were incubated for 30 min at 37℃ in 1 ml oxygenated Krebs medium (pH7.4) containing paraoxon (1 μM) and 0.1μM [^{3}H] choline C1 (specific activity 79.3Ci/mmol, Amersham Corp., Arlington Heights, IL). After labeling, aliquots of 100μL of tissue suspension were transferred to each of four superfusion chambers (about 80 mg of wet tissue per chamber) and superfused with Krebs medium with a flow rate of 1 ml/min at 37℃. Tissues within each chamber were stimulated twice at 46min (S_1) and 76min(S_2) after the onset of superfusion by exposure to a medium containing 25 mM KC1 for 6min. The S_1 was used as self-control and various concentrations of PIA were added to the superfusion medium immediately after S_1 and remained present throughout the rest of the experiment.

Samples of the superfusate were collected at 2min intervals 30 min after onset of superfusion. At the end of the experiment, the slices were solubilized with 1.0 ml 1N NaOH and the radioactivity in the slices and superfusate determined by liquid scintillation spectrometry. [^{3}H]Choline was separated from [^{3}H]Ach according to the procedure described by Briggs and Cooper(3). A 125μL aliquot of a solution containing choline kinase(1mU), adenosine triphosphate (50mM), and $MgCl_2$(6.25mM) in glycylglycine buffer (250mM, pH8.5) was added to 0.5ml of each fraction of perfusate to convert choline to phosphorylcholine. The remaining [^{3}H]Ach was then extracted with 750μL 3heptanone containing 10 mg/ml sodium tetraphenylborate. The amount of [^{3}H]Ach in 500μL aliquots of organic supernatant was determined by liquid scintillation spectrometry. [^{3}H]Ach makes up 46.61 ± 1.75% (n = 8) of the total H released. The amount of H released in a 2min sample was expressed as a fraction of the total tissue H content within the same chamber at the onset of the respective collection period. The percentage of radioactivity released above the basal level by the two pulses of K^+ was expressed as the ratio of S_2/S_1 for both the control and drug—treated slices. To quantify the effects of drugs on the stimulation—evoked outflow, the S_2/S_1 ratios of the drug - treated slices were compared with the ratios calculated under the respective control conditions.

To measure the adenosine concentration within the hippocampus, the tissue samples were homogenized in 1N perchloric acid and the homogenate was then centrifuged to remove the precipitated protein. The amount of adenosine in the supernate was assayed by high - performance liquid chromatography (HPLC) as described by Jackson and Ohnishi (13). Owing to the short half - life of adenosine(15), the absolute level of adenosine may not be positively correlated with the physiological responses. To examine the enzyme activity governing adenosine synthesis, the hippocampal 5'-nucleotidase (ND, EC3.1.3.5) activity from animals of different ages was compared. After removing it from the rat, the hippocampus was homogenized with 25 times (w/v) 0.1M Tris - buffer (pH7.4) and the activity of 5' - ND in the homogenate was determined by a conventional enzymatic method (Sigma Kit 265, Sigma Chemical Co., St. Louis, MO).

Statistical analysis was by the unpaired t test and the significance was set at P <

0.05 unless otherwise stated.

RESULTS

Effects of PIA on hippocampal [^{3}H]Ach release

Even though the fractional release of [^{3}H]Ach induced by 25mM KCl was about the same between young and old rats (the ratios of $S_2:S_1$ were 0.75 ±0.05 and 0.79 ±0.05 for young and old rats, respectively; Fig. 1), the total Ach outflow elicited in the hippocampal slices of young rats (9.11% ±0.17%, $n = 10$) during the first period of K^+ – induced stimulation (S_1) was significantly higher than that of old rats (8.60% ±0.14%, $n = 12$). In experimental slices, addition of PIA (0.1 – 10μM), immediately after S_1, inhibited the K^+ – evoked release of [^{3}H]Ach from the hippocampal slices of both young and old rats in a dose-related manner (Fig. 1). In young rats, a significant suppression (about 31%) of Ach outflow was observed at 1 μM PIA. In old rats, however, 10μM PIA was required to elicit a similar inhibition on [^{3}H]Ach release (Fig. 1).

Changes in hippocampal adenosine concentrations and 5' – nucleotidase activity with aging

To examine whether the reduction in responsiveness to exogenous PIA was due to enhanced endogenous purinergic activity the Hippocampal adenosine concentration was measured in both young and old rats and the results are shown in Table1. The hippocampal adenosine concentration of old rats was significantly higher (about 61%) than that found in their younger counterparts. In parallel with that observed with adenosine concentration, the hippocampal 5' – ND activity was also significantly higher (about57%) in old than in young rats(Table1).

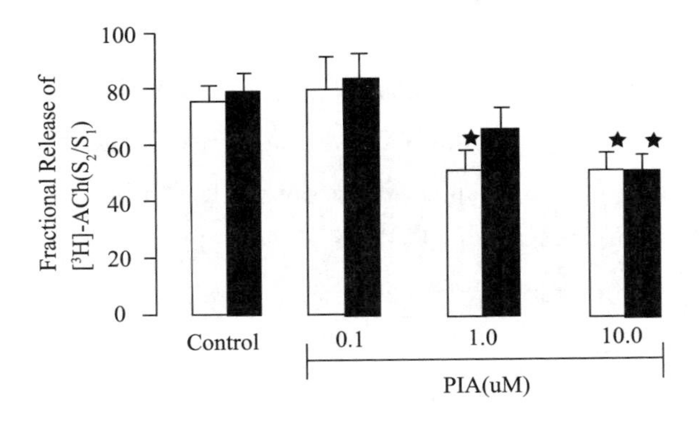

FIG. 1. Effect of (—) N^6—phenylisopropyladenosine (PIA) on K^+—evoked [^{3}H] acetylcholine (Ach) release from hippocampal slices of either young (open columns) or old (closed columns) rats. Each column represents the mean ± SEM from 6 – 10 and 8 – 12 experiments for young and old rats, respectively. Significantly different from respective control value, $P < 0.05$.

TABLE1 HIPPOCAMPAL ADENOSINE CONCENTRATION AND 5' – ND ACTIVITY IN YOUNG AND OLD RATS

	Young Rats	Old Rats
Adenosine concentration (nmol/mg protein)	161.60 ± 14.1(8)	260.8 ± 33.4* (8)
5' – ND activity (mU/mg protein)	75.57 ± 2.46(6)	118.50 ± 2.99* (6)

Each value represents the mean ± SE from number of animals shown in parentheses.

* Significantly different from the young rat, $P < 0.01$ (two – tailed unpaired t test).

DISCUSSION

It is well documented that endogenous adenosine can modulate central neuronal transmission by inhibiting presynaptic release of various neurotransmitters (for review, see refs. 5 and 9). In the hippocampus, activation of A_1 adenosine receptors has been reported to suppress the electrically stimulated Ach release (8). To investigate the possibility that the enhanced endogenous adenosine activity may be involved in blunting stimulated Ach release in older animals, the effect of PIA a selective A_1 receptor agonist, on K^+ – stimulated Ach release from the hippocampal slices of both young and old rats was examined. Addition of PIA to the perfusion medium caused a dose\related suppression of K^+ – evoked Ach outflow from the hippocampal slices of the young rat. Even though a different stimulation method was used in our study, the concentration of PIA (1μM) that caused a significant inhibition of Ach release was comparable to the concentration used previously in inhibiting electrically stimulated Ach release from the hippocampal slices of rats (8).

Similar to earlier reports (for review, see ref. f20), the hippocampal Ach release evoked by 25mM K^+ was reduced with increasing age. The most interesting finding of the present study is that there was a decrease in responsiveness of the hippocampal Ach release to PIA in old rats. Ten times higher concentration of PIA than that used for young rats was required to elicit a significant suppression of K^+ – evoked Ach outflow in old rats. Similar reduction in responsiveness to exogenously applied adenosine has also been observed previously in electrically stimulated Ach release from the cortical slices of old rats (10,17). Because age – related increase in adenosine release has been demonstrated in rat neck muscle following cold stimulation(21) and human fibroblast cultures(7), it is possible that the reduced responsiveness of hippocampal Ach release to PIA seen in old rats is due to a reduction in adenosine receptor efficacy consequent to an age – dependent increase in endogenous purinergic outflow. This suggestion is supported by the present finding that the hippocampal adenosine concentration was about 61% higher in old than in young rats. Coinciding with the increase in adenosine concentration, the activity of hippocampal 5' – ND, which has been proposed to partially govern adenosine synthesis(12), was also significantly higher in old than in young rats. Based on these observations, the age – dependent decrease in the inhibitory effect of PIA on hippocampal Ach release could be due to an enhanced endogenous purinergic activity during senescence.

Alteration in the activity of an endogenous neurotransmitter is known to cause changes in the efficacy of its receptor(s). The net result of an increase in endogenous purinergic activity may possibly lead to conformational changes in adenosine receptor(s). This speculation is supported by the finding that the disappearance of a subpopulation of the low – affinity A_1 receptors in the hippocampus of 24 – month-old rats is partly substituted by the high – affinity A_1 receptors(4). The decrease in responsiveness of the old rat hippocampal slices to PIA is, however, counter to the observed increase in receptor binding affinity. As suggested previously(4), this apparent paradox may possibly indicate that the low-affinity adenosine A_1 receptors, rather than the high affimty A_1 receptors, are functionally important in modulating Ach release. If this interpretation is correct, then the observed age-related decrease in sensitivity to the inhibitory effect of an adenosine agonist is consistent with an increased endogenous purinergic activity with aging. In view of the recent finding that the cognitive deficit can be improved by pretreatment with a selective A_1 receptor antagonist (19), if is worth while to carry out further investigations on central adenosine metabolism and cholinergic activity during senescence.

ACKNOWLEDGEMENT

The present study was supported by a Medical Research Council of Canada Operating Grant to L. W. We are indebted to S. M. Paproski for excellent technical assistance.

参考文献(略)

(原载于《脑研究通报》,1993 年)

大鼠脑组织腺苷含量的 HPLC 分析

腺苷(adenosine)是三磷酸腺苷(ATP)的代谢产物，作为一种中枢调质近年来引起人们的广泛重视。经研究发现，腺苷具有广泛的生理活性，如:它能阻断肾素释放、调节神经递质的分泌、降低机体产热能力、调节脑及冠状动脉血流量等等[1-3]。由于腺苷具有重要的生理功能,因而测定其在组织中含量具有十分重要的意义。1987 年,Jackson 用 HPLC 进行单一浓度洗脱配紫外检测器成功地测定了大鼠血浆中腺苷含量[4]。1988 年,Hammer 和 Donald 改变流动相后测定了大鼠心脏腺苷含量[5]。1992 年,Gamberini 等人用甲醇、磷酸缓冲液和水梯度洗脱测定了大鼠大脑皮层中腺苷含量[6]。我们参考 Gamberini 等人的方法,采用反相 HPLC 配紫外检测器,以甲醇、磷酸缓冲液为流动相进行梯度洗脱,测定了 3—6 月龄及 18—20 月龄 SD 大鼠脑海马、纹体、皮层中腺苷含量,并将结果进行了分析比较。

一、实验材料

(一)仪　器

美国 BECKMAN 公司 HPLC - GOLD SYSTEM,包括:110B 溶剂输送系统、166 紫外检测器、Ultrasphere ODS C18 柱(5μm,颗粒 4.6mm × 250mm)和 GOLD 数据处理系统;BECKMAN J2 - HS 高速冷冻离心机。

(二)试　剂

腺苷(adenosine)购自 Sigma 公司;甲醇(色谱纯),北京昌化精细化工厂生产;磷酸二氢钾、磷酸氢二钾(分析纯),北京红星化工厂生产;三氯乙酸(分析纯),北京顺义李遂化工厂生产。

(三)实验动物

雄性 Sprague - Dawley 大鼠(3—6 月龄和 18—20 月龄),由北京医科大学动物室提供。

二、实验方法

(一)样品前处理

将大鼠断头,低温下分别取海马、纹状体和皮层。先后加 10% 三氯乙酸 2mL,磷酸缓冲液(pH = 5.8, I = 0.02)4mL 在冰浴中匀浆。匀浆液用 15kg 低温离心 25min,取上清液经 0.2μm 微滤膜后进样 20μL 分析或于 -70℃ 冰箱冻藏。

(二)脑组织蛋白质含量测定

取脑组织用 Lowry 法[7],以牛血血清蛋白为标准分别测定海马、纹状体和皮层蛋白含量。

(三)色谱条件

1. 流动相:A 泵:甲醇;B 泵:磷酸缓冲液(pH = 5.8, I = 0.02,用前经 0.45μm 滤膜减压过滤并超声脱气)。

2. 梯度洗脱:B%:0—9min,90%—38%;9—9.5min,38%;9.5—10min,38%—90%;流速 1mL/min。

3. 紫外检测波长:254nm。

三、实验结果

(一)流动相的选择

采用甲醇: 磷酸缓冲液(体积比为 10:90 或 20:80)作为流动相进行单一浓度洗脱。采用 10→20(甲醇):90→80(磷酸缓冲液)、0→60(甲醇):100→40(磷酸缓冲液)、10→62(甲醇):90→38(磷酸缓冲液)进行梯度洗脱。比较这 5 种不同比例流动相的分离效果。结果表明,以 10→62(甲醇):90→38(磷酸缓冲液)作为流动相梯度洗脱,腺苷的分离效果最好。用该流动相梯度洗脱测定大鼠脑海马腺苷含量的色谱图见图 1。

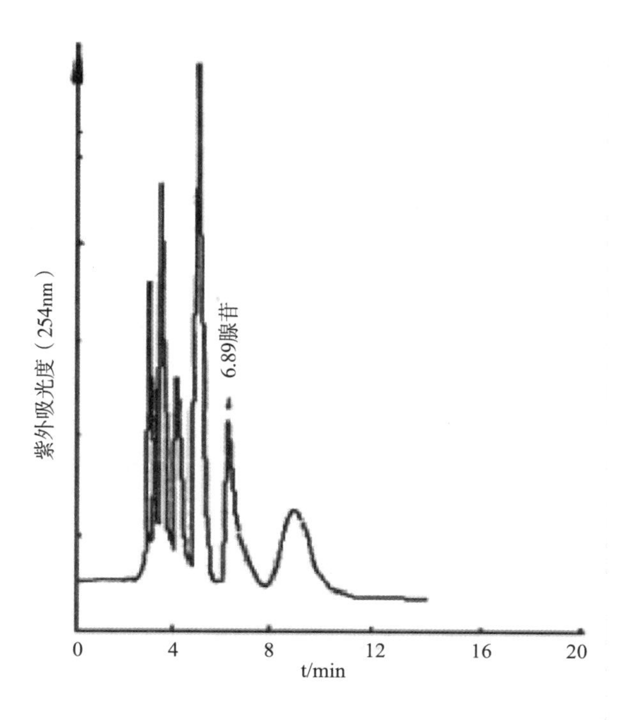

图1　大鼠脑海马腺苷 HPLC 色谱图

（二）标准曲线的绘制

准确称取 0.0500g 腺苷标准试剂溶于三氯乙酸：磷酸缓冲液 = 1：2的混合液中，定容到 100mL，分别取 0.2mL、0.4mL、0.6mL、0.8mL、1.0mL 用混合液定容到50mL 配成腺苷标准系列，其浓度为2mg/l、4mg/l、6mg/l、8mg/l、10mg/l。将标准溶液依次注入色谱柱，用峰面积与相应浓度求回归方程和相关系数：$y = 0.000219 + 0.001215x$，$r = 0.9994$。

（三）方法的精密度

将浓度为6mg/l 的腺苷标准样品连续进行10 次重复测定，结果如表1。

表1　腺苷标准样品（6mg/l）10 次重复测定的结果

第 n 次测定	1	2	3	4	5	6	7	8	9	10	$\bar{x} \pm SD$	CV
峰面积/mm^2	5.89	6.03	5.86	5.88	6.17	6.16	6.38	6.32	6.29	6.15	6.11 ±0.14	3.1%

由表 1 结果可以看到,10 次重复测定结果的标准偏差为 0.14,变异系数为 3.1%,表明此方法有良好的精密度。

(四)方法的准确度

将鼠脑海马匀浆液平均分成两份,其中一份加入腺苷标准样品,两份样品平行按上述操作进行测定,用加标样品测定结果减去未加标样品的结果计算腺苷标准品测定的回收率。10 次重复测定的结果如表 2。

表 2 鼠脑海马中加入腺苷标准样品测定的回收率

加入标准腺苷含量/mg°L^{-1}	*n* 次测定的回收率(%)										$\bar{x}$ ± SD
	1	2	3	4	5	6	7	8	9	10	
4	98.7	95.2	96.5	95.3	99.1	93.6	95.0	94.7	96.7	97.2	96.2 ±1.8
8	98.8	93.6	99.8	97.5	98.2	94.6	97.7	95.5	98.5	94.7	96.9 ±2.1

表 2 显示样品中分别加入浓度为 4mg/l 和 8mg/l 的标准腺苷后,10 次重复测定结果的回收率是(96.2 ±1.8)% 和(96.9 ±2.1)%,表明准确度较高。

(五)样品的测定

分别取 3—6 月龄(成龄)和 18—20 月龄(老龄)大鼠脑海马、纹状体及皮层,按前述实验步骤测定,结果见表 3。

表 3 大鼠脑海马、纹状体、皮层中腺苷含量

(μmol/g pro tein)

组别	*n*	海马	纹状体	皮层
3—6 月龄大鼠	12	6.28 ±1.29☆	8.68 ±1.01	4.27 ±1.23
18—20 月龄大鼠	12	8.62 ±2.32*Δ	11.05 ±1.80*Δ	7.13 ±1.54*

* $P<0.01$,与 3—6 月龄大鼠比较;

☆ $P<0.05$,与本组纹状体、皮层中含量比较;

Δ $P<0.05$,与本组纹状体中含量比较。

四、讨 论

(一)蛋白沉淀剂的选择

在 HPLC 分析样品的前处理中常用高氯酸或三氯乙酸作为蛋白沉淀剂。

若用高氯酸沉淀蛋白质,沉淀后通常还需加入 EDTA 络合金属离子,然后用磷酸氢二钾中和高氯酸造成的酸性环境,否则腺苷就不易被色谱柱所保留。本实验选用三氯乙酸沉淀蛋白质,这不仅减少了试剂的种类和用量,而且不需在三氯乙酸沉淀蛋白质后回调 pH 值,这是因为腺苷在过量的三氯乙酸条件下会与三氯乙酸形成一种电子配对体,这种电子对容易被色谱柱所保留而且减少了拖尾现象的发生。

(二)大鼠脑海马、纹状体、皮层中腺苷含量的随龄变化

从表 3 的结果可以看出,同一年龄段大鼠脑的海马、纹状体、皮层等脑区中腺苷含量存在着差异:其中以纹状体中腺苷含量最高,海马次之,皮层中腺苷含量相对较少。特别值得注意的是,在海马、纹状体、皮层这些与学习、记忆有关的脑区,腺苷的含量是随龄增加的,并且差异非常显著。与 3—6 月龄成龄鼠比较,18—20 月龄老龄大鼠大脑皮层中腺苷含量增加了 66.7%,海马增加了 37.2%,纹状体增加了 27.3%。这一结果提示大脑皮层、海马、纹状体中腺苷含量的多少可作为研究衰老的一项指标。T. V. Funwiddle 等人的研究表明腺苷可以通过突触前抑制来抑制乙酰胆碱(Ach)的释放[8,9]。由于中枢胆碱能系统在学习和记忆中起重要的调节作用,而脑内胆碱能系统的衰退又是机体衰老的重要标志[10],因此,从表 3 结果可以推测:中枢神经系统中随龄增长的腺苷的堆积使 Ach 释放受到抑制可能是出现记忆衰退等常见老年性功能障碍的一个重要原因。老龄动物大脑组织中腺苷的堆积机制及腺苷与中枢神经系统中胆碱能系统的相互作用关系值得进一步研究。

参考文献(略)

(作者:文镜,金宗濂;原载于《北京联合大学学报》1997 年第 1 期)

茶碱对喹啉酸损毁单侧 NBM 核大鼠学习记忆行为的影响

随着老龄社会的到来,老年近期记忆下降及 Alzheimer's 型老年痴呆症(senile dementia of Alzheimer type,SDAT)已越来越成为神经科学研究的重点和前沿课题之一。SDAT 患者认知功能的丧失与老年近期记忆衰退的表现是极其相似的。[1]而在 SDAT 患者脑内发现的一些病理学改变,如脑萎缩、神经细胞丧失,胶质细胞增生、神经原纤维缠结(neural fibril taugle,NFT)和老年斑(senile plague,SP)的形成也常见于正常衰老的脑内,只是在 SDAT 患者程度更严重、范围更广泛而已。[2]更重要的是,在 SDAT 患者中枢神经系内发现有多种神经递质功能障碍。而神经递质如胆碱能、肾上腺素能系统功能的随龄下降,早已在正常衰老的机体中出现。这些结果均提示 SDAT 的发病机制,特别是其中认知功能的障碍可能与老年近期记忆减退之间存在着一定的联系。通过对正常衰老时学习记忆障碍机理的研究将有助于揭示 SDAT 的发病原因。

在 SDAT 发病机理中胆碱能系统的功能障碍最为肯定,但据此提出的递质替代疗法结果却并不理想。[3]这促使人们去发掘该病的深层机理。由于腺苷及其受体在老年记忆障碍中的作用及调节 Ach 等神经递质的能力[4],使人联想到它可能在 SDAT 发病机理中扮演一个重要的角色。

在前面的实验中我们已经证实腺苷受体阻断剂茶碱可以升高脑内乙酰胆碱的含量,提高东莨菪碱造成的近期记忆障碍动物模型的学习记忆能力。从而有可能改善老年近期记忆障碍。在下面的实验中,我们将试图查明腺苷受体阻断剂茶碱对喹啉酸破坏 NBM 核大鼠认知功能的影响。进一步探讨腺苷及其受体与 SDAT 认知功能障碍之间的关系,从而为揭示 SDAT 发病机理提供新的思路。

一、材料与方法

(一)实验材料

1. 主要仪器

高效液相色谱仪 (美国 BECKMAN 公司)

电化学检测器 (美国 BAS 公司)

酶柱 Brownlee AX－300(3cm×2.1mm) (美国 BECKMAN 公司)

江湾 I 型－C 脑立体定位器 (上海生物医学仪器厂)

跳台(step－down) (张家港市生物医学仪器厂)

Y 形迷宫(maze) (张家港市生物医学仪器厂)

2. 实验动物

Sprague-Dawlay(SD)雄性大鼠,2—3 月龄,体重 250—300g;

Sprague-Dawlay(SD)雄性大鼠,10—12 月龄,体重 500g 左右;

由首都医科大学实验动物中心提供。

3. 主要试剂

喹啉酸(quinolinic acid,QA)

美国 Sigma 公司出品(0.1MPBS,pH＝7.4 配制)

戊巴比妥钠(进口分装) 广东佛山试剂厂

茶碱(theophylline)

美国 Sigma 公司出品(0.1MPBS,pH＝7.4 配制)

(二)实验方法

1. 喹啉酸(QA)破坏单侧 NBM 核大鼠模型的建立

(1)手术

取 250—300g(2—3 月龄)成年 SD 雄性大鼠,腹腔注射(i.p.)戊巴比妥钠(45mg/kg 体重)麻醉。利用脑立体定位器,根据《大鼠脑立体定位图谱》(包新民、舒斯云主编,1991)确定大鼠左侧 NBM 核位置:前囟后 1.5mm(B),中线左侧旁开 3.2mm(L),脑表面下 6.7mm(H)。以微量进样器将 240nmol 喹啉酸(4μL)注入左侧 NBM 核。手术对照组则用 0.1MPBS(pH＝7.4)代替喹啉酸注射人动物左侧 NBM 核。另设同龄和老龄(10—12 月龄)两个对照组,此两组动物均不进行手术处理。

(2)动物被动回避性反应:跳台法(step-down)

采用跳台法(step-down)作为学习记忆行为模型。跳台训练期先将动物放入箱内适应 5 分钟,然后将其放在平台上并立即通电,电压为 36V。通常情况下,动物由台上跳下后会立即跳回平台以逃避电击。如此连续训练,直至动物在台上站满 5 分钟,以此作为学会的标准。记录在此训练过程中,动物受到电击的次数,即错误次数,作为学习成绩的评价标准。24 小时后,将动物再次置于台上,以同样方式考察记忆保持能力。记录动物第一次跳下平台的潜伏期以及 5 分钟内的错误次数,作为记忆成绩。

(3)Y 形迷宫(maze)

Y 形迷宫一般分为三等分辐射式,它的每一臂顶均有 15W 信号灯,臂底由铜棒组成,通以可变电压的交流电,以刺激动物引起逃避反应。本实验采用电压为 50V。实验时,灯光信号表示该臂为安全区,不通电。安全区顺序呈随机变换。实验开始时,先将动物放入任意一臂内并呈现灯光,5 秒后两暗臂通电,直至动物逃避到安全区,灯光继续作用 10 秒后熄灭。动物所在臂作为下一次测试的起点,两次测试之间的时间间隔为 20—30 秒,固定测试 10 次。以 10 次中的错误次数作为评价动物学习能力的成绩。

(4)组织学检查

在跳台迷宫的行为学测试后,每组动物各取 2 只,作冰冻切片,分别进行乙酰胆碱酯酶(AchE)染色和尼氏染色,以观察 NBM 核破坏区及对侧未损毁区和大脑皮层、海马区胆碱能细胞的形态和分布。AchE 染色采用改良硫胆碱法,用 0.2mM 乙基丙嗪来抑制非特异性胆碱酯酶反应;尼氏染色采用常规焦油固紫法。4 个月后,每组动物再次进行上述组织学检查。

表1　术后不同天数动物跳台成绩($\overline{X}\pm SD$)

组别	n		术后天数(天) 1	3	5	7
手术对照组	6	潜伏期时间(秒)	245.0±43.6	250.3±38.2	290.5±19.5	300.0±0.0
		错误次数(次)	1.2±0.2	1.1±0.1	1.3±0.2	0.0±0.0
模型组	6	潜伏期时间(秒)	250.0±23.5	200.6±27.8	150.6±21.7	20.4±5.7**
		错误次数(次)	1.5±0.5	2.3±0.1	3.2±0.5	10.8±2.1**

组别	n		术后天数(天) 10	18	30	90
手术对照组	6	潜伏期时间(秒)	300.0±0.0	285.7±28.9	300.0±0.0	300.0±0.0
		错误次数(次)	0.0±0.0	1.2±0.3	0.0±0.0	0.0±0.0
模型组	6	潜伏期时间(秒)	10.2±3.1**	18.9±5.0**	20.5±2.1**	2.5.2±3.9**
		错误次数(次)	9.2±1.3**	9.3±3.7**	7.3±3.0	6.2±1.8**

注:模型组——用240nmol喹啉酸损毁左侧NBM核的成龄(2—3月龄)SD大鼠;

手术对照组——用0.1MPBS代替喹啉酸注入左侧NBM核的成龄(2—3月龄)SD大鼠;

** $P<0.01$,与手术对照组比较

由表1可见,注射QA后第7天开始,动物记忆能力出现明显障碍直至3个月后仍未见恢复。

(5)Ach的HPLC分析

行为学测试结束后,各组动物均断头剥取海马、纹体和皮层。分别进行乙酰胆碱的HPLC—ECD法测定。

2.茶碱对损毁NBM核大鼠学习记忆行为的影响

(1)手术

利用脑立体定位器,在QA制备的模型动物右侧脑室[前囟后0.5mm(B),中线旁开1.5mm(L),脑表面下3.5mm(H)],插入自制不锈钢套管,并用牙科水泥固定于颅骨上,以进行侧脑室注射给药。

(2)给药

从手术后12小时开始,经套管向脑室注射腺苷受体阻断剂茶碱(theophylline,10ug/5μL,只),每隔12小时注射一次,持续7天,对照组模型动物给予5μ10.1MPBS(pH=7.4)代替茶碱。

(3)跳台实验(step—down)

茶碱组和对照组动物经连续给药7天后,测定其跳台成绩,作为学习、记忆能力的评价标准。

二、结　果

(一) QA 破坏大鼠单侧 NBM 核后动物学习记忆行为变化

1. 手术后动物的反应

术后 2 小时左右，模型组动物完全从麻醉中苏醒，出现癫痫症状。表现为四肢抽搐，尤以左侧为甚；翻滚，头向左扭曲。24 小时内摄食饮水明显减少，3 天内恢复正常。动物的体重有所下降。3 天后逐渐出现自主活动和自我修饰动作减少等现象，直至 3 个月后实验结束时仍未见恢复。

手术对照组除个别动物出现头部轻度左偏外，未见其他异常情况。

2. QA 作用的有效时间

为了寻找 QA 发挥作用的有效时间，先通过跳台法，测得模型组动物手术后若干天内的记忆成绩如下（见表 2）。

3. 行为学测试

术后第 7 天分别用跳台法和迷宫法检测动物的学习记忆能力。表 2 显示，与同龄对照组相比模型组动物在迷宫中错误次数明显增高（$P<0.01$）。在跳台测试中第一次步下平台的潜伏期明显缩短（$P<0.01$），错误次数显著增多（$P<0.01$）。以上的行为学测试成绩甚至低于老龄对照组（$P<0.01$）。表明模型组动物学习能力显著下降。

表 2　模型组与各对照组动物迷宫、跳台成绩（$\bar{X}\pm SD$）

组别	n	迷宫成绩（学习）	跳台成绩（记忆）	
		错误次数（次）	潜伏期（秒）	错误次数（次）
同龄对照组	10	1.2 ±0.4	258.0 ±49.4	0.9 ±0.1
老龄对照组	10	3.1 ±1.2*	186.7 ±74.0*	2.2 ±1.6*
手术对照组	10	1.7 ±0.8	245.6 ±87.8	1.0 ±0.2
模型组	10	7.0 ±2.2**	11.2 ±8.9**	5.7 ±2.2**

注：同龄对照组——成龄（2—3 月龄）SD 大鼠，未经手术处理；

老龄对照组——老龄（10—12 月龄）SD 大鼠，未经手术处理；

模型组——用 240nmol 喹啉酸损毁左侧 NBM 核的成龄（2—3 月龄）SD 大鼠；

手术对照组——用 0.1MPBS 代替喹啉酸注入左侧 NBM 核的成龄（2—3 月龄）SD 大鼠。

* $P<0.05$，老龄组与成龄组比较；

** $P<0.01$，模型组与三个对照组比较。

4. 组织形态学检查

正常大鼠的 NBM 核区散在分布着一些圆形、椭圆形的 AchE 强染的大细胞,并可见胞体发出数个突起,在尼氏对照染色片上可见该区存在大、小两种细胞,小细胞中散在分布着大细胞。在 NBM 核损毁区可见有大小不等的空洞,AchE 强染的大细胞及突起消失。4 个月后以上改变未见恢复,且在 NBM 核区出现了胶质细胞增生。

5. 与记忆有关脑区乙酰胆碱的测定

各组动物海马、纹体、皮层 Ach 的 HPLC 分析结果如表 3 所示。破坏左侧 NBM 核后,左右两侧海马、纹体和皮层 Ach 含量均显著降低,甚至低于老龄对照组。模型组左、右两侧脑区之间 Ach 含量下降的程度也存在显著差异($P<0.01$)。

表 3　模型组及其三个对照组各脑区 Ach 含量的测定(pmol/mg pro.)($\overline{X}\pm SD$)$n=8$

脑区		成龄对照组	老龄对照组	手术对照组	模型组
海马	左	583.21 ±27.38	287.31 ±25.36*	581.39 ±49.31	141.90 ±15.30**
	右	579.38 ±56.32	284.11 ±21.68*	571.20 ±39.28	13.96 ±0.70**Δ
纹体	左	694.32 ±32.61	304.21 ±30.09*	684.29 ±30.62	12.97 ±0.67**
	右	687.21 ±46.40	310.40 ±34.21*	679.83 ±40.61	133.90 ±17.20**Δ
皮层	左	227.38 ±26.50	201.47 ±19.38*	219.18 ±31.42	139.70 ±16.90**
	右	231.25 ±43.21	199.56 ±20.61*	224.36 ±20.18	12.37 ±0.11**Δ

* $P<0.05$,老龄组与成龄组比较;

* * $P<0.01$,模型组与三个对照组比较;

Δ$P<0.01$,模型组两侧脑区比较。

(二)茶碱对 QA 损毁单侧 NBM 核大鼠学习记忆行为的影响

1. 手术及给药后动物的反应

茶碱组及对照组大鼠 QA 损毁左侧 NBM 核后,均不同程度的出现结果(一)1. 所述的反应。但茶碱组动物行为表现较对照组活跃,摄食、饮水量相对较多,体重下降较少。

2. 跳台成绩

给药 7 天后对茶碱组及模型组动物均进行了跳台成绩测试,结果见表 4。显示给予茶碱后,训练期错误次数较对照组有显著减少($P<0.01$),表明其学

习能力有所提高。记忆保持期的潜伏期时间明显延长，错误次数显著减少（$P<0.01$）。表明其记忆能力有所提高。以上结果显示了腺苷受体阻断剂茶碱对用 QA 单侧损毁 NBM 核大鼠的学习记忆行为均有显著改善作用。

表 4　茶碱对模型鼠跳台成绩的影响（n = 10）

组别	给药 QA（NBM）nmol	给药 Theo.（i. c. v）μg/12h	跳台成绩 $\overline{X}\pm SD$ 训练期 错误次数（次）	记忆保持期 潜伏期（秒）	记忆保持期 错误次数（次）
模型组	240	0	6.8 ±1.6	19.9 ±3.4	5.0 ±1.2
茶碱组	240	10	3.0 ±0.8**	158.7 ±26.1**	2.1 ±0.7**

＊＊$P<0.01$，与对照组比较。

注：模型组——用喹啉酸损毁左侧 NBM 核后脑室注射溶剂（0.1MPBS）；

茶碱组——用喹啉酸损毁左侧 NBM 核后脑室注射溶茶碱。

三、讨　论

（一）喹啉酸损毁单侧 NBM 核大鼠学习记忆行为的影响

众所周知，胆碱能神经系统功能的紊乱是造成 SDAT 的较为肯定的原因。因此破坏 CNS 中有关的胆碱能系统是制备 SDAT 动物模型的主要方法之一[6]。但碱能神经元在脑内分布很广，与记忆关系密切的有两处：其中之一是位于腹侧苍白球底的一些大型细胞团，即基底前脑 Meynert 核（NBM），它发出胆碱能纤维投射至大脑皮层的广泛区域，其中以额顶叶为主，为皮层提供了胆碱能神经纤维投射的主要来源。[7] NBM 核也向杏仁核、海马和嗅球发出胆碱能投射，这与内侧隔核和 Brosca 斜角带状核的投射区一致。内侧隔核和 Brosca 斜角带状核即为脑内另一处与记忆有关的胆碱能神经元的分布区，它们主要向海马发出投射。由于以上的胆碱能神经解剖学分布以及在临床中发现 SDAT 患者 NBM 核出现广泛的细胞缺失（50%—70%），[8] 以及胆碱能的标志酶——CHAT 和 AchE 含量的减少，所以采用不同类型的神经毒素和电损伤破坏动物的 NBM 核是目前文献报道中制备 SDAT 动物模型的主要手段。本实验用内源性神经毒素喹啉酸（QA）破坏 SD 大鼠左侧 NBM 核，使破坏区的胆碱能神经元及其突起消失。4个月后再次进行AchE和尼氏染色观察,未见胆碱能神经元及其纤维的再生。此结果与国外报道相符,从形态上证实了模型大鼠制作的可靠性。[9]

从行为学检测可以看出,注射QA制作的模型动物与同龄对照组相比,学习记忆能力明显降低($P<0.01$),甚至低于老龄组($P<0.01$)。这与SDAT患者学习认知功能严重丧失,甚至低于正常老年人的临床表现相符[10],从而在行为学表现上证实了模型制作的可靠性。

模型鼠脑区Ach含量的测定表明,破坏左侧NBM核后,左右两侧海马、纹体、皮层Ach含量均有明显降低,甚至低于老龄对照组。其中严重一侧的脑区Ach丧失达90%左右。这与SDAT患者海马、皮层和NBM核胆碱能神经细胞损失达75%—95%的报道相符[11]。也与前述模型鼠的行为学和组织学观察结果相一致。从而从神经生化方面证明了模型制作的可靠性。

从实验结果还可看出,破坏模型鼠一侧NBM核后,却造成了双侧海马、纹体和皮层的Ach含量下降,但左右两侧下降的程度也存在明显差异($P<0.01$)。这可能是由于NBM核位于基底前脑腹侧苍白球,它的胆碱能纤维投射主要支配对侧大脑皮层区域,是皮层胆碱能支配的主要来源。因此破坏了左侧NBM核会造成右侧皮层胆碱能来源的丧失,Ach水平严重下降。除支配皮层外,尾侧NBM核还向对侧海马发出胆碱能的纤维投射,其投射区域与内侧隔核及Brosca斜角带核的投射区一致[12]。因此破坏左侧NBM核会引起右侧海马Ach水平的下降。但由未破坏侧(右侧)NBM核支配的左侧海马和皮层内Ach水平也出现降低,这可能是由于NBM核也发出部分胆碱能投射支配同侧皮层、海马之故。因此破坏一侧NBM核,会引起双侧皮层、海马Ach水平下降。但下降的程度还是以破坏侧支配为主者(右侧)严重。

另外还发现,纹体Ach中的下降程度是左侧重于右侧,这是由于NBM核位于腹侧苍白球(纹体)下方,是这一区域主要的胆碱能细胞团[13]。而我们取纹体作为样本测试时,实际上也包括了该核。因此破坏左侧NBM核可以引起该侧纹体的Ach水平严重降低。而实验中右侧纹体Ach的水平下降,可能是由于该核也向对侧纹体发出神经支配之故。当然这些推论还需运用神经解剖学技术进一步验证。

目前损伤NBM核是制作SDAT动物模型较为肯定的方法。损伤的方式又以应用药物损毁为优。我们实验中采用的喹啉酸(QA)是一种内源性神经毒素,作为色氨酸的代谢产物既产生于外周也存在于中枢。在啮齿类动物衰老过程中,其浓度增加 600%。QA 选择性地损伤神经元的胞体和树突,而不破坏过路纤维。它的作用与神经退化过程极相似,副作用小于红藻氨酸(kainic acid,KA)和鹅膏蕈氨酸(ibotenic acid,IA)等其他神经毒素[14]。在本实验中只见到轻度的饮水吞咽困难,且持续时间短(3 天),手术死亡率为零。本实验中应用 QA 制作的模型鼠其胆碱能损失达 90%,与文献报道一致。还有报道指出 QA 作用于 NBM 核会产生酶的减少和低亲和力受体数量的降低,且还造成一些在 SDAT 中发现的非胆碱能系统及细胞骨架的异常[15]。在本实验中我们也发现,模型鼠 NBM 核中除 AchE 浓染大细胞消失外,核周围的小细胞丢失也很严重。

Olton 指出[16],记忆障碍动物模型的效果最终应受到如下三方面的检验:

①涉及正常记忆的脑机制;

②能复制引起记忆损伤的病理变化;

③通过治疗能减轻记忆损伤。

因此一般认为能反映或包括上述三个方面的动物模型,即可认为是成功的。本实验所建立的大鼠老年痴呆动物模型,基本符合上述标准。且与 SDAT 有较高的可比性,是制作大鼠 SDAT 动物模型的一种较为理想的方式。这就为进一步研究腺苷及其受体与 SDAT 的发病关系提供了实验基础。

(二)腺苷受体阻断剂茶碱对喹啉酸损毁 NBM 核大鼠学习记忆能力的影响

业已查明,Ach 与学习记忆行为有密切关系。胆碱能递质系统的功能障碍可引起动物学习记忆能力的降低。本实验中用 QA 损毁 NBM 核制作的大鼠学习记忆障碍模型正是基于这一原理。而腺苷也是通过抑制 Ach 的突触前释放以及突触后效应来影响记忆认知功能的[17]。腺苷受体阻断剂则能抑制腺苷与受体的耆合(在 CNS 中主要为 A_1 受体[18],从而降低了腺苷对 Ach 的抑制效应,即增强了胆碱能系统的功能,提高了动物学习记忆的能力。这一推论在上述的实验中已得到了验证。在此次实验中用喹啉酸破坏左侧 NBM 核所建立的记忆障碍大鼠模型基础上,观察了腺苷受体阻断剂茶碱对该模型的学习记忆行为的影响。结果表明,茶碱确能显著提高模型鼠的学习记忆能力。表现为训练期错误次数减少,记忆保持期的潜伏期时间显著延长。再一次证明了腺苷及其受体在学习记忆行为中起作用。综合以往的实验结果,可以认为茶碱仍是通过阻断脑内腺苷与受体(主要是 A_1 受体)的作用,从而提高模型鼠脑内与记忆相关脑区的 Ach 水平,增强 Ach 在学习记忆行为中的促进作用。

由于腺苷不仅抑制胆碱能系统的作用,而且对多种递质系统都有抑制性影响。因此,腺苷受体阻断剂就有可能通过阻断高浓度腺苷的抑制作用,而达到改善 SDAT 患者记忆认知功能的效果。

综上所述,我们认为在 CNS 中腺苷水平的过度增加是 SDAT 发病的一个更为深层的分子机制。腺苷受体阻断剂茶碱可能通过阻断腺苷与受体的作用来改善 SDAT 患者的记忆认知功能。这一认识有可能为今后进一步探讨 SDAT 的发病机理以及为提出预防和治疗该症的对策提供了为探寻改善老年性记忆保健食品的功能因子新的方向和思路。

参考文献(略)

(作者:金宗濂,王卫平;本文为北京市自然科学基金资助的科研报告,1997 年 6 月完成,主要结论已做过报导,并于《中国营养学会第四次营养资源与保健食品学术会议论文摘要汇编》以摘要刊登,1997 年)

苯异丙基腺苷对大鼠学习记忆行为和脑内单胺类递质的影响

Alzheimer 型老年痴呆(senile dementia of Alzheimer's type,SDAT)是严重威胁老年人群的一种中枢神经系统退行性疾患,85 岁以上人群中,其发病率高达 47%。据文献报道,目前全球 SDAT 患者有 1700 万—2500 万,而我国大致有 300 万人[1]。因此随着老龄社会的到来,SDAT 越来越成为神经科学的前沿课题和研究重点。一般认为,脑内神经递质的联合受损是 SDAT 认知功能障碍的重要原因[2]。但据此提出的递质替代疗法结果却并不理想。由于腺苷的随龄增加及其对中枢神经递质释放有广泛的抑制效应[3],我们曾推断腺苷的随龄增加可能在 SDAT 的发病机理中起有重要作用[4]。

金宗濂等证明腺苷受体激动剂苯异丙基腺苷(phenyl isopropyl adenosine,PIA)可降低大鼠学习记忆能力,而其受体阻断剂茶碱可显著改善由东莨菪碱(scop)造成的学习记忆障碍大鼠的学习记忆行为[5]。本研究试图查明腺苷受体激动剂 PIA 对大鼠学习记忆行为的影响及其作用机理,为今后建立更接近于 SDAT 的动物模型、揭示 SDAT 发病机理提供依据并为今后预防、治疗 SDAT 以及探寻改善老年性记忆障碍的保健食品的功能因子提供新思路。

一、材料与方法

(一)实验材料

1. 主要仪器

高效液相色谱仪:110B 泵

7725 型六通进样阀

406 数据收集系统

Goldsgtem 数据分析系统

美国 Beckman 公司

预柱(ultrasphere,ODS5μ 4.6mm×4.5cm)

美国 Beckman 公司

C18 反相高效液相色谱分析柱(Ultrasphere,ODS5μ 4.6mm×25cm)

中科院大连化物所·国家色谱中心

电化学检测器 LC-44 型

美国 BAS 公司

江湾 I 型 C 脑立体定位仪

上海生物医学仪器厂

跳台

中国医学科学院药物所

2. 主要试剂

苯异丙基腺苷(P-4532),分析纯

美国 Sigma 公司

标准品:去甲肾上腺素(A-7257)

美国 Sigma 公司

肾上腺素(L-Adrenaline,02250)

德国 Fluka 公司

多巴胺(H-8502)

美国 Sigma 公司

5-羟色胺(H-7752)

美国 Sigma 公司

流动相:乙腈,HPLC 级

上海脑海生物技术公司

磷酸,优级纯

北京红星化工厂

氢氧化钠,分析纯

北京益利精细化学品有限公司

EDTA.2Na,分析纯

华美生物工程公司

十二烷基磺酸钠,分析纯

美国 Seva 公司

流动相用去离子重蒸水配制,使用前用 0.3μm Hyybond · Nylon 膜过滤,并超声脱气。

3. 实验动物

成龄 Sprague – Dawlay(SD)大鼠:2—3 月龄,首都医科大学动物中心提供

老龄 Sprague – Dawlay(SD)大鼠:20—24 月龄(首都医科大学动物中心提供成龄鼠,在我校动物室喂养至 20—24 月龄,供实验用)

各实验组用大鼠均为雄性。

(二)实验方法

1. 脑室埋管手术

利用脑立体定位仪,根据《大鼠脑立体定位图谱》[6],确定大鼠左侧脑室坐标:前囟后 0.5mm(B),中线旁开 1.5mm(L),脑表面下 3.5mm(H)。钻开颅骨,插入不锈钢套管,并用牙科水泥固定于颅骨表面,用于进行侧脑室注射。手术后一周备用。

2. 学习记忆行为的测定

采用跳台法(step – down test)检测大鼠学习记忆行为[7]。跳台训练期先将动物放入箱内适应 5 分钟,然后将其放于平台上并立即通电,电压为 36V。通常情况下,动物由台上跳下后会立即跳回平台以逃避电击。如此连续训练,直至动物在台上站满 5 分钟,以此作为学会的标准。记录在此过程中,动物受到电击的次数,即错误次数,作为学习成绩。24 小时后,将动物再次置于台上,以同样方式观察记忆保持能力。记录动物第一次跳下平台的潜伏期以及 5 分钟内的错误次数,作为记忆成绩。

本实验共设五组:成龄组、手术对照组、老龄组(20—24 月龄)、实验组Ⅰ(10μg PIA/只)和实验组Ⅱ(20μg PIA/只),每组均为 10 只。在跳台训练前 30 分钟,通过套管,分别将 10μg/5μL 和 20μg/5μL PIA 注入实验组Ⅰ和实验组Ⅱ动物左侧脑室,手术对照组注入 5μL 0.1M PBS。然后进行上述实验。

(三)单胺类递质的 HPLC – ECD 分析

跳台实验结束后,将动物断头,剥取海马、皮层、纹体、脑干,进行去甲肾上腺素(NE)、多巴胺 DA)和 5 – 羟色胺(5 – HT)的高效液相色谱 – 电化学法

(HPLC－ECD)分析。

1. 方法原理

利用C18反相色谱柱将样品中的NE、DA、5－HT分离,使之分别进入电化学检测器。当工作电极与参比电极之间的电位维持在某一水平时,这些化合物被氧化,生成醌和醌亚胺[8]。电化学检测器工作电极吸收电子所产生的电流与检测池中被测化合物的浓度成正比。

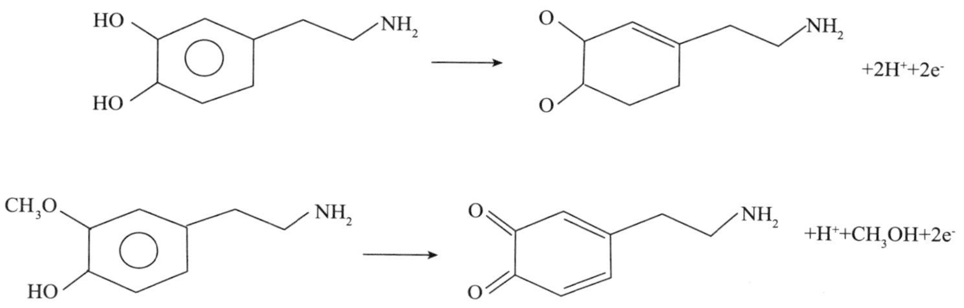

HO HO NH_2 → O O NH_2 $+2H^+ +2e^-$

CH_3O HO NH_2 → O O NH_2 $+H^+ +CH_3OH+2e^-$

2. 样品前处理

采用高氯酸沉淀法,制备大鼠海马、皮层、纹体、脑干的待测脑样品。为防止样品中单胺类递质的氧化,可在高氯酸溶液中加入L－半胱氨酸(0.005%)。

3. 色谱条件

流动相:70%0.1M磷酸缓冲液

(含1.0g/L十二烷基磺酸钠和29mg/L EDTA·2Na,pH＝3.7)30%乙腈

流速:1.0ml/min

电化学检测器工作电压为0.7V,灵敏度为50nA,频率为0.1HZ[8,9]。

4. 样品测定

取20μL经过前处理的大鼠脑样品上清液经六通阀进样,Goldsystem软件自动分析结果。

三、结　果

(一)PIA对大鼠学习记忆行为的影响

表1　PIA对SD大鼠跳台成绩的影响($\overline{X}\pm SD, n=10$)

组别	PIA (μg/5μL)	训练期 错误次数(次)	记忆期 潜伏期(S)	记忆期 错误次数
成龄组	0	1.4 ±0.5	278.1 ±23.7	0.7 ±0.5
手术对照组	0	1.3 ±0.5	261.6 ±37.5	1.1 ±0.6
老龄组	0	3.2 ±0.8##	195.6 ±39.4##	2.6 ±0.7##
实验组Ⅰ	10	5.2 ±1.3***▲▲▲	64.1 ±17.9***▲▲▲	3.4 ±0.8***▲
实验组Ⅱ	20	7.9 ±1.2△△△▲▲▲	14.4 ±4.9△△△▲▲▲	7.5 ±1.1△△△▲▲▲

注:测试前30分钟手术对照组大鼠经套管侧脑室注入5μL0.1M PBS,实验组Ⅰ和Ⅱ分别注入10μg/5μL和20μg/5μL PIA。

＊＊＊:$P<0.001$,实验组Ⅰ与手术对照组比较;

▲:$P<0.05$,实验组Ⅰ和Ⅱ与老龄组比较;

▲▲▲:$P<0.001$,实验组Ⅰ和Ⅱ与老龄组比较;

##:$P<0.01$,老龄组与成龄组比较;

△△△:$P<0.001$,实验组Ⅱ与实验组Ⅰ比较。

表1结果表明,与成龄组比较,老龄组大鼠在跳台训练期内的错误次数增加128.6%($P<0.01$),24小时记忆保持期内的潜伏期缩短25.2%($P<0.01$)和错误次数增加136.4%($P<0.01$)。手术对照组大鼠的学习记忆能力与成龄组比较无显著性差异。与手术对照组比较,10μg PIA可使SD大鼠跳台训练期内的错误次数增加272.4%($P<0.001$),24小时记忆保持期内的潜伏期缩短77.0%($P<0.001$)和错误次数增加385.7%($P<0.001$)。与20—24月龄老龄组比较,10μg PIA可使大鼠跳台训练期内的错误次数增加62.5%($P<0.01$),24小时记忆保持期内的潜伏期缩短67.2%($P<0.001$)和错误次数增加30.8%($P<0.05$)。与老龄组比较,20μg PIA实验组大鼠跳台训练期内的错误次数增加146.9%($P<0.001$),24小时记忆保持期内的潜伏期缩短92.6%($P<0.001$)和错误次数增加188.5%($P<0.001$)。与10μg PIA实验组比较,20μgPIA可使大鼠跳台训练期内的错误次数增加51.9%($P<0.01$),24小时记忆保持期内的潜伏期缩短77.5%($P<0.001$)和错误次数增加120.6%($P<

0.001)。

行为学测试表明:1.大鼠学习记忆能力有显著的随龄下降趋势;2.PIA可显著性降低大鼠学习记忆能力,增加PIA用量,其效应增强,并呈现明确的量效关系。

(二)脑内单胺类递质含量的测定

大鼠不同脑区NE、DA、5-HT含量测定结果见表2—5。

表2 PIA对SD大鼠左侧各脑区NE含量的影响($\overline{X}\pm SD$,单位:nmol/g组织)($n=8$)

脑区	老龄组	成龄组	手术对照组	实验组Ⅰ(PIA10μg/只)
海马	3.295±0.210#	3.739±0.268	3.810±0.319	2.705±0.370**ΔΔΔ
皮层	3.101±0.502#	3.651±0.315	3.640±0.400	2.345±0.266*ΔΔΔ
纹体	5.246±0.362###	7.284±0.342	7.254±0.394	4.177±0.158**ΔΔΔ
脑干	4.594±0.711###	7.150±0.652	7.084±0.351	6.026±0.377***ΔΔΔ

#:$P<0.05$,老龄组与成龄组比较;
##:$P<0.01$,老龄组与成龄组比较;
###:$P<0.001$,老龄组与成龄组比较;
ΔΔΔ:$P<0.001$,实验组Ⅰ与手术对照组比较;
*:$P<0.05$,实验组Ⅰ与老龄组比较;
**:$P<0.01$,实验组Ⅰ与老龄组比较。
***:$P<0.001$,实验组Ⅰ与老龄组比较

由表2(图1)可见,与成龄组比较,老龄组大鼠左侧海马、皮层、纹体、脑干中的NE含量分别降低11.9%($P<0.05$)、15.1%($P<0.05$).28.0%($P<0.001$)、35.8%($P<0.001$)。手术对照组各脑区NE含量与成龄组比较无显著性差异。与手术对照组比较,实验组Ⅰ大鼠左侧海马、皮层、纹体、脑干中的NE含量分别降低20.5%($P<0.001$)、35.4%($P<0.001$)、42.7%($P<0.001$)、15.7%($P<0.001$)。与老龄组比较,实验组Ⅰ大鼠左侧海马、皮层、纹体中的NE含量分别降低17.9%($P<0.01$)、24.4%($P<0.05$)、20.4%($P<0.01$),左侧脑干中NE含量虽然低于手术对照组,但仍高于老龄对照组31.2%($P<0.001$)。

表3 PIA对SD大鼠左侧各脑区DA含量的影响($\overline{X}\pm SD$,单位:nmol/g组织)($n=8$)

脑区	老龄组	成龄组	手术对照组	实验组Ⅰ(PIA10μg/只)
海马	0.587±0.070###	1.069±0.060	1.076±0.079	0.432±0.075**ΔΔΔ
皮层	0.892±0.117##	1.195±0.171	1.246±0.145	0.727±0.098**ΔΔΔ

续表

脑区	老龄组	成龄组	手术对照组	实验组Ⅰ(PIA10μg/只)
纹体	2.083 ±0.302[#]	2.878 ±0.330	2.946 ±0.283	2.010 ±0.373[ΔΔ]
脑干	0.819 ±0.090[###]	1.343 ±0.129	1.293 ±0.264	0.905 ±0.061[*ΔΔΔ]

:$P<0.05$,老龄组与成龄组比较;# # :$P<0.01$,老龄组与成龄组比较;

:$P<0.001$,老龄组与成龄组比较;ΔΔ:$P<0.01$,实验组Ⅰ与手术对照组比较;

ΔΔΔ:$P<0.001$,实验组Ⅰ与手术对照组比较; * :$P<0.05$,实验组Ⅰ与老龄组比较。

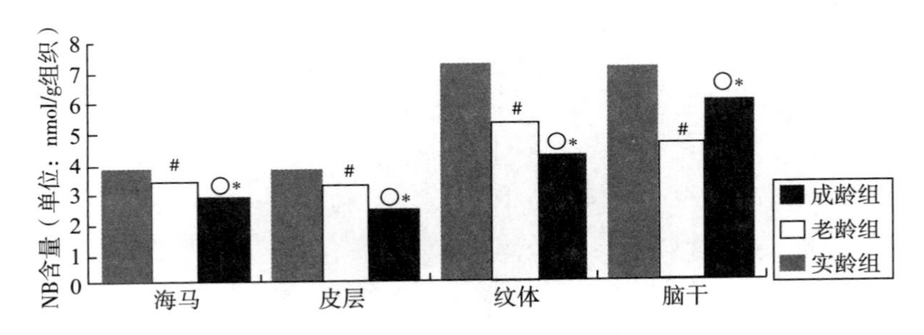

图1　PIA对大鼠各脑区NE含量的影响

#:老龄组与成龄组比较,有显著性差异;○:实验组与老龄组比较,有显著性差异;

* :实验组与成龄组比较,有显著性差异。

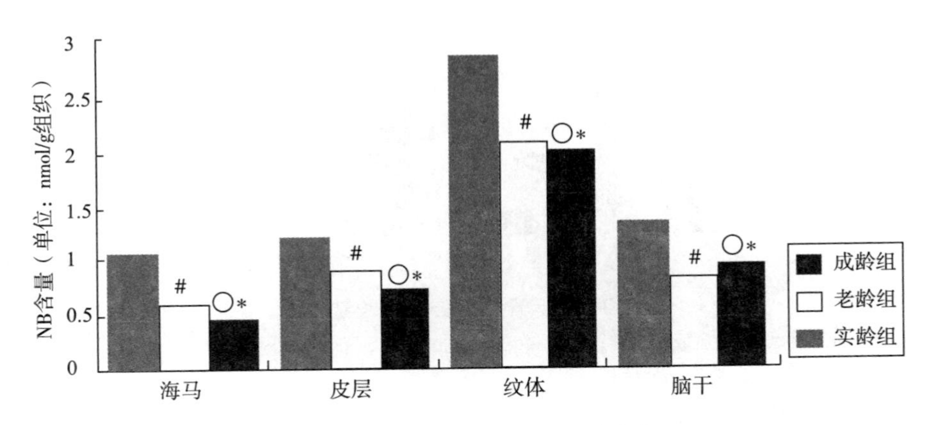

图2　PIA对大鼠各脑区DA含量的影响

#:老龄组与成龄组比较,有显著性差异;

○:实验组与老龄组比较,有显著性差异;

* :实验组与成龄组比较,有显著性差异。

由表3、图2可见:与成龄组比较,老龄组大鼠海马、皮层、纹体、脑干中DA

含量分别降低 45.1%（$P<0.001$），25.4%（$P<0.01$）、27.6%（$P<0.05$）、39.0%（$P<0.001$）。手术对照组各脑区 DA 含量与成龄组比较无显著性差异。与手术对照组比较，实验组 Ⅰ 大鼠海马、皮层、纹体、脑干中的 DA 含量分别降低 59.6%（$P<0.001$）、39.2%（$P<0.001$）、30.2%（$P<0.01$）、32.6%（$P<0.001$）。与老龄组比较，实验组 Ⅰ 大鼠海马、皮层、纹体中的 DA 含量分别降低 26.4%（$P<0.01$）、18.5%（$P<0.01$）、3.5%（$p>0.05$），但脑干中 DA 含量高于老龄对照组 10.5%（$P<0.05$）。

表 4　PIA 对 SD 大鼠左侧各脑区 5－HT 含量的影响（$\overline{X}\pm SD$，单位：nmol/g 组织）（$n=8$）

脑区	老龄组	成龄组	手术对照组	实验组 Ⅰ（PIAl0ug/只）
海马	1.884 ±0.254###	2.888 ±0.238	2.970 ±0.341	1.588 ±0.248 *ΔΔΔ
皮层	3.009 ±0.276###	3.820 ±0.450	3.824 ±0.303	2.099 ±0.352 * *ΔΔΔ
纹体	3.534 ±0.284###	4.485 ±0.248	4.485 ±0.244	3.868 ±0.236 *ΔΔΔ
脑干	3.463 ±0.277###	5.495 ±0.548	5.554 ±0.388	4.193 ±0.183 * *ΔΔΔ

：$P<0.001$，老龄组与成龄组比较；ΔΔΔ：$P<0.001$，实验组与手术对照组比较；

：$P<0.05$，实验组 Ⅰ 与老龄组比较； *：$P<0.01$，实验组 Ⅰ 与老龄组比较。

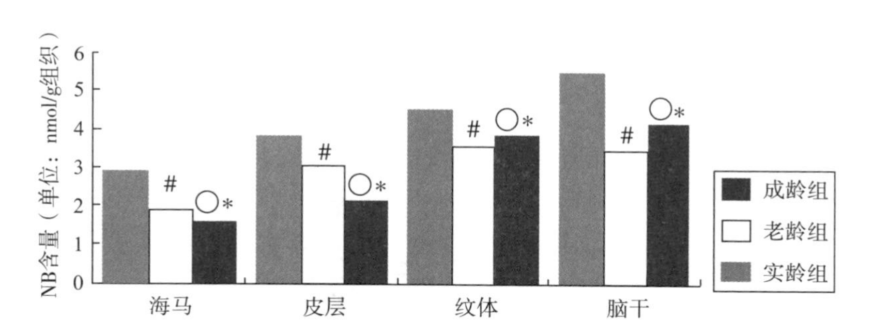

图 3　PIA 对大鼠各脑区 5－HT 含量的影响

#：老龄组与成龄组比较，有显著性差异；

○：实验组与老龄组比较，有显著性差异；

*：实验组与成龄组比较，有显著性差异。

由表 4、图 3 可见：与成龄组比较，老龄组大鼠左侧海马、皮层、纹体、脑干中的 5－HT 含量分别降低 34.8%（$P<0.001$）、21.2%（$P<0.001$）、21.2%（$P<0.001$）、37.0%（$P<0.001$）。手术对照组各脑区 5－HT 含量与成龄组比较无显著性差异。与手术对照组比较，实验组 Ⅰ 大鼠左侧海马、皮层、纹体、脑干中

5 - HT 含量分别降低 45.0%（$P<0.001$）、45.1%（$P<0.001$）、13.8%（$P<0.01$）、23.7%（$P<0.01$）。与老龄组比较，实验组Ⅰ大鼠左侧海马、皮层中 DA 含量分别降低 15.7%（$P<0.05$）、30.2%（$P<0.01$），但纹体、脑干中 5 - HT 含量高于老龄组 9.5%（$P<0.05$）、21.1%（$P<0.01$）。

表 5　实验组Ⅰ两侧脑区 NE、DA、5 - HT 含量比较（$\overline{X}\pm SD$，单位：nmol/g 组织）（$n=8$）

脑区		NE	DA	5 - HT
海马	左	2.705 ±0.370	0.432 ±0.075	1.588 ±0.248
	右	2.806 ±0.214	0.440 ±0.076	1.592 ±0.287
皮层	左	2.345 ±0.266	0.727 ±0.098	2.099 ±0.352
	右	2.400 ±0.377	0.722 ±0.072	2.129 ±0.358
纹体	左	4.177 ±0.158	2.010 ±0.373	3.868 ±0.236
	右	4.232 ±0.127	2.024 ±0.276	3.887 ±0.174
脑干	左	6.026 ±0.377	0.905 ±0.061	4.193 ±0.183
	右	6.081 ±0.309	0.936 ±0.081	4.183 ±0.133

由表 5 可见，两侧海马、皮层、纹体、脑干中 NE、DA、5 - HT 含量无显著性差异。

综上结果提示：①实验组Ⅰ大鼠以上四个脑区左右两侧单胺类递质含量无显著差异；②上述各脑区单胺类递质含量呈现随龄下降的趋势，并与学习记忆能力降低一致；③与手术对照组比较，PIA 降低了上述各脑区单胺类递质的含量，特别是与学习记忆密切相关的皮层和海马两脑区，单胺类递质的含量不仅低于手术对照组，还低于老龄组。这与大鼠学习记忆能力的降低大体一致。

三、精确度与回收率的测定

将一定浓度的标准品混合液加入脑样品中，进行回收率的测定。本实验将大鼠脑皮层匀浆液平均分为两份，其中一份加入 NE、DA、5 - HT 标准品各0.05ng/μL，两份脑样品平行按上述操作进行测定，进行回收率的测定。结果见表 6。

表 6　大鼠脑区内皮层中 NE、DA、5 - HT 含量测定的回收率（$n=8$）

递质	NE	DA	5 - HT
回收率（%）	90.56 ±1.56	85.17 ±0.87	87.65 ±1.04

同一份样品重复测定多次,测得变异系数,来反映样品测定的重复性和精确性。将标准品0.05ng/μL连续进样8次,求出变异系数。结果见表7。

表7　测定NE、DA、5-HT的变异系数($n=8$)

递质	NE	DA	5-HT
变异系数(CV)	2.7%	2.8%	3.0%

表6、表7结果表明,本研究所应用的单胺类递质的测定方法具有良好的重复性和精确性。

四、讨　论

腺苷作为中枢抑制性神经调质,对各类递质的释放具有广泛的抑制作用。激动腺苷A_1受体可使Ach、NE、DA、5-HT、GABA和Glu等释放减少,其中兴奋性递质更容易受到影响[10]。

一般认为,脑内Ach、NE、5-HT、DA能神经系统功能联合受损是造成SDAT痴呆症状出现的重要原因[2]。腺苷水平具有随龄增高的趋势。文镜等应用HPLC配紫外检测器测定不同年龄SD大鼠海马、皮层、纹体内腺苷水平。发现与3—6月龄成龄鼠相比,18—20月龄老龄鼠大脑皮层、海马、纹体中腺苷水平分别增加了66.6%、37.2%、27.3%[11]。金宗濂等应用HPLC-ECD测定大鼠脑内Ach含量,发现与成龄鼠相比,18—20月龄老龄鼠大脑皮层、海马、纹体中Ach含量也呈显著降低趋势[12]。在体外实验中已观察到腺苷受体激动剂PIA能抑制大鼠海马脑片Ach的释放,这一抑制效应有随龄增强的特点[13,14]。由此推测,侧脑室灌注PIA可抑制Ach的释放。

本研究结果表明,左侧脑室灌注10μg PIA后,大鼠两侧海马、皮层、纹体和脑干中NE、DA、5-HT含量均显著降低,不仅低于成龄组,而且在与学习记忆密切相关的皮层与海马中还低于老龄组(结果见表2—5)。

从行为学测试结果可以看出,与成龄组比较,老龄组大鼠学习记忆能力显著降低。表明学习记忆能力有随龄下降的趋势,这与文献报道一致。与手术对照组相比,注射PIA的动物学习记忆能力显著降低,甚至低于老龄组。且随着PIA剂量的增加,动物的学习记忆能力进一步降低,呈现良好的剂量效应关系

(见表1)。这与上述单胺类递质的测定结果基本吻合。

由于腺苷对中枢神经递质释放广泛的抑制作用和其在脑内含量具有随龄增加的趋势,因而腺苷的随龄增加在老年记忆障碍及在SDAT发病机理中可能具有重要作用[14]。

上述结果提示,左侧脑室灌注PIA后,双侧海马、皮层、纹体、脑干中单胺类递质含量均显著下降,且左右两侧下降的程度并无显著性差异。说明PIA可能通过脑脊液循环作用于左右脑区,而并非通过局部渗透作用影响单侧中枢神经系统。

在SDAT患者出现临床症状之前,均有抑郁症状出现,5－HT水平的降低是抑郁症状出现的重要原因[15]。5－HT含量的改变,不仅与情绪变化有关,而且对学习记忆亦有影响。5－HT介导学习的敏感化过程:通过一系列的步骤,使Ca^{2+}内流增加,从而导致感觉神经元递质释放的增加,最终造成行为上的敏感化[16]。众所周知,长期记忆(long－term memory)需要新的蛋白质分子的合成,而5－HT可使此类蛋白质的合成增加三倍[17]。另外,5－HT水平的降低,可损伤部分脑区胆碱能活动,特别是与学习记忆有关脑区如海马、皮层[18]。由此可见,腺苷对5－HT释放的抑制,可能是SDAT患者认知功能障碍和情绪变化的更深层次的分子机制。

脑内多巴胺和去甲肾上腺素水平的降低,可显著降低小鼠跳台成绩[19]。T. Steckler等研究证明,与学习记忆有关的神经递质系统(谷氨酸、GABA、乙酰胆碱、5－羟色胺、多巴胺、去甲肾上腺素)并非独立起作用,各系统相互作用,形成不同的神经网络,共同参与学习记忆的过程[20]。

由此可见,利用腺苷受体激动剂PIA灌注大鼠侧脑室引起的脑内神经递质变化与SDAT患者脑内呈现多递质联合受损的生化变化有一定的相似性,为制作SDAT大鼠模型提供新的思路,并为进一步研究腺苷及其受体与SDAT的发病机理提供实验基础。

参考文献(略)

(本文为北京市自然科学基金项目研究报告,1998年6月完成,
主要结论已做过报导,并载于《全国第二届海洋生命活性物质
天然生化药物学术研讨会论文集》,1998年)

茶碱的动员脂肪功能及其在功能食品中的应用

茶碱作为一种天然腺苷受体阻断剂，具有动员脂肪功能。脂肪的动员受多种因素控制，而其限制性因素是激素敏感性脂肪酶。当腺苷与脂肪细胞上 A_1 受体结合后，通过膜上 G 蛋白的信息传递能抑制腺苷酸环化酶，使细胞内 cAMP 含量下降，从而抑制了细胞的氧化磷酸化过程。众所周知，在超过 10 分钟的长时间的运动，其能量是由脂肪酸在有氧过程中释放出的 ATP 提供。脂肪动员受阻必然造成肌肉活动的能源枯竭。这是长时间运动产生疲劳的根本原因之一。茶碱阻断了腺苷和受体结合激活腺苷酸环化酶，提高激素敏感性脂肪酶活性，从而加速脂肪组织中的脂肪动员。

利用茶碱的脂肪动员作用，我们研究了它们的抗疲劳功能。实验选用 BALB/C 雄性小鼠，随机分为对照组和实验组。经口给予 13.3mg/kg · bw 茶碱 5 天后，测定各项指标。与对照组相比，实验组游泳持续时间延长 27.4%（$P<0.05$）；脂肪组织中的脂肪酶活力提高 93.3%（$P<0.01$）；肝糖元含量增加 29.2%（$P<0.01$）；3% 负重游泳 60 分钟后血糖含量提高 15.2%（$P<0.05$）；4% 负重游泳 30 分钟，休息 25 分钟后血乳酸含量下降 32.1%（$P<0.01$），休息 50 分钟后血乳酸含量下降 35.0%（$P<0.05$），与游泳前相比，实验组的血乳酸恢复水平提高 94.6%（$P<0.01$）；小鼠心肌 LDH 的比活力提高 25.4%（$P<0.05$）；运动后 90 分钟血尿素的增值降低 35.9%（$P<0.01$）；150 分钟后降低37.5%（$P<0.01$）。结果表明，服用 13.3mg/kg · bw 茶碱 5 天后，由于显著增加小鼠体内脂肪分解功能，提高肝糖元储备，增加机体无氧及有氧代谢能力，因而它具有抗疲劳，提高机体耐力的功能。

表 1　茶碱对小鼠抗疲劳指标的影响($\overline{X} \pm SD$)

项 目	对照组	实验组	*P*
游泳时间(分钟)	88.3 ±31.8	115.7 ±27.4	<0.05
脂肪酶活力(μmol/min · 100g)	7.79 ±6.46	15.06 ±7.76	<0.01
肝糖元含量(mg/g)	28.8 ±9.2	37.2 ±6.8	<0.01
3% 负重游泳 60 分钟后血糖含量(mg%)	83.1 ±6.2	95.7 ±7.7	<0.05
游泳前血乳酸含量(mmol/L)	2.17 ±0.32	2.19 ±0.21	>0.05
4% 负重游泳 30 分钟,休息 25 分钟血乳酸含量(mmol/L)	5.61 ±0.45	3.81 ±0.36	<0.01
4% 负重游泳 30 分钟,休息 50 分钟后血乳酸含量(mmolL)	4.54 ±0.49	2.95 ±0.35	<0.01
4% 负重游泳 30 分钟,休息 50 分钟后血乳酸恢复水平(%)	27.7 ±8.2	53.9 ±15.1	<0.01
心肌 LDH 同功酶 I 比活力	0.71 ±0.58	0.89 ±0.17	<0.05
运动后 90 分钟血尿素增值(mmol/L)	1.42 ±0.10	0.91 ±0.18	<0.01
运动后 150 分钟血尿素增值(mmol/L)	1.12 ±0.13	0.70 ±0.17	<0.01

茶碱的减肥功能作用的研究选用雄性 Wistar 大鼠。随机分为正常对照组、肥胖模型组和茶碱组。肥胖模型组和茶碱组均饲喂高脂饲料。茶碱组同时灌胃 1.56mg/kg · bw 的茶碱。正常对照组和肥胖模型组灌胃等量蒸馏水。32 天后,测定各组体重和体脂。与肥胖模型组相比,茶碱组体重增重降低 36.0%($P<0.05$);体脂湿重降低 28.7%($P<0.01$);体脂/终体重降低 19.7%($P<0.05$)。因此,茶碱具有减肥功能。

综上所述,由于茶碱具有十分显著的脂肪动员的生理功能,使它成为一个很有发展前途的功能因子,是一个十分值得研究的保健食品的基础原料。

表 2　茶碱对大鼠的减肥指标的影响($X \pm SD$)

组别	*n*	体重增重(g)	体脂湿重(g)	体脂/终体重
正常对照组	8	36.52 ±21.43***	6.47 ±3.10**	0.0205 ±0.0086
肥胖模型组	9	147.60 ±51.29	9.70 ±0.76	0.0254 ±0.0034
茶碱组	9	94.38 ±27.71*	6.92 ±2.13**	0.0204 ±0.0060*

* : $P<0.05$,与肥胖模型组比较;

* * : $P<0.01$,与肥胖模型组比较;

* * * : $P<0.001$,与肥胖模型组比较。

参考文献(略)

(作者:唐粉芳,金宗濂;原载于《全国第二届海洋生命活性物质天然生化药物学术研讨会论文集》,1998 年,上海)

Decrease in Cold Tolerance of Aged Rats Caused by the Enhanced Endogenous Adenosine Activity

It has been well established that the mortality rate is higher in the elderly after cold exposure when compared to younger subjects [for review, see(5, 22)]. It is currently unknown what specific age-dependent changes are responsible for the observed deterioration in thermoregulatory competence with aging, but a reduction in heat production coupled with a reduced ability to minimize heat loss are major possibilities.

It has been known for some time that most cells are able to release adenosine following stimulation (eg. adrenergic or local hypoxia) and that within a given tissue adenosine functions as a local hormone or messenger[for review, see (8.25)]. This purine nucleoside has been shown to be a potent antilipolytic agent both in vitro in adipocytes(12, 15)and in vivo in perfused subcutaneous adipose tissue(28). In addition, adenosine has also been shown to reduce the sensitivity of insulinstimulated glucose utilization in the soleus muscle(4). There fore, the combined effects of adenosine could result in a decrease of both substrate mobilization and utilization, leading to reduced muscle performance. In the told, this could precipitate the onset of hypothermia due to reduced shivering thermogenesis. This possibility is supported by our previous findings that pretreatment with either specific A_1 adenosine receptor antagonists(19) or adenosine deaminase (AD)(31) significantly enhanced thermogenesis and improved cold resistance in young rats.

Recently, a three – to fivefold increase in 5'-nucleotidase activity, generally considered involved in the production of adenosine(14), has been observed in the adipocytes from old rats and this increased adenosine production was associated with the attenuation of insulin – stimulated glucose uptake (3). Further, the inhibitory effects of adenosine on lipolysis has been shown to increase with aging (15). It is possible that enhanced inhibitory effects of adenosine may be involved in blunting the thermogenic responses to cold stimulation in older animal. This notion is indirectly supported by our previous finding that the cold tolerance of the old rat can be improved by acute pretreatment with theophylline (20). Because theophylline has a dual effect in both adenosine receptor antagonism and inhibition of phosphodiesterase activity (26), the precise cellular and molecular mechanisms via which its effect is manifested remain unknown. The present study was, therefore, undertaken to provide more direct evidence on the possibility that the endogenous adenosine activity in the aged group may be overactivated, which in turn may reduce the maximum thermogenic capacity under cold exposure.

METHOD

All experimental protocols used in the present study received prior approval of the University of Alberta Animal Care Committee following the guideline of Canadian Council on Animal Care. Two groups of adult, male Sprague-Dawley rats, 3 – 6 and 26 – 30 months old, were used. They were housed individually in polycarbonate cages with wood shaving bedding at 22℃ ± 1℃ in a walk-in environmental chamber under a 12L :12D photoperiod. Water was made available at all times. Because both thermal conductance(2) and thermogenesis(13) have been shown to be affected by body size, food(Rodent Blox, consisting of 24% protein, 4% fat, 65% carbohydrate, 4.5% fiber and vitamins; wayne Lab. Animal Diets, Chicage, IL) was rationed daily after the body weight had reached about 400g to eliminate the possible variation in results due to different body sizes between the age groups. The night before the experiment, however, food was made available ad lib to ensure maximal thermogenesis (29).

Cold Exposure

The protocol for acute cold exposure was similar to that described earlier (29). Briefly, the animal was removed from its home cage, placed in a metal metabolism chamber, and exposed to − 10℃ under helium-oxygen (79% He: 21% O_2) for 120min. Helium-oxygen (1.5L/min STP) was used to facilitate heat loss. Exhaust gas from the metabolic chamber was divided into two streams, one stream was for oxygen measurement by an oxygen analyzer (Applied Electrochemistry Model S − 3, Ametek, Pittsburgh, PA) following drying by Drierite (W. A. Hammond Drierite Co., Xenia, OH) and CO_2 removal by Ascarite (Thomas scientific, Swedesboro, NJ). The second stream was only dried for the measurement of CO_2 by an Applied Electrochemistry CD − 2 analyzer. Oxygen consumption and CO_2 production were recorded simultaneously and continuously and integrated by an online computerized data acquisition system. Heat production (HP) was calculated from oxygen consumption and respiratory quotient using Kleiber's equation (29). The integrated HP for each 15-min period was used as the rate of HP. The sum of HP from seven consecutive 15-min periods (min 16 − 120) constituted the total HP and the highest rate of any one 15-min period was used as the maximum HP. The colonic temperature (6 cm from anus) (Tb) was measured with a thermocouple thermometer (BAT − 12, Bailey Instruments, Saddlebrook, NJ) immediately before vehicle or tested compound injection and immediately after cold exposure. The change in Tb was used as an index for cold tolerance. Either vehicle or tested compound was administered IP in a volume of 1ml/kg 15 min prior to cold exposure. To avoid habituation and possible acclimation, at least 2 weeks was allowed between successive cold exposures and vehicle/drug treatments were randomized in each animal in a self-control design.

Biochemical Assays

Rats were killed by decapitation at different time periods after cold exposure (0, 60, and 120 min) and various tissue samples (the interscapular brown adipose tissues and the neck muscles around the shoulder) were removed rapidly with tongs precooled in liquid nitrogen. The tissue samples were homogenized in 1 N perchloric acid and the homogenate was then centrifuged to remove precipitated protein. The adenosine concentrations in the plasma, fat pads, and muscles were assayed by high-performance liquid chromatography (HPLC) as described by Jackson and Ohnishi (16). Owing to the short half-life of adenosine (24), the absolute level of adenosine may not be positively correlated to the physiological responses. Another approach was to examine the activity of adenosine metabolizing enzyme, AD, in the muscles from animals of different ages. After removing from the rat, the neck muscle was homogenized in 0.1 M Tris-buffer (pH 7.4) and then centrifuged in a refrigerated centrifuge, and the supernatant was used for enzyme assays. Activity of AD was determined by the HPLC method as described by Abd-Elfattah and Wechsler (1).

Results are expressed as the mean ± SEM. For in vivo studies, statistical analysis was by either the unpaired t-test for comparison between different age groups or Wilcoxon's signed ranks teat for comparisons of treatment effect in individuals of the same group. Unpaired t-test was used for all biochemical comparisons between same and different age groups. Significance was set at $P < 0.05$ unless otherwise stated.

RESULTS

Effects of AD and Adenosine Receptor Antagonists on Cold Tolerance

Before either saline or AD treatment, old rats had initial mean T_b of 37.2℃ ± 0.23℃ ($n = 8$), not significantly different from that observed in control young rats (37.5℃ ± 0.22℃, $n = 8$). Figure 1 shows the change of HP during cold exposure in young and old rats after saline or AD treatment. After saline administration, the HP of both young and old rats increased rapidly during the first 30 min after cold exposure and continued to increase gradually until the maximum level was reached with the next 15 – 30 min. However, the maximum HP could not be sustained in the aged group and it declined continuously throughout the remainder of the cold exposure (Fig. 1b), resulting in deep hypothermia (28.9℃ ± 0.58℃). A similar pattern was

Qbserved in old rats after pretreatment with AD (200 U/kg) except the level of thermogenesis was significantly elevated. As a result, the cold tolerance after AD treatment was improved, as indicated by the higher final T_b(31.6℃ ±0.62℃). Further increasing the dose of AD up to 400U/kg failed to elicit higher rate of HP, and the final T_b was about the same as that observed in controls. In young rats (Fig. la), more sustained HP was observed after saline injection and consequently the final T_b (31.4℃ ±0.61℃) was higher than that of the aged group. Similar to old rates, the HP was significantly enhanced after AD at 100U/kg but not at 200 U /kg.

Table 1 summarizes the group data for all parameters. Both the total and maximum HP of control young rats were significantly higher than those observed in the elderly; the decrease in T_b after cold exposure was thus significantly less in the young group. In comparison to saline control, both the total and maximal thermogenesis were significantly enhanced (13.2% and 13.4% above control values, respectively) after young rats received 100 U/kg AD. The reduction of T_b was also significantly less after this treatment. Upon increasing the dose to 200 U/kg, maximal and total HP and the change in T_b were approximately the same as observed in the control condition. Similar themogenic responses to systemic pretreatment with AD was also observed in rats; however, the significant increases in both HP (10.6 and 17.7% above the control values, respectively) and cold tolerance were only observed after receiving the AD at 200 U/kg.

TABLE 1 EFFECTS OF IP INJECTION OF AD ON MAXIMAL HP. TOTAL HP, AND CHANGE IN FINAL T_b ON YOUNG (3 -6 MONTHS) AND OLD (24 -28 MONTHS) RATS EXPOSED TO COLD

Dosage	Maximal HP(kcal/15min)	Total HP(kcal/105min)	T_b Change(℃)
Young rats(n =8)			
Saline 1 ml/kg	1.67 ±0.06	11.23 ±0.52	-5.69 ±0.71
AD 25U/kg	1.64 ±0.07	10.83 ±0.48	-5.62 ±0.68
AD 50U/kg	1.82 ±0.05*	12.17 ±0.39	-4.72 ±0.55
AD 100U/kg	1.89 ±0.06*	12.73 ±0.50*	-3.65 ±0.56*
AD 200U/kg	1.75 ±0.06	11.67 ±0.42	-5.03 ±0.39
Old rats (n =8)			

续表

Dosage	Maximal HP(kcal/15min)	Total HP(kcal/105min)	T_b Change(℃)
Saline 1 ml/kg	1.41 ±0.06 +	9.24 ±0.56 +	-8.40 ±0.39 +
AD 50U/kg	1.38 ±0.07 +	9.03 ±0.47 +	-8.06 ±0.68 +
AD 100U/kg	1.47 ±0.06 +	9.48 ±0.48 +	-7.84 ±0.56 +
AD 200U/kg	1.56 ±0.07 * +	10.88 ±0.42 *	-6.52 ±0.34 * +
AD 400U/kg	1.36 ±0.08	8.76 ±0.47	-8.14 ±0.39

* Significantly different from same age control treatment, $P<0.05$.

+ Significantly different from young rat group receiving same dose of AD, $P<0.05$.

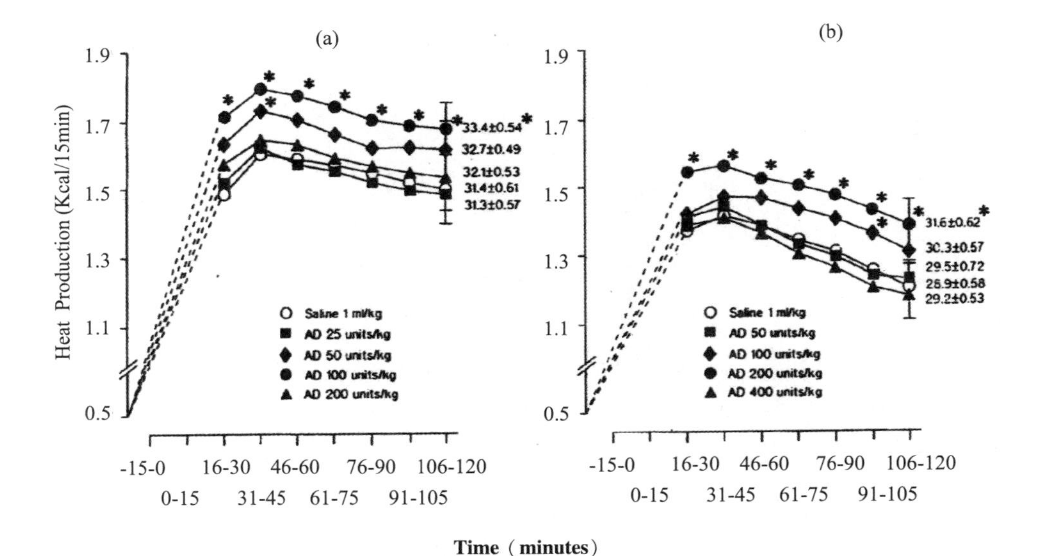

FIG. 1 Time course of thermogenic responses to HeO_2 at - 10℃

After pretreatment with either saline or various doses of adenosine deaminase (AD) in young (a) and old (b) rats. Each point represents the mean total HP in 15 min from eght rats. For clarity, the SE of mean HP, indicated by vertical bars, is shwn only for the last HP values. Numbers beside individual curves indicate final body temperature (℃) (mean ± SE) after each treatment. * Significantly different from corresponding saline control ($P<0.05$, Wilcoxon's signed rands test).

TABLE 2 EFFECTS OF IP INJECTION OF CPT ON MAXIMAL HP, TOTAL HP, AND CHANGE IN FINAL T_b ON YOUNG (3 -6 MONTHS) AND OLD (24 -48 MONTHS) RATS EXPOSED TO COLD

Dosage	Maximal HP(kcal/15min)	Total HP(kcal/105min)	T_b Change(℃)
Young rats(n =8)			
Saline 1 ml/kg	1.52 ±0.04	10.64 ±0.42	-6.26 ±0.66
CPT0.0002mg/kg	1.58 ±0.06 *	11.13 ±0.52 *	-5.82 ±0.71 *
CPT0.001mg/kg	1.77 ±0.05 +	11.83 ±0.45 * +	-4.28 ±0.43 * +
CPT0.005mg/kg	1.69 ±0.03 +	11.35 ±0.46 * +	-4.93 ±0.44 * +
Old rats (n =8)			
Saline 1 ml/kg	1.39 ±0.04	8.84 ±0.37 +	-9.30 ±0.61
CPT0.0002mg/kg	1.36 ±0.07 *	9.13 ±0.28 *	-8.88 ±0.58 *
CPT0.001mg/kg	1.51 ±0.04 * +	9.89 ±0.32 * +	-7.96 ±0.46 * +
CPT0.005mg/kg	1.49 ±0.03 +	9.71 ±0.36 * +	-8.13 ±0.52 * +

* Significantly different from same age control treatment, $P<0.05$.

+ Significantly different from young rat group receiving same dose of AD, $P<0.05$

To further examine whether the decrease in thermogenic response of the aged rat under cold exposure is due to an increase in adenosine receptor sensitivity, cyclopentytheophyline (CPT) and D-Lys-XAC, the most potent and effective adenosine receptor antagonists, respectively, on thermogenesis (20), were used and the results are summarized in Tables 2 and 3. As observed previously with other adenosine antagonists (30,31), pretreating the animal with CPT and D-Lys-XAC caused and inverted—U shaped dose—response curve in HP and final T_b changes. Significant increases in both the HP and cold tolerance in young rats were recorded after pretreatment with 0.001-0.005 mg/kg CPT and 1.25 -2.5mg/kg D-Lys-XAC, respectively. Similar thermogenic patterns were observed in old rats after pretreating them with either CPT or D-Lys-XAC at the same optimal doses as those used in young rats.

TABLE 3 EFFECTS OF IP INJECTION OF D—Lys—XAC ON MAXIMAL HP, TOATL HP, AND CHANGE IN FINAL T_b ON YOUNG (3 - 6 MONTHS) AND OLD (24 - 28 MONTHS) RATS EXPOSED TO COLD

Dosage	Maximal HP (kcal/15min)	Total HP (kcal/105min)	T_b Change (℃)
Young rats (n = 8)			
Saline 1 ml/kg	1.64 ± 0.04	10.83 ± 0.37	- 5.97 ± 0.71
Lys - XAC0.625mg/kg	1.76 ± 0.07 *	11.90 ± 0.49 *	- 5.67 ± 0.68 *
Lys - XAC1.25mg/kg	1.88 ± 0.04 +	12.63 ± 0.33 * +	- 3.67 ± 0.56 * +
Lys - XAC2.50mg/kg	1.79 ± 0.03 +	12.17 ± 0.45 * +	- 4.43 ± 0.62 * +
Old rats (n = 8)			
Saline 1 ml/kg	1.37 ± 0.04	9.54 ± 0.38	- 8.26 ± 0.69
Lys - XAC0.625mg/kg	1.39 ± 0.07 *	10.13 ± 0.52 *	- 8.32 ± 0.67 *
Lys - XAC1.25mg/kg	1.57 ± 0.04 +	10.69 ± 0.35 * +	- 6.34 ± 0.56 * +
Lys - XAC2.50mg/kg	1.51 ± 0.03 +	10.50 ± 0.46 * +	- 6.58 ± 0.60 * +

* Significantly different from same age control treatment, $P < 0.05$.

+ Significantly different from young rat group receiving same dose of AD, $P < 0.05$

TABLE 4 CHANGES IN ADENOSINE CONTENTS IN THE NECK MUSCLE AND THE BROWN FATS FROM YOUND AND OLD RATS EXPOSED TO COLD

	Time After Cold Exposure (min)	Young Rats (n = 8)	Old Rats (n = 8)
Neck muscle (nmol/g tissue)	0	24.4 ± 6.51	36.5 ± 5.13
	60	30.1 ± 6.19	41.6 ± 8.25
	120	34.1 ± 4.75	45.9 ± 4.97
Brown fats (nmol/g tissue)	0	50.6 ± 7.83	49.9 ± 7.92
	60	58.8 ± 6.04	47.0 ± 6.67
	120	57.6 ± 5.07	52.9 ± 7.83

Changes in Adenosine Concentrations and AD Activity After Cold Exposure

Table 4 summarizes the changes in adenosine concentrations in the neck muscle and the brown fats from both young and old rats exposed to extreme cold. During cold exposure, there were no significant changes in brown fat adenosne concentration in both young and old rats. Before cold exposure, the adenosine level in the neck muscle from old rats is slightly higher than that of young rats ($P < 0.1$). A steady increase in adenosine concentration was observed in the neck muscle form both young and old rats after exposure to the cold; however, the differences failed to achieve any statistical significance ($P < 0.15$ and 0.2 for young and old rats, respectively, when comparing time 0 and 120 min). As adenosine is metabolized rapidly, the absolute level of adenosine may not be positively correlated to the physiological responses. We, therefore, also examined the change in the activity of adenosine metabolizing enzyme, AD. Because no significant change in AD activities with age was observed in our preliminary study on the brown fat tissue, only the change in AD activity in the neck muscle of different aged rats was systematically examined and the results are shown in Table 5. The activity of AD of young rats was significantly higher than that of old rats before cold exposure. The AD activities of both young and old rats increase with time after cold exposure and were significantly higher than the baseline values in both age groups.

DISCUSSION

It is well known that the minimum thermal conductance and maximum thermogenesis are dependent upon the body size of the animal (2,13). Variation in body size will thus affect the thermoregulatory responses of the animal under cold exposure. To eliminate the possible variation resulted by the difference in body size, the body weights of animals used in the present study were monitored by food rationing. Our present results on thermoregulatory responses are similar to those observed previously in rats under ad lib feeding (18,23). This indicates that the decrease in thermogenic capacity of old rats. Observed in the present study is not affected by our food rationing regimen.

Although opinions vary as to what specific age-depended changes are responsible for the observed deterioration in thermoregulatory competence with aging, alteration in endogenous adenosine activity may be a possibility. Previously, we demonstrated that endogenously released adenosine can attenuate the thermogenic capacity of young rats in severe cold (30,31). Further, the inhibitory effects of adenosine on lipolysis (15) and insulin-stimulated glucose transport (3) in isolated fat cells have been shown to increase with age. Therefore, it is quite possible that an enhanced inhibitory effect of endogenous adenosine may set the upper limit of aerobic capacity in aging mammals and seriously impair their ability to withstand old exposure.

TABLE 5 CHANGES IN AD ACTIVITIES (nmol ADENOSINE/g/min) IN THE NECK MUSCLE FROM YOUND AND OLD RATS EXPOSED TO COLD

Time After Cold Exposure (min)	Young Rats(n = 8)	Old Rats(n = 8)
0	202.3 ± 9.9	147.6 ± 7.6*
60	236.5 ± 13.6	186.9 ± 14.2*
120	253.6 ± 15.3+	196.4 ± 10.7*+

* Significantly different from young rat controls at the same time point ($P < 0.05$, t—test).
+ Significantly different from the same age controls at 0 min($P < 0.02$, t—test).

In an inaugural attempt, AD, the enzyme that converts adenosine to inosine and thereby eliminates adenosine's effects, was chosen to test the possible changes in endogenous adenosine activity with aging. At 100U/kg IP, a single injection of AD significantly enhanced both total and maximal thermogenesis and significantly improved cold resistance of young rats. This indicates that the normal thermogenic capacity of the animal can be return of thermogenesis to the control level. This may be due to the dual effect of adenosine: Via the A_2 receptor, adenosine may increase regional blood flow [for review, see(6)] and therefore oxygen and substrate supply to the shivering muscle. Reducing this beneficial effect by AD could lead to reduced thermogenesis. As shown in Table 1, pretreating old rats with AD elicited a similar thermogenic stimulation to those observed in young rats. However, aging did result in a right shift of the dose-response curve relating HP and AD, resulting in a doubling of the dose required for optimal thermogenic response in aged rats. This indicates that an increase in the release of endogenous adenosine or adenosine receptor responsiveness could occur with aging, requiring greater amounts of AD to nullify the inhibitory action of adenosine on thermogenesis.

A conformational change in adenosine receptors has been demonstrated in the cerebral cortex end hippocampus of 24-month-old rats (7). Further, it has been shown that the enhanced efficacy of adenosine in inhibiting lipolysis in old rats was associated with an increase in the number of adenosine receptor per cell(15). Therfore, it is possible that the impairment in thermogenesis in the aged rat is resulted by the change in adenosine receptor responsiveness. To test this, CPT and D-Lys-XAC, selective A_1 adenosine receptor antagonists that pteviously have been shown to be the most potent and effective, respectively, in enhancing thermogenesis(19) were used. Both CPT and D-Lys-XAC caused a dose-related increase in HP and final T_b in both young and old rats. In contrast to that observed with AD, the optimal doses of these antagonists in eliciting maximum beneficial effect for cold tolerance were identical in young and old rats. At higher doses, both CPT and D-Lys-XAC failed to elicit further enhancement of thermogenesis. This is consistent with out previous observation of an invested – U shape of the dose-response curve using other adenosine receptor antagonists (30,31). Recently, it has been demonstrated that the agonist and antagonist may bind preferentially to different conformations of the adenosine A_1 receptors (21, 27); the antagonist radioligand appears to specifically photoincorporate into the receptor with about 10 time higher efficiency than does the agonist (21). The inverted-U shape of the dose-response curve may be attributed to the fact that after the optimal dose the antagonist acts as a partial agonist that binds to the agonist conformation receptor site to reduce the thermogenic capacity. Regardless of the precise mechanisms responsible for the inverted-U shaped dose-response curve, a change in activity of the adenosine receptors does not appear to be the direct cause for the reduced thermogenesis observed during senescence. This is evidenced by the fact that the optimal dosage of adenosine antagonists used in eliciting the thermogenic effect is about the same in both young and old rats. However, possible age-dependent differences remain on binding of adenosine agonist and antagonist to different conformations of the adenosine receptor. Further studies are required to evaluate this possibility.

Since an age—related increase in adenosine release has been demonstrated in isolated perfused rat's heart(9) and human fibroblast cultures (10), the other explanation for the reduced cold tolerance in old rats could be due to an overproduction of endogenous adenosine after stimulation. To seek direct evidence in support of this, changes of adenosine concentration in two main thermogenic sites (neck muscle and brown fat for shivering and nonshivering thermogenesis, respectively) were examined during cold exposure in both young and old rats. No significant change in adenosine concentration was observed in the brown fat between the age groups. The failure to observe any change in the brown fat may be because that nonshivering thermogenesis constitutes only a minor portion of HP during cold exposure in 22℃ – acclimated rats (11,20). Although not significantly different from each other, higher adenosine concentration was observed in the neck muscle of old rats than that of young rats before cold exposure. Gradual increase in adenosine concentration was observed in neck muscles from both young and old rats during cold exposure, indicating increased ATP utilization. It is well known that adenosine has a very short half-life(24); the absolute level of adenosine may not be positively correlated to the physiological responses. To correlate the change in tissue adenosine concentration and it physiological influence, the activity of the adenosine deactivating enzyme, AD, in the neck muscle was also investigated. The activity of AD from young rats wag significantly higher than that of old rats before cold exposure. The AD activities from both young and old rats increased with time after cold exposure and were significantly higher than the baseline values in both age groups. As the change in AD activity is positively correlated with the change in adenosine concentration, these results indicate that decreased AD activity with aging could result in an increase in local adenosine concentration during cold exposure. Since neck muscle participates in shivering thermogenesis (17), any inhibitory effect of adenosine on this muscle will lead to a reduced thermogenic capacity. Sinre we did not measure the enzyme artivities governing adenosine synthesis (5'-nucleotidase or S-adenosylhomocysteine hydirlase) in the present study, the possibility of an increased cellular adenosine production with aging under normal or cold stimulated conditions cannot be ruled out. Nevertheless, the reduced capability to withstand cold in old rats can at least be partially explained by their decreased AD activity under both normal and cold-stimulated conditions (Table 5), resulting in greater local adenosine concentration than that of young rats.

The inability of the elderly to cope with cold stress and the resultant hypothermia have received much attention in both the lay and scientific literature [for review, see(5,22)]. From results of the present study, it is possible that the deficiency of aged rats to withstand cold is due to the presence of higher concentration of endogenous adenosine. Further, pretreating old rats with specific adenosine receptor antagonists can effectively enhance their thermogenic capacity and cold tolerance. Our findings have suggested a practical means for improving tolerance to cold in the elderly.

ACKNOWLEDGEMENTS

The present study was supported by a Defence and Civil Insitute of Environmental Medicine research contract and a Medical Research Council of Canada Operating grant to L. W. The authors are indebted to Dr. K. A. Jacobson of NIDDK, NIH for kindly supplying them with D - Lys - XAC and to S. M. Paproski for excellent technical assistance.

参考文献(略)

(作者:金宗濂,李嗣峰,王家璜;本文为和加拿大李嗣峰、王家璜在加拿大 Alberta 大学王加璜教授实验室内合作完成的论文。原载于 *Pharmacology Biochemistry and Behavior*, Vol. 43, pp. 117 - 123、192)

壳聚糖降脂作用的研究

一、材料和方法

(一)实验动物

选用首都医科大学动物中心提供的健康SD雄性大鼠,130—170克。各鼠饲喂7天后断食12小时,测定血清总胆固醇含量、血清总甘油三酯含量和血清高密度脂蛋白胆固醇含量。随机分为四组,每组9只,分别为高脂对照组和低、中、高三个剂量组。各组之间体重、血清总胆固醇含量、血清总甘油三酯含量和血清高密度脂蛋白胆固醇含量均无显著性差异。

(二)剂量选择

设壳聚糖人体推荐剂量(成人)为2g/d/60kg。SD大鼠的等效剂量为人体推荐剂量的5倍,即食用壳聚糖166.7mg/d/kg(中剂量),再按中剂量的1/2和2倍各设一个剂量组,即83.3mg/d/kg(低剂量)和333.3mg/d/kg(高剂量)。动物自由取食、饮水,连续灌胃28天后测各组12小时空腹血清总胆固醇含量、血清总甘油三酯含量和血清高密度脂蛋白胆固醇含量。

(三)试剂

胆固醇(BR)、脱氧胆酸钠(BR)　北京海淀微生物培养基制品厂

高密度脂蛋白胆固醇、总胆固醇、甘油三酯测定试剂盒　北京化工厂

基础饲料粉　中国农科院食品研究所

(四)实验方法

大鼠断食12小时,眼底静脉取血,离心分离得到血清,用试剂盒方法测定。

二、实验结果

表1　壳聚糖对大鼠血清总胆固醇含量的影响($\overline{X}\pm SD$)

组别	动物数	TC(mg/dL)
高脂对照组	9	86.19±6.63
低剂量组	9	83.49±5.91
中剂量组	9	77.16±5.60**
高剂量组	9	73.92±5.14**

**:与高脂对照组比较有极显著性差异($P<0.01$)。

表2　壳聚糖对大鼠血清甘油三酯含量的影响($\overline{X}\pm SD$)

组别	动物数	TG(mg/dL)
高脂对照组	9	103.17±11.51
低剂量组	9	74.78±21.45**
中剂量组	9	83.77±11.08**
高剂量组	9	76.28±12.58***

**:与高脂对照组比较有极显著性差异($P<0.01$);
***:与高脂对照组比较有极极显著性差异($P<0.001$)。

表3　壳聚糖对大鼠血清高密度脂蛋白胆固醇含量的影响($\overline{X}\pm SD$)

组别	动物数	HDL-C(mg/dL)
高脂对照组	9	39.85±4.44
低剂量组	9	46.44±3.84**
中剂量组	9	52.87±4.97**
高剂量组	9	59.92±3.97***

**:与高脂对照组比较有极显著性差异($P<0.01$);
***:与高脂对照组比较有极极显著性差异($P<0.001$)。

由表可见,各组SD大鼠经口给予壳聚糖28天后,中高剂量组的血清总胆固醇含量显著低于高脂对照组(表1);低中高剂量组的血清甘油三酯含量显著低于高脂对照组(表2);低中高剂量组的血清高密度脂蛋白胆固醇含量显著高于高脂对照组(表3)。由此可见,壳聚糖具有显著降低高血脂大鼠的血脂作用。

三、讨 论

高血脂症表现为血清总胆固醇和血清甘油三酯含量升高,同时高密度脂蛋白含量降低。食物中脂类的消化除胰脂肪酶外,还需要胆汁酸盐做乳化剂。壳聚糖能够降血脂的原因可能与其正电性有关。正电性的壳聚糖和负电性的胆汁酸相结合而排出体外,脂肪不被乳化,就会影响到脂肪的消化吸收,降低血清甘油三酯含量。胆固醇主要在肝脏中转化成胆汁酸,在胆囊中有一定储量,胆汁酸通常在完成脂肪消化吸收后,约95%胆汁酸由小肠再吸收回到肝脏再到胆囊中(胆汁酸的肠肝循环)。壳聚糖与胆汁酸结合排出体外,重吸收入肝脏中的胆汁酸减少,使胆囊排空。而胆囊中必须有一定量的胆汁酸储备,这就促进肝脏将胆固醇转化成胆汁酸,血胆固醇进入肝脏,使血胆固醇降低。高密度脂蛋白将外周组织的胆固醇运向肝脏,高密度脂蛋白含量越高,血胆固醇含量就越低。壳聚糖能升高高密度脂蛋白,有利于降低胆固醇。此外,壳聚糖为食物纤维,能吸附胆固醇,减少它的吸收。

参考文献(略)

(作者:魏涛,唐粉芳,郭豫,金宗濂;原载于《中国甲壳资源研究开发应用学术研讨会论文集(下册)》,1997年)

茶碱促进脂肪动员功能的研究

1991 年王家璜、金宗濂等研究发现露宿于严寒条件下的大鼠接受腺苷受体阻断剂后其产热和耐寒能力明显增强[1]。这一工作提示腺苷受体阻断剂具有加速脂肪分解供能的作用。本文在此研究基础上观察口服腺苷受体阻断剂——茶碱对大鼠机体脂肪分解代谢的影响。结果显示茶碱具有促进机体脂肪分解供能的作用。在抗疲劳、减肥保健食品的开发研究中是一个值得留意的基础材料。

一、材　料

(一)茶碱

分析纯(T－1633)　Sigma 公司

(二)实验动物

BALB/c 雄性小鼠,体重 17—19 克,8—9 周龄,分笼单养,随机分为茶碱组和对照组。

二、实验方法

(一)动物的饲喂方法

茶碱组每日每只灌服茶碱水溶液 0.4mL(相当于茶碱 13mg),对照组灌服同体积水,连续饲喂 11d,实验第 12d 进行下述 5 项指标测定。

(二)小鼠运动耐力实验

将小鼠放入 30℃ ±2℃、水深 30cm 清水中,记录动物入水至力竭而沉入水中并持续 8 秒中不能浮出水面为小鼠游泳耐力时间。

(三)肝糖原含量的测定

小鼠在30℃ ±2℃、25cm深水中游泳60min后,断头处死小鼠,立即取肝脏用蒽酮比色法测定肝糖原含量[2]。

(四)血糖的测定

用Folin－Malmors法取尾血测定每只小鼠安静时及在30℃ ±2℃、25cm深水中游泳60min后的血糖含量[3]。

(五)血乳酸的测定

用乙醛－对羟基联苯比色法取尾血测定每只小鼠安静时及在30℃ ±2℃、25cm深水中游泳40min后血乳酸含量[4]。

(六)脂肪酶活力的测定

取脂肪组织用分光光度比浊法测定脂肪酶活力[5]。

(七)茶碱对大鼠体脂含量的影响

取雄性Wistar大鼠随机分为正常对照组、高脂组和茶碱组。高脂组和茶碱组饲喂高脂饲料,茶碱组每天经口给予56mg/kg · bw茶碱。32d后测定各组体重和体脂。

三、结果与讨论

(一)茶碱对小鼠游泳耐力的影响

表1 服用茶碱11天后小鼠游泳至衰竭的时间比较($\overline{X} \pm SD$)

组别	n	体重(g)	持续时间(min)	增加
对照组	10	22 ±1	75 ±23	
茶碱组	10	22 ±1	101 ±27*	35

* $P<0.05$,与对照组比较。

运动耐力的延长是机体供能水平高的有力证据。从表1的结果可以看到,服用茶碱11d后,小鼠游泳从入水到衰竭的时间比对照组增加了35%($P<0.05$)。结果表明茶碱具有使机体获得更多能量的作用。

(二)茶碱对小鼠运动后肝糖原含量的影响

表2 茶碱对小鼠运动后肝糖原含量的影响($\overline{X} \pm SD$)

组别	n	肝糖原含量(mg/g)
对照组	10	10.1 ±3.5
茶碱组	10	14.3 ±4.0*

* $P > 0.05$,与对照组比较

表2显示服用茶碱11d,60min游泳后,茶碱组小鼠肝糖原含量明显高于对照组。说明茶碱组动物在运动中所获得比对照组更多的能量不是来自肝糖原的分解。正是由于茶碱组从其他能源物质获得了更多的能量才使肝糖原能够在运动后维持在(比对照组)更高的水平。

(三)茶碱对小鼠血糖含量的影响

表3 茶碱对小鼠血糖原含量的影响($\overline{X} \pm SD$)

组别	n	运动前血糖含量(mg%)	游泳60min后血糖含量(mg%)
对照组	10	112.8 ±2.8	90.5 ±3.2
茶碱组	10	110.3 ±3.2	94.6 ±2.9*

* $P < 0.05$,与对照组比较

从表3可以看到,两组小鼠运动前安静时血糖含量没有显著差异,游泳1h后,对照组血糖下降了20%,而茶碱组仅下降了14%。游泳1h后茶碱组血糖水平明显高于对照组($P < 0.05$)。这一结果也说明茶碱组动物并没有从糖的分解代谢得到比对照组更多的能量。在运动耐力比对照组高的情况下,糖的分解不比对照组高,也反映出茶碱组通过其他途径获得了比对照组更多的能量。

(四)茶碱对运动后血乳酸的影响

表4 茶碱对小鼠游泳40min前后血乳酸含量的影响(mmol/L,$\overline{X} \pm SD$)

组别	n	游泳前安静时	游泳40min后
对照组	10	2.05 ±0.21	6.75 ±0.66
茶碱组	10	2.14 ±0.25	4.88 ±0.51*

* $P < 0.05$,与对照组比较。

由表 4 可知，服用茶碱 11d 后，小鼠运动前血乳酸安静值与对照组比较没有显著变化，表明实验条件稳定。小鼠游泳 40min 后，实验组血乳酸值明显低于对照组。乳酸是糖无氧代谢的产物，其生成越少说明机体通过无氧代谢获得的能量越少。因此实验结果表明茶碱组动物并没有通过糖的无氧代谢比对照组获得更多的能量。

（五）茶碱对小鼠脂肪组织脂肪酶活力的影响

表 5　茶碱对小鼠脂肪组织脂肪酶活力的影响（$\overline{X} \pm SD$）

组别	n	脂肪组织脂肪酶活力（μmol/min. 100g）
对照组	10	6.1 ±2.7
茶碱组	10	9.5 ±3.2*

* $P<0.05$，与对照组比较

脂肪酶活力单位定义：100g 脂肪组织中的脂肪酶 37℃ 作用 1min 能水解 1μmol 橄榄油为一个脂肪酶活力单位。

脂肪是机体重要的能源物质，1 克脂肪完全氧化可释放 9.3 千卡能量，比同量的葡萄糖所释放的能量大一倍多。人体可动员的储存脂肪一般为 7—14kg，而一次马拉松赛跑仅需消耗 145g 脂肪。但是机体内储存脂肪的动用要受到脂肪酶作用的限制。当脂肪组织中的脂肪酶活力增加时可加速脂肪分解供能。而当脂肪组织脂肪酶活力降低时，则脂肪分解代谢减弱，甚至停止分解脂肪。脂肪组织中的脂肪酶受多种激素调控，又被称为激素敏感性脂肪酶。表 5 的结果表明茶碱具有提高脂肪酶活力的作用。综合表 1—表 5 的结果中知，茶碱组运动耐力高于对照组其主要原因不是糖代谢供能增加引起的，而是茶碱提高脂肮酶活力，使脂肪分解供能水平提高的结果。

（六）茶碱对大鼠体脂含量的影响

表 6　茶碱对大鼠体脂含量的影响（$\overline{X} \pm SD$）

组别	n	体重增重（g）	体脂湿重（g）	体脂/体重
正常对照组	8	36.52 ±21.43	6.47 ±3.10	0.0205 ±0.0086
高脂组	9	147.60 ±51.29	9.70 ±0.76	0.0254 ±0.0034
茶碱组	9	94.38 ±27.71*	6.92 ±2.13**	0.0204 ±0.0060*

* $P<0.05$；** $P<0.01$，与高脂组比较。

从表6可知，饲喂高脂饲料32d后，与正常对照组比较，高脂组和茶碱组大鼠体重都有明显增加。但茶碱组体重的增重明显低于高脂组（$P<0.05$）。其中体脂湿重比高脂组低29%（$P<0.01$）。体脂/体重比高脂组低20%（$P<0.05$）。实验结果表明口服茶碱具有降低体脂的作用即具有加速脂肪分解代谢的作用。

人在进行长时间强度较大的活动时，随着肌肉活动时间的延长，肌细胞需要长时间不间断地获取能量。对于长时间的运动，由于运动速度较慢，强度不是太大，经过机体对心脏、脑血流量的调整之后，细胞中的氧基本上能够满足能量供应的需要。此时的运动就属于有氧运动。在有氧运动中，机体主要通过氧化糖和脂肪酸产生ATP来获得能量。糖原在机体中的储备远不如脂肪多。但由于脂肪的动员受到多方面因素的影响，尽管机体内脂肪储备量很大，但在有氧运动中并不能大量动员脂肪供能。脂肪动员受阻必然造成肌肉活动的原源枯竭，这是长时间运动产生疲劳的一个重要原因[6]。

腺苷作为一种神经调质对多种神经递质的释放有抑制作用。腺苷的作用是通过其受体来实现的[7]。其中A_1受体对于腺苷具有高度的亲和力。腺苷与A_1受体结合后可激活Gi蛋白从而抑制腺苷酸环化酶的活性，使细胞内cAMP生成减少。后者进一步降低各种蛋白激酶的活性，影响细胞内氧化磷酸化的过程[8]。

甘油三酯在机体内的分解代谢是从水解开始的。甘油三酯在激素敏感性脂肪酶作用下水解生成游离脂肪酸和甘油而被释放入血液中以供其他组织利用的过程称为脂肪动员。在此过程中甘油三酯水解的第一步是脂肪动员的限速步骤。激素敏感性脂肪酶是限制脂解速度的限速酶。该酶必须在有活性的蛋白激酶作用下经磷酸化才能被激活。由于腺苷的作用，激素敏感性脂肪酶不能被激活因此是限制脂肪动员的一个重要原因[9]。

茶碱是腺苷的类似物，如果茶碱与A_1受体结合，不仅阻断了腺苷的结合而且使Gi蛋白不被激活进而增加了腺苷酸环化酶的活性，使细胞内cAMP生成增加。由此提高激素敏感性脂肪酶的活性，促进脂肪动员。

乳酸是糖在机体中无氧分解代谢的产物。实验中口服茶碱组的小鼠运动后乳酸生成较对照组少（表4），肝糖原和血糖水平却比对照组高（表2、表3）。表明实验组动物在运动中对于糖的利用比对照组少。但是这并没有影响它们的运动能力，从表1可以看到实验组运动耐力不仅没有下降而且显著高于对照组。可见茶碱组通过另外的途径——脂肪分解获得了更多的能量。这一点由表5中脂肪酶活力的增加及表6中体脂的减少得到证实。

综上所述,茶碱具有十分显著的的促进脂肪运员功能。由于其安全性好,因此是一个很有发展前途的功能因子,在抗疲劳、减肥的研究中是一个十分值得留意的保健食品基础原料。

参考文献(略)

(作者:文镜,金宗濂;原载于《东方食品国际会议论文集》,2000年)

低聚异麦芽糖改善小鼠胃肠道功能的研究

低聚异麦芽糖(IMO)又称分支低聚麦芽糖,主要由 α－1,6 糖苷键结合的异麦芽糖、潘糖及异麦芽三糖组成。据报道,低聚异麦芽糖具有预防龋齿、促进双歧杆菌增殖、润畅通便、防止心血管病的发生、改善食物中钙的吸收等作用[1,2];因此,近年来国内外对低聚异麦芽糖的研究及利用异常活跃。目前,低聚异麦芽糖产品规格有两种,即主要成分占 50% 以上的 IMO－50 和主要成分占 85% 以上的 IMO－90。

本研究旨在研究 IMO－50 和 IMO－90 改善胃肠道菌群与润畅通便作用的有效剂量、作用特点,为今后进一步研究、开发及合理利用低聚异麦芽糖资源提供科学依据。

一、材料与方法

(一)材料

1. 实验动物

BALB/C 二级雄性、雌性小鼠(购自中国医学科学院动物中心繁殖场),体重 18—22g。

润畅通便实验选用雌性小鼠,按体重随机分组。

肠道菌群实验选用雄性小鼠,按体重随机分组。

2. 样品:由江苏省微生物研究所提供

50% 低聚异麦芽糖,浅黄色透明黏稠液体。

90% 低聚异麦芽糖,白色粉末。

3. 剂量:各实验中所设的 IMO－50 及 IMO－90 的剂量结果如表 1 所示。

(二)实验方法

1. 肠道菌群的计数

无菌采取小鼠粪便,放入已灭菌的装有 3mL 稀释液的试管中,称重,振荡混匀。采取 10 倍系列稀释至 10^{-8}或 10^{-9},选择合适的稀释度分别接种在培养基上[7,8]培养 48h 后,以菌落形态,革兰氏染色镜检计数菌落,计算出每克湿便中的菌数,取对数后进行统计处理。

2. 小肠推进实验

在连续给予受试物 14d 后,各组小鼠禁食 24h。实验开始前各剂量组给予受试物,正常对照组及模型对照组给予等量蒸馏水。30min 后,除正常对照组外,其余各组灌胃复方地芬诺酯 50mg/kg · bw。20min 后,各组灌胃 15% 碳黑墨水 0.1mL/10g. bw。经 20min,颈脱臼处死动物,立即取出自幽门至盲肠部的整段小肠,不加牵引平铺成直线。测量小肠全长和幽门至墨水运动前沿位移,计算小肠推进率。

小肠推进率(%)= 墨水移动距离(cm)/小肠全长(cm) × 100%

3. 小鼠排便实验

在连续给予受试物 14d 后,各组小鼠禁食 24h。除正常对照组外,其余各组灌胃复方地芬诺酯 10mg/kg · bw,1 h 后给各组小鼠灌胃 10% 碳黑墨 0.1 mL / 10g. bw,受试物组碳黑墨水混合相应剂量的受试物。观察记录每只小鼠自灌胃复立地芬诺酯起,首便时间、首黑便时间以及 8h 内排便重量。

二、结果与分析

(一)低聚异麦芽糖对小鼠体重的影响

给予小鼠不同剂量的 IMO-50 和 IMO-90,14 天前后,与正常对照比较,各剂量组间体重均无显著性差异。提示服用低聚异麦芽糖对小鼠的体重无任何影响。

(二) IMO-50 对小鼠胃肠道功能的影响

1. 对小鼠肠道菌群的影响。

由表 1 可知,在连续给予 IMO-50,14 天后,小鼠肠道内的四种菌群数量发生了变化。各剂量组与空白对照组比较的结果,及将各剂量组灌服前后自身比较的结果均提示中剂量 IMO－50 已具有改善肠道菌群的功能,而高剂量在促进双歧杆菌和增殖与减少肠球菌数量方面均有作用,效果比中剂量更好。

表1 IMO－50 **对小鼠胃肠道菌群的影响**(logCFU/g,$\overline{X}$＋SD n＝12)

菌名	空白对照组		低剂量组(1.7g/kg · bw)		中剂量组(2.5g/kg · bw)		高剂量组(5.0g/kg · bw)	
	灌服前	灌服后	灌服前	灌服后	灌服前	灌服后	灌服前	灌服后
肠杆菌	7.74±0.44	7.69±0.42	7.74±0.43	7.77±0.41	7.81±0.29	7.75±0.28	7.80±0.41	7.70±0.38
肠球菌	7.72±0.34	7.66±0.34	7.63±0.54	7.64±0.53	7.86±0.52	7.77±0.45	7.59±0.42	7.20±0.43#**
双歧杆菌	9.11±0.33	9.13±0.28	9.20±0.42	9.24±0.45	9.19±0.34	9.54±0.36#**	9.07±0.23	9.36±0.32#*
乳杆菌	9.05±0.43	9.06±0.36	9.12±0.45	9.17±0.41	9.18±0.50	9.26±0.56	9.11±0.42	9.43±0.36*

#灌胃前后比较 $P<0.05$;

*与空白对照组比较 $P<0.05$;

**与空白对照组比较 $P<0.01$。

2. 对小鼠小肠推进率的影响

在连续灌胃了 IMO－50,14 天后,与正常对照组比较,模型对照组小鼠小肠推进率显著降低,说明模型建立成功。与模型对照组相比较,低、中、高剂量组小肠推进率提高了 22%—55 %。提示低剂量(3.3g/kg · bw)的 IMO－50 即可有效改善小鼠小肠推进率。

3. 对小鼠排便功能的影响

在连续给予小鼠 IMO－50,14 天后,与正常对照组比较,模型对照组小鼠首次排便时间和首次排黑便时间均明显延长,8h 排便重量显著减少,提示便秘模型建立成功。与模型对照组相比较的结果表明中剂量(5.0g/kg · bw)的 IMO－50 即可有效改善小鼠的便秘状况。

(三)IMO－90 对小鼠胃肠道功能的影响

1. 对小鼠肠道菌群的影响

结果如表 4 所示。在连续给予小鼠 IMO－90,14 天后,将各组灌服前后的菌群数量做自身对照,同时也将灌服后各剂量组与空白对照组相比较,结果显示 I－MO － 90 具有改善肠道菌群的功能,有效剂量为 1.2g/d/kg · bw。

2. 低聚异麦芽糖对小鼠小肠推进率的影响

在连续灌胃了 IMO－90,14 天后,模型对照组与正常对照组相比,小鼠小肠推进率降低了35%，表示模型建立成功。与模型对照组相比较，低、中、高剂量组小肠推进率分别提高了28%—50%。提示低剂量（2.5g/kg·bw）的IMO－90为改善小鼠小肠推进率的有效剂量。

表2　IMO－50对小鼠小肠推进率的影响（$\overline{X}\pm SD$）

组别	动物只数	小肠推进率（%）
模型对照组	12	38.0±5.4
低剂量组（3.3g/kg·bw）	12	46.5±11.2*
中剂量组（5.0g/kg·bw）	12	55.4±12.9***
高剂量组（10.0g/kg·bw）	12	58.9±7.5***
正常对照组	12	63.1±9.3***

＊与模型对照组比较 $P<0.05$；

＊＊与模型对照组比较 $P<0.001$。

表3　IMO－50对小鼠排便时间及重量的影响（logCFU/g，$\overline{X}\pm SD$，$n=12$）

组别	受试物剂量（g/kg·bw）	首次排便时间（min）	首次排黑便时间（min）	8小时排便重量（g）
模型对照组	0	260.59±44.23	341.67±27.69	0.5102±0.2019
低剂量组	3.3	248.33±54.00	322.95±21.46	0.5352±0.1459
中剂量组	5.0	180.38±47.76***	305.48±32.98**	0.7074±0.1200***
高剂量组	10.0	218.90±50.76*	310.28±24.12**	0.7599±0.1992***
空白对照组	0	82.12±11.26***	181.57±14.92***	1.3901±0.3853***

＊与模型对照组比较 $P<0.05$；

＊＊与模型对照组比较 $P<0.01$；

＊＊＊与模型对照组比较 $P<0.001$。

表4　IMO－90对小鼠肠道菌群的影响（logCFU/g，$\overline{X}\pm SD$，$n=12$）

菌名	空白对照组		低剂量组（1.2g/kg·bw）		中剂量组（1.7g/kg·bw）		高剂量组（3.4g/kg·bw）	
	灌服前	灌服后	灌服前	灌服后	灌服前	灌服后	灌服前	灌服后
肠杆菌	7.76±0.58	7.36±0.55	7.72±0.47	7.53±0.45	7.81±0.43	7.47±0.35	7.79±0.48	7.56±0.32
肠球菌	7.75±0.57	7.69±0.46	7.68±0.47	7.57±0.42	7.88±0.52	7.82±0.32	7.63±0.32	7.33±0.24#*

续表

菌名	空白对照组		低剂量组 (1.2g/kg·bw)		中剂量组 (1.7g/kg·bw)		高剂量组 (3.4g/kg·bw)	
	灌服前	灌服后	灌服前	灌服后	灌服前	灌服后	灌服前	灌服后
双歧杆菌	9.11±0.47	9.34±0.46	9.18±0.29	9.51±0.20##	9.23±0.21	9.55±0.13###	9.06±0.49	9.59±0.50#
乳杆菌	9.01±0.50	8.94±0.34	9.05±0.41	9.06±0.31	9.07±0.23	9.32±0.22#**	9.09±0.22	9.44±0.21###***

灌胃前后比较 $P<0.05$；* 与空白对照组比较 $P<0.05$；

灌胃前后比较 $P<0.01$；** 与空白对照组比较 $P<0.01$；

灌胃前后比较 $P<0.001$；*** 与空白对照组比较 $P<0.001$。

表5　IMO-90 对小鼠小肠推进率的影响($\overline{X}\pm SD$)

组别	动物只数	小肠推进率(%)
模型对照组	13	43.1±7.6
低剂量组(2.5g/kg·bw)	14	55.1±10.0**
中剂量组(3.3g/kg·bw)	14	63.4±15.6***
高剂量组(6.7g/kg·bw)	13	64.7±12.6***
正常对照组	14	66.2±12.9***

** 与模型对照组比较 $P<0.01$；

*** 与模型对照组比较 $P<0.001$。

3. 低聚异麦芽糖对小鼠排便功能的影响

由表6可知，在连续给予小鼠 IMO-90 14 天后，模型对照组小鼠比正常对照组小鼠首次排便时间、首次排黑便时间明显延长，8 小时排便重量显著减少，表示便秘模型建立成功。与模型对照组相比较的结果表明中剂量(3.3g/kg·bw)的 IMO - 90 为改善小鼠的便秘状况的有效剂量。

表6　IMO-90 对小鼠排便时间及重量的影响($n=12$)

组别	受试物剂量(g/kg·bw)	首次排便时间(min)	首次排黑便时间(min)	8 小时排便重量(g)
模型对照组	0	280.30±68.25	365.67±32.76	0.4188±0.1804
低剂量组	2.5	237.02±60.93	331.38±57.18	0.5351±0.2504
中剂量组	3.3	184.92±60.14**	288.59±45.88**	0.5888±0.1530*

续表

组别	受试物剂量(g/kg·bw)	首次排便时间(min)	首次排黑便时间(min)	8小时排便重量(g)
高剂量组	6.7	271.45±41.72	325.47±57.16*	0.5969±0.1130**
空白对照组	0	76.08±10.51***	144.29±13.57***	1.2854±0.3250***

*与模型对照组比较 $P<0.05$；

**与模型对照组比较 $P<0.01$；

***与模型对照组比较 $P<0.001$。

三、讨 论

人体肠道菌群可被分为对人体健康有益和有害两大类。双歧杆菌和乳杆菌是有益菌,这类菌可抑制病原菌的生长繁殖,激活巨噬细胞的吞噬作用,增强机体的非特异性和特异性免疫反应,提高机体抗病能力。而肠球菌、肠杆菌等是条件有害菌,可将食物中的一些成分变为多种有害物质,如胺、吲哚、酚类,从而引起某些肠道疾病。因此,肠道菌群间形成的相互协调、制约的微生态环境与人体健康密切相关[3,4,5]。

本实验结果表明,IMO－50和IMO－90都具有调节小鼠肠道菌群的作用。表1显示,IMO－50调节小鼠肠道菌群的有效剂量为2.5g/kg·bw,若剂量加倍,则效果更全面。表4提示IMO－90调节小鼠肠道菌群的有效剂量为1.2g/kg·bw,剂量增加到3.4g/kg·bw时,其调节效果更佳。

IMO是功能性低聚糖的一种,20世纪80年代由日本学者首先开发成产品。IMO属难消化性低聚糖,其渗透压仅为葡萄糖的1/4,因而在经过小肠时被吸收利用的速度比单糖、双糖慢得多。进入大肠后,被双歧杆菌所利用,而肠内有害菌则很难利用它们。双歧杆菌以其为养分得到大量繁殖。另外,由于IMO的水分温度为0.75,比蔗糖、高麦芽糖浆、葡萄糖将等都低,而一般的细菌、霉菌在水分湿度小于0.8的环境中不能生长,因此,双歧杆菌得以大量增殖,使有益菌在肠道内占绝对优势。由此,IMO可以作为双歧因子,使双歧杆菌增殖,从而其代谢产物醋酸和乳酸也必然增多,降低肠道内pH值,抑制有害菌的生长,大大减少了它们的有毒代谢物,如胺、吲哚等。同时低pH值的微生态环境还可以刺激肠道的蠕动。另外,由于IMO的难消化性,使其具备膳食纤维的作用,也起到了促进肠道蠕动的功效[2,6]。

本文的润畅通便实验结果显示,中等剂量的IMO－50(5.0g/kg·bw)和

IMO－90(3.3g/kg·bw)均可有效缩短便秘小鼠首次排便时间和首次排黑便时间,明显增加8小时排便重量;低剂量的IMO－50(3.3g/kg·bw)和IMO－90(2.5g/kg·bw)即可有效增加便秘小鼠的小肠推进率,到高剂量时,二者都可使便秘小鼠的小肠推进率恢复到正常小鼠的状态。

本实验结果提示IMO不仅促进了小鼠肠道微生态环境的良性调整,而且具有润畅通便功效。

参考文献(略)

(作者:金宗濂,王政,陈文,田熠华等;原载于《食品科学》2001年第6期)

低聚壳聚糖抑制肿瘤作用的实验观察

甲壳素,又名几丁质、壳多糖,其化学本质为聚-N-乙酰-D-氨基葡萄糖,是甲壳类动物外壳、节肢动物表皮、低等动物细胞膜、高等植物细胞壁等生物组织中广泛存在的一种天然动物纤维素[1]。甲壳质脱乙酰化,得到能溶于稀有机酸的物质,即壳聚糖(chitosan)[2]。甲壳质脱乙酰化后,溶解性能提高,能被人体吸收。有研究表明,甲壳质对肿瘤细胞没有直接的抑制作用,而是通过免疫系统显示抗肿瘤活性的,但脱乙酰甲壳质对肿瘤细胞有直接的抑制作用[3]。脱乙酰甲壳质经水解生成低聚壳聚糖,能溶于水,更易于吸收。有实验证明,相对分子质量为2510、1950及1000的脱乙酰壳聚糖对肿瘤有明显的抑制能力[4]。但目前还缺乏大量的实验支持。本课题通过体外及整体动物实验对6—9个聚合度的低聚壳聚糖抗肿瘤的活性进行了实验观察。

一、材料与方法

(一)材料

1. 壳聚糖

由北京市物资局提供,在本实验室测定其理化指标;脱乙酰度(DD)90.38%,1%壳聚糖黏度60.0mPa·s,灰分1.71%,水分9.98%。

2. 瘤株:S-180

3. 实验动物及分组

选用中国医学科学院动物中心繁育场提供的昆明种1月龄雌性二级小鼠,体重20—25g(合格证:医动字第01-3001号)。每次实验将小鼠随机分为5组,每组12只,分别为空白对照组、环磷酰胺对照组和低、中、高低聚壳聚糖剂量组。3个剂量组小鼠每日经口灌胃低聚壳聚糖溶液,实际低聚糖摄入量分别为140mg/d(kg·bw)、280mg/d(kg·bw)和840mg/d(kg·bw)。

(二)仪器

恒温水浴箱,细胞采集器,LKB - 1209 全自动液体闪烁仪,AE100 电子天平,显微镜,752 分光光度计,恒温培养箱,超净工作台,KA - 1000 型台式离心机。

(三)实验方法

1. 低聚壳聚糖的制备

壳聚糖 —①→ 壳聚糖溶液 —②→ 壳聚糖酶解混合液 —③→ 壳聚糖酶解液 —④→ 低聚壳聚糖溶液

①0.2mol/LHAc + 0.1mol/LNaAc 缓冲液溶解

②纤维素酶、脂肪酶、果胶酶复合水解酶水解(T = 40℃,pH = 4.4,[E]/[S] = 0.1,时间 = 12h)。

③灭酶活,离心去除固型物。

④分子筛分离,得到低聚壳聚糖溶液:黄褐色液体,可溶性总固形物为 10%,含 6—9 个氨基糖的低聚糖占 4.2%。

2. 低聚壳聚糖对肿瘤细胞增殖影响的体外观察

取已接种 8d 的 S - 180 腹水瘤小鼠腹水,用 Eagles 液稀释成 35×10^6 个肿瘤细胞/mL。实验分本底、对照、低聚糖浓度 4.2% 和低聚糖浓度 0.42% 四组,每组设三个平行管。利用肿瘤细胞快速增殖的特性,将肿瘤细胞悬液加入含有同位素[3]H 标记的胸腺嘧啶核苷的细胞培养液中,两个实验组培养液中加入相应浓度的低聚糖。37℃保温培养 4h。用细胞采集器收集肿瘤细胞,经固定、干燥等步骤加入闪烁液,用 LKB - 1209 全自动闪烁仪进行测量。根据结果计算出样品对肿瘤细胞 DNA 合成的抑制率。

抑制率的计算:

$$\text{抑制率} = \frac{\text{对照组 cmp} - \text{实验组 cmp}}{\text{对照组 cmp}} \times 100\%$$

3. 低聚壳聚糖对移植性腹水瘤的影响

小鼠喂服低聚壳聚糖 20d 后,用 Hanks 工作液稀释癌细胞悬浮液至活细胞数为 2×10^6 个/mL。将癌细胞接种于空白对照组、环磷酰胺对照组和低、中、高剂量组小鼠的腹腔内，每只小鼠 0.2mL。接种后小鼠继续喂服低聚壳聚糖。同时环磷酰胺对照组腹腔注射环磷酰胺 1.5mg/d/只。接种后次日起逐日记录体重，并观察记录动物死亡情况。实验结束 1 个月后再重复一次。

4. 低聚壳聚糖对移植性肿瘤(实体瘤)的影响

小鼠喂服低聚壳聚糖 15d 后，用 Hanks 工作液稀释瘤细胞悬液至活细胞数为 2×10^6 个/mL。将肿瘤细胞接种于空白对照组、环磷酰胺对照组和低、中、高剂量组小鼠的右前肢皮下，每只小鼠 0.2mL。继续给予受试物 15d。同时环磷酰胺对照组腹腔注射环磷酰胺 1.5mg/d/只。接种瘤细胞 20d 后处死小鼠，分离肿瘤组织并称重。实验结束 1 个月后重复一次。

实验数据用方差分析进行统计。

二、结　果

(一)低聚壳聚糖对肿瘤细胞增殖影响的体外实验

经 37℃保温 4h 培养后结果显示浓度为 4.2% 和浓度为 0.42% 的低聚壳聚糖对肿瘤细胞 DNA 合成的平均抑制率分别为 87.4% 和 78.2%。

(二)低聚壳聚糖对腹水瘤小鼠生存时间的影响

由表 1 可见，小鼠接种腹水瘤后，与对照组比较，环磷酰胺阳性对照组生存时间延长 37% ($P<0.001$)，低、中、高剂量低聚壳聚糖组生存时间分别延长 16% ($P<0.05$)、34% ($P<0.01$) 和 35% ($P<0.001$)。

表 1　低聚壳聚糖对腹水瘤小鼠生存时间的影响(Ⅰ)($\bar{x} \pm SD$)

组别	动物数(只)	生存时间(d)	P 值
空白对照组	12	11.9 ±2.2	——
低剂量组	12	13.8 ±2.0①	0.0338
组别	动物数(只)	生存时间(d)	P 值
中剂量组	12	15.9 ±3.6②	0.0033
高剂量组	12	16.1 ±1.5③	1.6×10^{-5}
环磷酰胺组	12	16.3 ±2.6③	0.0002

①与对照组比较有显著性差异($P<0.05$)；

②与对照组比较有非常显著性差异($P<0.01$)；

③与对照组比较有极显著性差异($P<0.001$)。

表 2　低聚壳聚糖对腹水瘤小鼠生存时间的影响（Ⅱ）（$\bar{x} \pm SD$）

组别	动物数（只）	生存时间（d）	P 值
空白对照组	12	11.5 ±2.9	——
低剂量组	12	13.6 ±3.2	0.0829
中剂量组	12	16.3 ±3.7②	0.0036
高剂量组	12	16.0 ±3.0②	0.0020
环磷酰胺组	12	15.9 ±3.4②	0.0044

②与对照组比较有非常显著性差异（$P<0.01$）。

表 2 为低聚壳聚糖对腹水瘤小鼠生存时间影响的重复实验。由表 2 可知，小鼠接种腹水瘤后，与对照组比较，环磷酰胺阳性对照组生存时间延长 38%（$P<0.01$），中、高剂量组生存时间分别延长 42%（$P<0.01$）和 39%（$P<0.01$）。

表 1 与表 2 两次实验结果都显示低聚壳聚糖具有延长腹水瘤小鼠生存时间的作用。

（三）低聚壳聚糖对实体瘤小鼠瘤重的影响

由表 3 可见，小鼠接种肿瘤 20d 后，与对照组比较，环磷酰胺阳性对照组实体瘤重降低了 53%（$P<0.05$），低、中、高剂量低聚壳聚糖组实体瘤重分别降低了 62%（$P<0.01$）、63%（$P<0.01$）和 72%（$P<0.001$）。

表 4 为低聚壳聚糖对实体瘤小鼠瘤重影响的重复实验。由表 4 可见，小鼠接种肿瘤 20d 后，与对照组比较，环磷酰胺阳性对照组实体瘤重降低了 34%（$P<0.05$），中、高剂量组实体瘤重分别降低了 35%（$P<0.05$）和 61%（$P<0.01$）。

表 3　低聚壳聚糖对实体瘤小鼠瘤重的影响（Ⅰ）（$\bar{x} \pm SD$）

组别	动物数（只）	实体瘤重（g）	P 值
空白对照组	16	1.6400 ±0.9909	——
低剂量组	16	0.6177 ±0.5492②	0.0011
中剂量组	16	0.6102 ±0.6369②	0.0015
高剂量组	15	0.4564 ±0.4246③	9.6×10^{-5}
环磷酰胺组	16	0.7749 ±0.6378①	0.0249

①与对照组比较有显著性差异（$P<0.05$）；

②与对照组比较有非常显著性差异（$P<0.01$）；

③与对照组比较有极显著性差异（$P<0.001$）。

表4　低聚壳聚糖对实体瘤小鼠瘤重的影响(Ⅱ)($\bar{x}\pm SD$)

组别	动物数(只)	实体瘤重(g)	P值
空白对照组	16	1.8307±0.7613	——
低剂量组	16	1.3714±1.1070	0.2500
中剂量组	14	1.1836±1.1200①	0.0232
高剂量组	16	0.7110±0.8570②	2.0×10^{-4}
环磷酰胺组	15	1.2071±0.7301①	0.0263

①与对照组比较有显著性差异($P<0.05$);

②与对照组比较有非常显著性差异($P<0.01$)。

综合表3和4的结果可以看出低聚壳聚糖对荷实体瘤小鼠肿瘤具有一定的抑制作用。

三、讨　论

上述体外及整体实验结果都表明含6—9个氨基糖单位的低聚壳聚糖对肿瘤有一定的抑制作用。对于壳聚糖的抑瘤机理,至今还不是十分清楚,目前主要认为是活化巨噬细胞、NK细胞、T细胞和B细胞,进而诱导体内干扰素的产生[5]。有实验证明[6],壳聚糖通过增强机体非特异性免疫对肿瘤有抑制作用,其作用机制是促进巨噬细胞活性。有人进一步研究了壳聚糖对小鼠脾脏NK细胞活性及IL-2分泌的影响[7]。NK细胞的功能与抗肿瘤作用关系密切,目前认为NK细胞处于抗肿瘤的第一道防线,其杀伤作用早于其他具有杀伤能力的效应细胞[8]。IL-2是活化的辅助性T淋巴细胞(TH)分泌的一种调节免疫应答的重要介质,IL-2除了促进NK细胞的活性外,对T细胞、B细胞及巨噬细胞等均有增强活性的作用[9]。研究结果表明,脱乙酰壳多糖具有促进NK细胞活性的作用,能促进IL-2的生成。

已有实验证明,壳多糖可以抑制小鼠S-180腹水瘤的生长[10]。有人认为:壳聚糖对肿瘤的抑制作用主要是在移植癌细胞至腹水形成这一段时间,腹水一旦形成,壳聚糖并不能显著延长小鼠的存活期[11]。本实验先给予小鼠含6—9个氨基糖单位的低聚壳聚糖15d后再接种肿瘤细胞,实验结果显示了6—9个糖单位的低聚壳聚糖的抑瘤作用。在接种肿瘤细胞早期,癌细胞数量少,此时增强了的机体免疫系统有可能消灭肿瘤细胞,但如果机体免疫系统不能彻底消灭肿瘤细胞,当肿瘤细胞一旦繁殖起来,并开始形成腹水,可能出现免疫抑制,壳聚糖的免疫调节作用也就减弱。在临床上,肿瘤的产生往往是少数细胞先发生突变而成为恶性细胞,因此,如果将低聚壳聚糖作为早期预防用药,或作为手术后放疗和化疗等疗法的辅助药物是值得提倡与推广的。低聚壳聚糖与人体细胞有很好的亲和性,安全无毒,容易被机体吸收,有利于提高药物的生物利用率[12],适合作为治疗癌症的辅助药物。

参考文献(略)

(作者:文镜,吕菁菁,戎卫华,金宗濂;原载于《食品科学》2002 年第 8 期)

褪黑激素抗氧化作用的研究

褪黑激素(melatonin)学名为N－乙酰－5－甲氧基色胺,是由松果体分泌的一种吲哚类激素,植物体内均存在这种小分子物质。虽然褪黑素早已被发现,但长期以来,松果体及其分泌的褪黑素并未引起人们的重视。直到1993年,美国科学家Walter Pierpaoli和William Reglson公布了褪黑素具有助眠、调整时差、延缓衰老、防治多种疾病的功能[1]。此后,褪黑素逐步成为人们研究的热点。国内外大量研究结果表明,褪黑素具有抗氧化和延长寿命功能[2-5],但大多采用松果体移植、皮下或腹腔注射等非口服的实验手段。因此,至今我国仅批准褪黑素作为改善睡眠的功能材料。本实验采用口服的方法来对褪黑激素的抗氧化功能进行研究,为今后延缓衰老药物和保健食品的开发提供实验依据。

一、材料与方法

(一)材料

受试物　褪黑素(melatonin),由美国Sigma公司提供;M－5250 1G LoT TOK0745,FW232.3。

实验动物　本实验选用中国医学科学院动物中心繁育场提供的二级8月龄的昆明种雌性小鼠,体重在44±3g,按体重随机分为3组,经T检验无显著性差异。

剂量选择　褪黑素的常用人体推荐剂量为3.0mg/60kg·bw/日,本实验采用0.5mg/60kg·bw为低剂量,1.5mg/60kg·bw为高剂量,同时设空白对照组。褪黑激素以0.5%乙醇生理盐水溶解。采取灌胃法,每日灌胃一次,连续50d,空白对照组每日灌等量的溶剂,50d后测定各项指标。

硫酸奎宁　国家标准物质研究中心;硫酸、甲醇、无水乙醇、乙二胺四乙酸、氯化钠为分析纯，柠檬酸钠(化学纯)均购自北京化工厂。

三氯甲烷、乙二酸四乙酸二钠　分析纯，北京化学试剂公司；DTNB(HPLC) FLUKE BIOCHEMIKA，叠氮化钠　分析纯；JANSEN CHIMCA，超氧化物歧化酶(SOD)测定试剂盒　100T；活性氧测定试剂盒　50T；考马斯亮兰蛋白质测定试剂盒　100T；丙二醛(MDA)测定试剂盒　100T。

(二)实验方法

1. 小鼠全血谷胱甘肽过氧化物酶活力的测定 DTNB 直接法[6]。

2. 小鼠血清和肝脏超氧化物歧化酶(SOD)测定超微量快速测定法[7]。

血清中 SOD 的含量定义　每 mL 反应液中 SOD 抑制率达到 50% 时所对应的 SOD 量为一个亚硝酸盐单位(NU)。

1% 的肝组织匀浆中 SOD 的含量定义　每 mg 组织蛋白在 1mL 反应液中 SOD 抑制率达 50% 时所对应的 SOD 量为一个亚硝酸盐单位(NU)。

3. 小鼠脑和心脂褐质含量的测定　荧光比色法[6]。

4. 小鼠血清和肝脏过氧化脂质含量的测定　TBA 荧光比色法[6]。

5. 小鼠血清清除羟自由基的能力及褪黑素在体外清除羟自由基能力的测定　Fenton 反应法。定义：每毫升血清在室温下反应 1min，使反应体系中双氧水浓度降低 1mmol/L 为一个清除羟自由基的能力单位。

6. 小鼠肝脏的蛋白质含量测定　考马斯亮兰法。

二、实验结果

(一)褪黑素对小鼠体重的影响

由表 1 可知，小鼠在给予褪黑激素 50d 后，各个剂量组的体重与对照组相比均无显著差异($P>0.05$)。

表 1　腿黑素对小鼠体重的影响($\bar{x}\pm SD$　$n=10$)

动物组别	受试物剂量(mg/kg·bw)	给受试物前体重(g)	P 值	给受试物 50d 后体重(g)	P 值
对照组	0.0	44.03 ±3.32	–	40.42 ±4.10	–
低剂量组	0.5	44.28 ±2.53	0.8159	41.08 ±4.06	0.5562
高剂量组	1.5	43.38 ±2.44	0.5532	41.51 ±2.09	0.3930

（二）褪黑素对小鼠全血谷胱甘肽过氧化物酶活力的影响

表2　腿黑素对小鼠全血谷胱甘肽过氧化物酶活力的影响（$\bar{x} \pm SD$　$n=10$）

动物组别	受试物剂量（mg/kg·bw）	GSH－Px 活力单位数	P 值
对照组	0.0	22.89±3.19	－
低剂量组	0.5	25.87±3.01	0.0446*
高剂量组	1.5	25.11±1.41	0.0601

* 与对照组比较有显著性差异（$P<0.05$）

表2可知，小鼠在给予褪黑激素50d后，低剂量组的小鼠全血谷胱甘肽过氧化物酶活力与对照组相比提高了13.0%（$P<0.05$）。

（三）褪黑素对小鼠血清和肝脏的超氧化物歧化酶（SOD）活力的影响

表3　褪黑素对小鼠血清和肝脏超氧化物歧化酶（SOD）活力的影响（$\bar{X} \pm SD$　$n=10$）

动物组别	受试物剂量（mg/kg·bw）	血清 SOD 活力 NU/mL	P 值	肝脏 SOD 活力 NU/mL	P 值
对照组	0.0	218.30±13.6	－	262.03±28.34	－
低剂量组	0.5	227.60±10.0	0.0959	265.14±24.51	0.7912
高剂量组	1.5	225.20±9.20	0.1915	266.60±23.86	0.6845

由表3可知，小鼠在给予褪黑激素50d后，各个剂量组的小鼠血清和肝脏SOD活力与对照组相比均无显著差异（$P>0.05$）。

（四）褪黑素对小鼠的脑和心肌脂褐质含量的影响

表4　褪黑素对小鼠脑和心肌脂褐质含量的影响（$\bar{X} \pm SD$　$n=10$）

动物组别	受试物剂量（mg/kg·bw）	心肌脂褐质含量（μg/g）	P 值	脑脂褐质含量（μg/g）	P 值
对照组	0.0	10.1±3.6	－	5.6±1.4	－
低剂量组	0.5	7.1±1.9	0.0348*	4.5±1.2	0.0314*
高剂量组	1.5	8.3±1.9	0.1725	4.9±0.9	0.1720

* 与对照组比较有显著性差异（$P<0.05$）。

由表4可知，小鼠在给予褪黑激素50d后，低剂量组的小鼠心肌和脑脂褐质含量与对照组相比分别降低了29.7%（$P<0.05$）和19.64%（$P<0.05$）。

（五）褪黑素对小鼠血清和肝脏过氧化脂质含量的影响

表5　褪黑素对小鼠血清和肝脏过氧化脂质含量的影响（$\overline{X}\pm SD$　$n=10$）

动物组别	受试物剂量（mg/kg·bw）	血清 MDA 含量（nmol/mL）	*P* 值	肝脏 MDA 含量（nmol/mL）	*P* 值
对照组	0.0	6.94±1.32	-	6.63±0.96	-
低剂量组	0.5	5.47±1.19	0.0462*	5.72±1.20	0.0750
高剂量组	1.5	6.61±0.77	0.5084	6.31±1.14	0.5007

*与对照组比较有显著性差异（$P<0.05$）。

由表5可知，小鼠在给予褪黑激素50d后，低剂量组的小鼠血清中的过氧化脂质含量与对照相比降低了17.30%（$P<0.05$）。

（六）褪黑素对小鼠血清清除羟自由基能力的影响

由表6可知，小鼠在给予褪黑激素50d后，低、高剂量组的小鼠血清的清除羟自由基的能力与对照组相比分别提高了26.80%（$P<0.05$）和17.43%（$P<0.05$）。

表6　褪黑素对小鼠血清清除羟自由基能力的影响（$\overline{X}\pm SD$，$n=10$）

动物组别	受试物剂量（mg/kg·bw）	清除速率（mmol/L/min）	*P* 值
对照组	0.0	983.11±172.90	-
低剂量组	0.5	1246.40±247.95	0.0116*
高剂量组	1.5	1154.50±147.24	0.0282*

*与对照组比较有显著性差异（$P<0.05$）。

（七）褪黑素在体外羟自由基的清除能力的测定

由图1可见，随褪黑素浓度的提高，其清除羟自由基的速率加快。在0—0.2mg/mL浓度范围内，其清除速率与褪黑素的浓度呈线性相关。当褪黑素浓度大于0.2mg/mL后，清除速率的上升渐渐趋缓。结果表明，褪黑素在体外具有很强的清除羟自由基的能力。

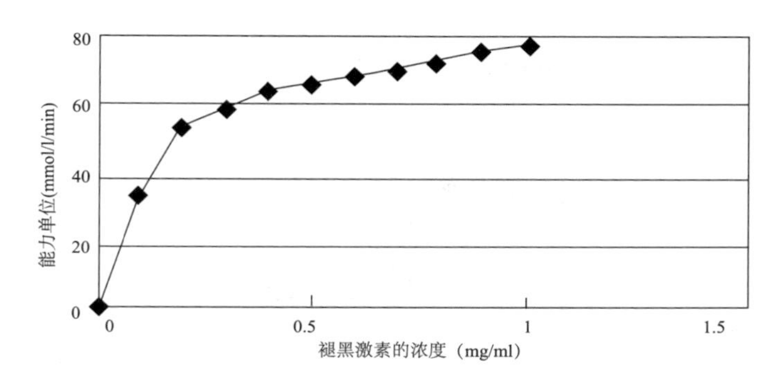

图 1 不同浓度褪黑激素对羟自由基清除速率的影响

三、讨　论

从本结果可见，0.5mg/kg·bw 的褪黑素的抗氧化效果要优于 1.5mg/kg·bw。这可能与选用的动物月龄有关。人体分泌褪黑素具有终生节律性，即人体随着松果体的发育成熟，褪黑素水平上升，在青少年时期达到分泌高峰。其后，随着年龄的增大，松果体开始衰老、萎缩，褪黑素的分泌量也逐渐下降，到 45 岁时分泌急剧下降。而本实验选用的 8 月龄小鼠，未到老年期，并不需要补充过多的外源褪黑素。褪黑激素的服用是否应随龄增加，尚需进一步研究。

参考文献（略）

（作者：魏涛，张蕊，金宗濂；原载于《食品工业科技》2002 年第 2 期）

褪黑激素调节免疫和改善睡眠作用的研究

褪黑素(melatonin,MT),学名N－乙酰－5－甲氧基色胺,分子式$C_{13}H_{16}N_2O_2$,分子量232.27。褪黑素纯品为淡黄色叶片状结晶,熔点116℃—118℃[1,2]。其结构式为:

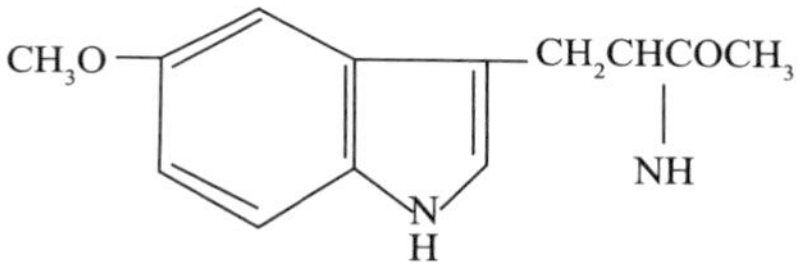

CH_3O　　$CH_2CHCOCH_3$

NH

N
H

褪黑素是人体松果体腺分泌的一种吲哚类激素,无论在动植物体内均存在这种小分子物质。最初于1958年由A. B. Lerner和J. D. Case从牛的松果体中分离出来,它可使两栖类动物皮肤颜色变淡,故名"褪黑素"。但它对人的皮肤并没有作用[1]。虽然褪黑素早已被发现,但长期以来,松果体及其分泌的褪黑素并未引起人们的重视。直到1993年,美国科学家Walter Pierpaoli和William Rehlson公布了褪黑素具有助眠、调整时差、延缓衰老、防治多种疾病的功能[1]。此后,褪黑素成为人们讨论和研究的热点。国内外大量研究结果表明,褪黑素具有增强免疫和调节睡眠的功能[2-7],但绝大多数研究采用了松果体切除或皮下注射或腹腔注射给药的方法。而本文主要采用口服的方法对褪黑激素调节免疫和改善睡眠的功能进行研究,为褪黑激素的临床应用提供实验依据。

一、材料和方法

（一）受试物

褪黑激素（melatonin），美国 Sigma 公司，用蒸馏水超声溶解后备用。

（二）动物

1. 调节免疫实验动物　选用由中国医学科学院动物中心繁育场提供的 2 月龄昆明种雌性二级小鼠，体重 18—22g，按体重将小鼠随机分为 3 组，组间体重经 t 检验无显著差异（$P<0.05$）。

2. 改善睡眠实验动物　选用由中国医学科学院动物中心繁育场提供的 1 月龄 BALB/c 雄性二级小鼠，体重 18—22g，按体重将小鼠随机分为 3 组，组间体重经 t 检验无显著差异（$P<0.05$）。

（三）剂量选择

受试物褪黑激素的人体推荐剂量为 3.0mg/（60kg · bw · d）。小鼠的等效剂量相当于人体推荐剂量的 10 倍。以人体推荐剂量的等效剂量为低剂量（0.5mg/kg · bw），以低剂量的 2 倍为高剂量（1.0mg/kg · bw），调节免疫实验连续灌胃 28d 后进行各项指标的测定，改善睡眠实验当日灌胃后进行测定。

（四）仪器与试剂

1. 仪器　752 紫外分光光度计；NU－2500E 型 CO_2 培养箱；超净工作台；AE100 电子天平；DT500 电子天平；TDL－5 离心机；KA－1000 型台式离心机；生物显微镜；JY92－Ⅱ型超声波细胞粉碎机；螺旋测微器（0.01mm）；YXQG01 型蒸汽消毒锅；细菌滤器（直径 50mm 和 35mm，0.2μm 滤膜）；CF－5000 板式酶标仪；电热三用水箱；24 孔平底培养板；96 孔 U 形培养板；96 孔平底测定板；8 道加样器；秒表。

2. 试剂　1640 完全培养基（过滤灭菌）；Hepes；$NaHCO_3$；谷氨酰胺（L－Glu）；青霉素；链霉素；新生小牛血清；Hanks 工作液（pH 7.2—7.4）（高压灭菌）；吩嗪二甲酯硫酸盐（PMS）；氧化型辅酶 I（NAD^+）；乳酸锂；噻唑兰（MTT）；刀豆素（ConA）；碘硝基氯化四氮唑（INT）；2% NP_{40}；0.2mol/L 盐酸－Tris 缓冲液；YAC－1 细胞；氰化钾；铁氰化钾；豚鼠血清（5 只豚鼠混合）；绵羊红细胞（SRBC）；印度墨汁；戊巴比妥钠。

(五)实验方法

1. 迟发型变态反应(DTH)——足趾肿胀厚度法[8];
2. T淋巴细胞增殖功能测定——ConA刺激淋转颜色反应法(MTT法)[9];
3. NK细胞活性的测定(乳酸脱氢酶法)[10];
4. 抗体生成细胞的测定[9];
5. 血清溶血素的测定(半数溶血值测定法)[8];
6. 碳廓清指数的测定:碳廓清实验[9];
7. 延长戊巴比妥钠诱导的小鼠睡眠时间实验[11];
8. 阈下剂量戊巴比妥钠诱导睡眠发生率实验[11]。

二、结　果

(一)褪黑素对正常小鼠体重、胸腺/体重,脾脏/体重的影响

由表1可见,灌胃褪黑素28d后,与对照组相比,各剂量组体重、胸腺/体重、脾脏/体重均无显著差异($P>0.05$)。

表1　褪黑素对正常小鼠免疫器官重量的影响($\bar{X}\pm SD$)

组别	剂量(mg/kg·bw)	n	体重(g)	脾脏/体重(mg/g)	胸腺/体重(mg/g)
空白组	0	12	34.1±2.8	5.29±0.46	2.96±0.49
低剂量组	0.5	12	33.2±3.0	4.95±0.70	3.02±0.41
高剂量组	1.0	12	33.1±3.1	5.13±0.88	3.40±0.44

(二)褪黑素对正常小鼠迟发型变态反应的影响

由表2可见,灌胃正常小鼠褪黑素28d后,与对照组相比,低、高剂量的足趾肿胀厚度分别提高22.3%($P<0.001$)和33.3%($P<0.001$)。

表2　褪黑素对正常小鼠足趾肿胀厚度的影响($\bar{X}\pm SD$)

组别	剂量(mg/kg·bw)	n	足趾肿胀厚度(mm)
对照组	0	12	0.62±0.08
低剂量组	0.5	12	0.77±0.11**
高剂量组	1.0	12	0.80±0.12**

**:与对照组比较有极显著性差异($P<0.001$)

（三）褪黑素对正常小鼠脾淋巴细胞增殖能力的影响

由表3可见，灌胃正常小鼠褪黑素28d后，与对照组相比，低、高剂量组分别提高经ConA诱导的脾淋巴细胞增殖能力31.1%（$P>0.05$）和5.1%（$P>0.05$）。

表3 褪黑素对正常小鼠脾淋巴细胞ConA增殖能力的影响（$\overline{X}\pm SD$，$\lambda=570nm$）

组别	剂量（mg/kg·bw）	n	光密度差值
对照组	0	12	0.0074±0.0030
低剂量组	0.5	12	0.0097±0.0044
高剂量组	1.0	12	0.0078±0.0024

（四）褪黑素对正常小鼠NK细胞活性的影响

由表4可见，灌胃正常小鼠褪黑素28d后，与对照组相比，低剂量的NK细胞活性提高62.2%（$P>0.05$）。

表4 褪黑素对正常小鼠NK细胞活性的影响（$\overline{X}\pm SD$）

组别	剂量（mg/kg·bw）	n	NK细胞活性（%）
对照组	0	10	34.7±16.3
低剂量组	0.5	10	56.3±27.0*
高剂量组	1.0	10	40.4±17.1

*：与对照组相比有显著性差异（$P>0.05$）

（五）褪黑素对正常小鼠抗体生成细胞的影响

由表5可见，灌胃正常小鼠褪黑素28d后，与对照组相比，低剂量组的PFC提高5.3%（$P>0.05$）。

表5 褪黑素对正常小鼠PFC的影响（$\overline{X}\pm SD$）

组别	剂量（mg/kg·bw）	n	PFC（lg空斑数/全脾细胞）
对照组	0	10	4.69±0.26
低剂量组	0.5	10	4.94±0.25*
高剂量组	1.0	10	4.86±0.12

*：与对照组比较有显著性差异（$P>0.05$）

（六）褪黑素对正常小鼠血清溶血素水平的影响

由表6可见，灌胃正常小鼠褪黑素28d后，与对照组相比，低剂量组的HC_{50}提高17.1%（$P<0.05$）。

表6　褪黑素对正常小鼠血清HC_{50}水平的影响（$\overline{X}\pm SD$）

组别	剂量（mg/kg・bw）	n	HC_{50}
对照组	0	12	116.1±27.1
低剂量组	0.5	10	136.0±7.4*
高剂量组	1.0	10	128.6±15.6

*：与对照组比较有显著性差异（$P<0.05$）

（七）褪黑素对正常小鼠碳廓清能力的影响

由表7可见，灌胃正常小鼠褪黑素28d后，与对照组相比，低剂量组的碳廓清指数提高15.9%（$P<0.05$）。

表7　褪黑素对正常小鼠碳廓清能力的影响（$\overline{X}\pm SD$）

组别	剂量（mg/kg・bw）	n	α
对照组	0	10	4.35±0.87
低剂量组	0.5	10	5.04±0.43*
高剂量组	1.0	10	4.62±0.33

*：与对照组比较有显著性差异（$P<0.05$）。

（八）褪黑素对阈剂量戊巴比妥钠诱导小鼠睡眠时间的影响

由表8可见，灌胃正常小鼠褪黑素28d后，与对照组相比，低、高剂量组的戊巴比妥钠诱导的小鼠睡眠时间分别延长23.6%（$P<0.001$）和38.7%（$P<0.001$）。

表8　褪黑素对阈剂量戊巴比妥钠诱导小鼠睡眠时间的影响（$\overline{X}\pm SD$）

组别	剂量（mg/kg・bw）	n	睡眠时间（min）
已对组	0	14	27.1±4.0
低剂量组	0.5	14	33.5±4.9**
高剂量组	1.0	14	37.6±5.5**

**：与对照组比较有极显著性差异（$P<0.001$）。

（九）褪黑素对阈下剂量戊巴比妥钠诱导小鼠睡眠发生率的影响

由表9可见，灌胃正常小鼠褪黑素28d后，与对照组相比，低、高剂量组的戊巴比妥钠诱导小鼠的睡眠率分别提高4倍（$P<0.01$）和3.5倍（$P<0.05$）。

表9 褪黑素对阈下剂量戊巴比妥钠诱导小鼠睡眠发生率的影响（$\overline{X}\pm SD$）

组别	剂量（mg/kg·bw）	n	入睡动物数（只）	睡眠发生率（%）
对照组	0	15	2	13.3
低剂量组	0.5	15	10	66.7**
高剂量组	1.0	15	9	60.0*

**：与对照组比较有非常显著性差异（$P<0.01$）；

*：与对照组比较有显著性差异（$P<0.05$）。

三、讨　论

本实验结果表明，经口给予低、高剂量的褪黑激素，与对照组比较，戊巴比妥钠诱导的小鼠睡眠时间分别延长23.4%（$P<0.001$）和38.7%（$P<0.001$），睡眠发生率分别提高4倍（$P<0.01$）和3.5倍（$P<0.05$）。结果提示，褪黑激素具有改善睡眠的功能。褪黑素的分泌具有昼夜性节律。人体血液中褪黑素的分泌白天下降，夜间分泌增加，凌晨分泌量最高，血液褪黑素最大浓度值出现在凌晨2:00—3:00，其浓度是白天的10倍[12]。褪黑素改善睡眠和调整时差是其最主要的功能。

本实验结果还表明，经口给予低剂量（0.5mg/kg·bw）的褪黑素，与对照组比较，能提高正常小鼠的足趾肿胀厚度22.3%（$P<0.001$），NK细胞活性62.2%（$P<0.05$），血清溶血素水平17.1%（$P<0.05$），抗体生成细胞数量5.3%（$P<0.05$），碳廓清吞噬指数α 15.9%（$P<0.05$）。而高剂量褪黑素（1.0mg/kg·bw）仅能提高足趾肿胀厚度33.3%（$P<0.001$）。结果提示，褪黑激素具有提高免疫的功能，但其功能与褪黑激素的剂量有很大关系。0.5mg/（kg·bw）的褪黑激素能够提高免疫，而1.0mg/（kg·bw）的褪黑激素却不能调节免疫，可见并非服用褪黑激素的剂量越大，调节免疫的作用越好。其原因可能在于：人体分泌褪黑素具有终生性节律性，即人体随着松果体的发育

成熟，褪黑素水平上升，在青少年达到分泌高峰。其后，随着年龄的增大，松果体开始衰老、萎缩，褪黑素的分泌量也逐渐下降[13]。而本文选用的小鼠为2月龄，其褪黑激素的分泌处于高峰期，并不需要补充过多的外源褪黑素。所以，褪黑激素的服用应有适当的方法和剂量。

G. Femandes 等人在1976年就发现机体的免疫功能具有日周期性的变化[14]。而 B. D. Jankovie 等人则发现摘除松果腺后大鼠的免疫功能迅速下降[15]。随后有大量研究表明，外源补充褪黑激素能够提高机体免疫力，如可明显增强小鼠对 SRBC 的初级抗体反应[16]，提高 NK 细胞的活性[17]，促进抗体形成及 T 细胞、B 淋巴细胞增殖反应[18]，刺激腹腔巨噬细胞 IL－1 及脾淋巴细胞 IL－2 的产生[19]等等。

褪黑素调节免疫细胞功能可能与其影响腺苷酸环化酶（AC）水平有关。利用 AC 选择性激活剂 forskolin（F）发现，F（10^{-5}mol/L）可明显提高淋巴细胞环磷酸腺苷（cAMP）水平。褪黑素（10^{-9}、10^{-6}、10^{-5}mol/L）能浓度依赖性抑制淋巴细胞 AC 的活性[20]。深入研究发现，褪黑素抑制淋巴细胞 AC 活性，降低 cAMP 水平是通过 Gi 蛋白实现的。因此提示，Gi 蛋白偶联的 AC－cAMP 信号转导通路可能是褪黑素发挥免疫调节作用的重要机制[20]。有研究表明，以微量（1μg）褪黑素注入大鼠海马能增强大鼠脾淋巴细胞对 Con A 诱导的增殖反应和脾细胞 IL－2 的产生，还可明显提高腹腔巨噬细胞 IL－1 的产生和 NK 细胞的活性。表明褪黑素能通过海马增强大鼠的免疫功能。提示海马可能是褪黑素作用的一个重要的靶结构[21]。另有研究表明，褪黑素的免疫增强作用是通过阿片肽系统实现的。在给小鼠注射阿片肽（β－内啡肽、强啡肽、亮－脑啡肽和甲硫氨酸脑啡肽）后，均能不同程度地产生与注射褪黑素相似的效应[10]。用褪黑素和受抗原激活的免疫活性细胞培养16—18h后，生理浓度的褪黑素就可刺激 T 淋巴细胞释放阿片激动剂。这说明，阿片肽极可能是褪黑素实现免疫调节的中介物质[3,22]。褪黑激素明确的免疫机制还需进一步深入研究。

参考文献（略）

（作者：魏涛，唐粉芳，张鹏，金宗濂等；原载于《食品科学》2003年第3期）

二、保健食品
功能基础材料的研究

金针菇发酵液的抗衰老作用

金针菇(*Flammulina velutipes*)属担子菌纲,伞菌目、口蘑科,金线菌属。国内外对金针菇的研究曾有一些报道,证明它具有抗癌、增智、防治高血压和儿童肥胖症等作用。为了进一步利用这一新资源,我们对饲喂金针菇发酵液的小鼠进行了 B 型单胺氧化酶(MAO - B)活性、红细胞超氧化物歧化酶(SOD)活性、肝过氧化脂质(LPO)含量、心肌脂褐质含量及皮肤羟脯氨酸(Hyp)含量等与衰老有关物质的测定,以便为金针菇的开发利用提供科学依据。

一、材料与方法

实验用动物为 10 月龄雄性昆明种小鼠,随机分为实验组和对照组,每组 15 只。实验组饲喂金针菇发酵液的滤液,对照组喂白水。以饮水方式饲喂,日平均饮用量为 20mL。两个月后处死,进行如下测定:

MAO - B 活性测定　参照戴尧仁[1]的方法进行,略有改进。取脑、肝组织,用 0.2mol/L 磷酸缓冲液(pH7.4)制成匀浆,于 9000r/min4℃ 离心 10min,取上清液于 17000r/min4℃ 离心 20min,沉淀重新用 0.2mol/L 磷酸缓冲液悬浮,制成粗酶液。进行 MAO - B 活性[1]及蛋白质浓度[2]的测定。

红细胞 SOD 活性测定　取小鼠全血,离心取血细胞,并洗涤,溶血。缓慢加入 0.25 倍体积的 95% 乙醇,0.15 倍体积的氯仿,振荡提取,于 3000r/min 离心 15min,除尽血红蛋白。上清液中按 0.4g/mL 比例加入 $K_2HPO_4 \cdot 3H_2O$,振荡溶解,静置分层,收集上层黄色乳浊液,于 3500r/min 离心 20min。上清液用于 SOD 活性[3]及蛋白质浓度的测定。整个制备过程在 0℃—4℃ 下进行。

肝 LPO,心肌脂褐质,皮肤 HYP 含量的测定　参照文献进行。

金针菇发酵液滤液的制备　金针菇多为野生,产量低。目前采用深层发酵法生产,产量大幅度提高。发酵液在 25℃ ±1℃ 下经 4d 发酵而成(由中国农业科学院植保所提供),再经三层纱布过滤,即为金针菇发酵液的滤液。

二、结 果

金针菇发酵液可使小鼠脑 MAO－B 的活性降低 67.3;对肝 MAO－B 活性无显著影响;能使肝中 LPO 含量降低 30.8%;使心肌脂褐质含量下降 53.3%;血中 SOD 活性增加 32.0%;使皮肤中 Hyp 含量上升 17.7%。

Table. Anti-aging effect of the fermentated liquor of Flammulina velutipes(mean ± SD)

Index	Control	Flammulina velutipes
Brain MAO-B(OD · mg^{1}protein · h^{1})	0.272 ± 0.028	0.089 ± 0.028**
Liver MAO-B(OD · mg^{-1}protein · h^{1})	1.560 ± 0.300	1.479 ± 0.236
Erythrocyte SOD(U/mg protein)	247.49 ± 17.54	326.72 ± 39.90**
Liver LPO($\times 10^{-10}$mol/mg protein)	1.502 ± 0.120	1.040 ± 0.156
Myocardial lipofuscin (μg quinine sulfate/g tissue)	4.889 ± 0.606	2.285 ± 0.511
Skin Hyp(mg/g tissue)	104.11 ± 10.22	122.49 ± 13.68*

MOA－B = B-type monoamine oxidase. SOD = superoxide dismutase. LPO = lipid peroxide.

Hyp = hydroxyproline. * $P<0.05$, ** $P<0.01$, compared with control.

三、讨 论

单胺氧化酶(MAO)是广泛催化芳香族、脂肪族单胺类氧化脱氨基反应的酶。MAO 有 A 型和 B 型两种形式。人脑中 MAO－B 的活性在 45 岁后随年龄急剧增加[4]。本研究证明,金针菇发酵液可极显著地降低($P<0.01$)脑中 MAO－B 的活性,从而能有效地延缓衰老。但它对肝 MAO－B 活性又无显著影响,这对保护肝脏的解毒功能显然有益。随年龄增长,LPO 和脂褐质水平的不断上升,是细胞衰老的重要原因。而机体清除 SOR 主要由 SOD 实现,本研究证明:金针菇发酵液可极显著地提高 SOD 活性,并极显著降低细胞内 LPO 和脂褐质的含量,故有利于延缓衰老。胶原蛋白是构成皮肤、肌腱的主要成分。在生命早期,其含量较丰富,以后随年龄增加而逐步减少,Hyp 含量的变化直接反映了

胶原蛋白的多寡。金针菇发酵液能显著增加皮肤 Hyp 的含量,表明它具有提高机体内胶原蛋白的作用。

参考文献(略)

(作者:金宗濂,唐粉芳,戴涟漪等;
原载于《中国应用生理学杂志》1991 年第 4 期)

金针菇对小鼠免疫功能和避暗反应的影响

金针菇(*Flammulina velutipes cwrt sing*),又名冬菇、朴菇,是一种著名的食用菌。它不仅味道鲜美,营养丰富,而且有很好的药用价值。本实验室曾证明金针菇具有良好的抗衰老和抗疲劳作用[1,2]。本文以BALB/C小鼠为对象,进一步探讨金针菇对小鼠某些免疫指标和学习记忆的影响。

一、材料与方法

(一)材料

本实验采用2月龄BALB/C雄性小鼠,随机分为五组。免疫指标设两组(金针菇组和对照组),避暗反应设三组(金针菇组、平菇组和对照组)。金针茹和平菇均由中国医学科学院药用植物研究所提供,剪成2cm小段,每只鼠每天给予5g,再喂以普通饲料,对照组只给普通饲料。喂养两个月,测定各项指标。

(二)方法

1. 免疫指标　巨噬细胞吞噬功能采用滴片法[3];溶血素测定采用徐学瑛法[4];迟发型过敏反应以直接测量致敏小鼠接受了同一抗原后足趾的肿胀程度,来反映特异性细胞免疫力;胸腺重量测定是取完整胸腺置于盛有生理盐水的小烧杯中,用减量法称其沥干重。

2. 避暗反应　采用MG-2型“Y”迷宫,实验前先筛选能在2分钟内从“Y”形迷宫的亮区进入暗区的小鼠,然后再将选出来的小鼠进行随机分组,按上述方法喂养两个月后测试各组小鼠的避暗反应(实验电压为25—30V)。每只小鼠一天训练10次,每次间隔1分钟,共训练4天。小鼠受到电击直接跑到亮区为正确,其余均为错误。10次中的正确反应次数为学习成绩,并用百分率表示正确反应率,以此来代表小鼠学习记忆的能力。

二、结果与讨论

(一)金针菇对小鼠免疫指标的影响

巨噬细胞能非特异性地吞噬多种抗原,具有抗感染等重要作用。B淋巴细胞受抗原(羊红细胞)刺激后,分化成浆细胞并产生抗体(溶血素),当再次接受同一抗原时,溶血素与抗原作用,在补体的参与下使羊红细胞发生溶血,以清除抗原对机体的有害作用。T淋巴细胞受抗原刺激转变为致敏T淋巴细胞,后者产生淋巴因子(IFN),IFN能促进吞噬细胞对抗原的吞噬以及扩大炎症反应。当相同抗原入侵机体(足趾)后,就能在IFN的作用下引起炎症反应,炎症反应的剧烈程度反映了机体细胞免疫力的强弱。胸腺分泌的胸腺素与T细胞的成熟及分化关系密切,成年后胸腺的重量逐渐下降,从而影响机体的细胞免疫力,致使机体对感染和肿瘤等疾病的免疫功能逐渐下降。

表1显示,金针菇对小鼠的非特异性免疫(巨噬细胞吞噬功能)、特异性细胞免疫(迟发型过敏反应)和体液免疫(溶血素含量)、对胸腺的增重都有显著的增强作用,表明金针菇能有效地增强机体的免疫功能。

Table 1 Effect of flammulina velutipes on immunization in mice(M ± SD, n = 12)

	Phagocytic ratio(%)	Phagocytic index	Hemolysin[Δ] (HC50 × 10^{-3}/L)	Plantar swelling(mm)	Thymus weight(mg)
Control	10.67 ± 5.53	0.23 ± 0.16	117.55 ± 62.98	0.07 ± 0.02	19.51 ± 9.37
Experiment	22.00 ± 6.81**	0.42 ± 0.20*	374.00 ± 86.77**	0.12 ± 0.07*	39.63 ± 12.28**

* $P<0.05$, ** $P<0.01$, compared with control;

Δ50 percent hemolysis。

(二)金针菇对小鼠避暗反应的影响

Table 2 Effect of flammulina velutipes on dark avoidance response in mice(M ± SD, n = 12)

	Right response ratio(%)			
	1d	2d	3d	4d
Control	48.3 ± 15.3	72.4 ± 14.4	75.0 ± 15.1	80.8 ± 13.8
Flammulina velutipes	55.0 ± 21.5	81.7 ± 19.0	95.8 ± 9.0*	99.2 ± 2.9**

续表

	Right response ratio(%)			
	1d	2d	3d	4d
Pleurotus	67.7±18.3	61.7±18.0	78.7±13.7	80.8±12.4

* $P<0.01$，** $P<0.01$，compared with control

鼠通常喜暗避光，但在实验中每当它们在暗处时就会受到电击，这样就逐渐学会停留在亮处（避暗反应）。本实验对小鼠进行了四天测试，在头两天，由于小鼠从未受过学习记忆训练，有些动物的正确反应是为了逃避电击而偶然进入安全区，所以头两天的正确反应率的高低不能完全代表学习记忆的能力。经过两天的强化训练，大部分鼠已学会识别灯光处为安全区，则第三天和第四天的正确反应率可代表学习记忆能力的高低。结果表明，金针菇组小鼠第三天和第四天的成绩比对照组分别提高了27.73%和22.77%，而平菇组与对照组相比无显著差异。金针菇含锌量较高，实验证明[6]，缺锌严重影响学习记忆，推测金针菇对小鼠学习记忆能力的增强作用可能与其含锌量较高有关。

综上所述，金针菇在增强机体免疫功能和提高学习记忆方面有显著的作用，是一种理想的多功能保健食品。

参考文献（略）

（作者：唐粉芳，金宗濂，赵凤玉，张文清；原载于《营养学报》1994年第4期）

榆黄蘑对小鼠血乳酸、血尿素、乳酸脱氢酶影响的实验研究

引　言

榆黄蘑(*Pleurotus cirinopieatus sing*)是担子菌纲,伞菌目,口蘑科,侧耳属的真菌,亦称金顶菇。它是我国北方林区人民最喜爱的食用菌之一,其颜色鲜黄、形态美观、味道鲜美、营养丰富,蛋白质含量高达42%,氨基酸特别是谷氨酸含量较高。榆黄蘑主要分布在东北和河北的部分林区,国内自20世纪80年代开始栽培实验,已逐渐成为我国栽培食用菌的主要菇种之一,有较高的营养价值和开发利用前景[1,2]。

本文通过测定小鼠血清LDH的活性以及运动前后小鼠血乳酸、BUN的含量,研究分析了榆黄蘑对这几项生化指标的影响,并对其抗疲劳作用进行了客观的分析、评价。

一、材料与方法

(一)材　料

1. 榆黄蘑液体培养基(由中国农业科学院植保所提供)。

2. 榆黄蘑发酵液:由上述培养基接种,摇床连续培养6d(由中国农业科学院植保所提供)。

3. 实验动物

2—3月龄雄性昆明种小鼠,随机分为实验组和对照组,每组12只。实验组以饮水方式喂饲榆黄蘑发酵液。对照组则喂榆黄蘑培养基,于喂饲25d前后分别测定各项生化指标。

(二)各项生化指标的测定方法

1. 血乳酸的测定

尾部取血,采用超微量改良法测血乳酸[3]。

首先测小鼠在安静状态下的血乳酸值。然后让小鼠在水温28℃ ±2℃,深25cm的水中游泳40min,停止游泳后20min、50min时分别测定血乳酸值。

2. 血清LDH活力的测定

于实验前及实验第26d用King法[4]。取尾血测定血清中LDH活力。

3. BUN的测定

让小鼠在水温28℃ ±2℃,深25cm的水中游泳1h,泳前及泳后1.5h各取尾部血0.50mL。用二乙酰—肟—硫氨脲法测定BUN含量[5]。以泳后1.5h BUN量减去泳前安静值作为泳后BUN增量,比较实验组和对照组的BUN增量。

二、结果与讨论

(一)榆黄蘑发酵液对血乳酸的影响

糖是人体活动所需能量的主要来源。在进行剧烈运动时,由于供氧不足,三羧酸循环不能顺利进行,这时机体主要是通过糖酵解途径来获得能量。于是糖酵解的终产物乳酸便大量堆积[6]。过多的乳酸使肌细胞内pH值降低,当肌肉pH降至6.4—6.3时,就会抑制细胞内磷酸果糖激酶(糖酵解的限速酶之一)的活性。另外,乳酸增多,使得氢离子浓度增大,从而干扰钙离子的生理作用,影响肌肉的兴奋—收缩的偶联过程,使肌肉的收缩力量下降[7]。由此可见,乳酸的堆积,影响了机体内环境的稳定和肌肉内正常的代谢过程,从而导致疲劳的产生。因此测定机体在运动中及运动后恢复期血乳酸含量的变化就成为判断机体疲劳及其恢复程度的一项重要指标。

由表1可知,喂饲榆黄蘑发酵液前(即实验前),对照组和实验组小鼠运动前和运动停止后50min血乳酸含量无差异($P>0.05$)。将各组进行自身对照,可以看出,运动停止后50min小鼠血乳酸值大大高于运动之前,说明两组小鼠都还处于疲劳状态,远没恢复。而喂饲榆黄蘑发酵液后(即实验26d),对照组和实验组小鼠运动前血乳酸含量仍无差异($P>0.05$)。但运动停止后50min两组小鼠血乳酸含量有显著性差异($P<0.05$),说明实验组小鼠疲劳的恢复较

对照组快。从数值上看,实验组小鼠在运动停止后50min时血乳酸含量已同运动前相当,表明此组小鼠在运动停止后50min疲劳已完全恢复,而对照组恢复情况却不如实验组。由表2可知,实验后对照组与实验组小鼠在运动停止后20—50min血乳酸的恢复速率有显著性差异($P<0.05$),说明榆黄蘑发酵液能使疲劳小鼠乳酸的清除速率加快,帮助小鼠较快地恢复疲劳。由于乳酸的清除速率依赖于糖异生作用或组织细胞呼吸利用乳酸的速率[8],因此这一结果提示,榆黄蘑可能具有提高糖异生作用,增强组织中细胞有氧呼吸的功能。

表1　榆黄蘑发酵液对小鼠血乳酸含量的影响

$\bar{x}\pm s$/mmol · L^{-1}

组　别		运动前	运动停止后50 min
实验前	对照组	2.32 ±0.32	2.36 ±0.22
	实验组	4.50 ±0.37	4.68 ±0.31
实验第26d	对照组	2.29 ±0.12	3.11 ±0.21
	实验组	2.32 ±0.13	2.12 ±0.36*

* $P<0.05$,与本组实验前及对照组比较。

表2　榆黄蘑发酵液对运动后小鼠血乳酸恢复速率的影响

$\bar{x}\pm s$/mmol · L^{-1}

组　别	运动停止后20—50min血乳酸的恢复速率
对照组	0.046 ±0.005
实验组	0.054 ±0.007*

* $P<0.05$,与对照组比较。

$$\text{血乳酸的恢复速率}=\frac{\text{运动停止后20 min血乳酸值}-\text{运动停止50 min血乳酸值}}{50\text{ min}-20\text{ min}}$$

(二)榆黄蘑发酵液对血清LDH活性的影响

LDH广泛存在于心肌、骨胳肌、脑、肝、肾等各种组织及红细胞中,能催化乳酸脱氢,生成丙酮酸。即能够清除乳酸在体内的蓄积,是无氧代谢途径中一个重要酶类。LDH活性在一定范围内的升高可以说明机体清除乳酸能力的增强。

表3　榆黄蘑发酵液对小鼠 LDH 活性的影响

$\bar{x} \pm s$/μmol · s^{-1} · L^{-1}

组别	实验前	实验后
对照组	4.07 ±0.27	4.20 ±0.51
实验组	4.02 ±0.29	4.69 ±0.62*

* $P<0.05$,与本组实验前及对照组比较。

(三)榆黄蘑发酵液对 BUN 的影响

血尿素氮是蛋白质代谢的一个终产物。剧烈运动时,肌肉收缩加强,肌糖原的消耗增大,能量的供应失衡,为确保能量的供给,蛋白质的分解代谢增强。有文献报道,蛋白质在运动中分解,提供能量约5%—10%,以弥补糖原供给的不足。蛋白质分解释出的支链氨基酸,通过"葡萄糖—支链氨基酸—丙氨酸循环"合成丙氨酸,丙氨酸在供能的同时,脱下的氨转变为尿素,从而使得血清尿素氮的含量升高[10,11]。机体对于运动负荷的适应性越低,蛋白质分解代谢越强,形成的尿素也越多,因而血清尿素氮是较为理想、灵敏的疲劳指标。

表4　榆黄蘑发酵液对运动1.5h后小鼠 BUN 增量的影响

$\bar{x} \pm s$/mmol · L^{-1}

组别	实验前	实验后
对照组	5.1 ±2.3	4.6 ±1.6
实验组	5.3 ±1.7	1.6 ±1.3*

* $P<0.01$,与本组实验前及对照组比较。

由表4可知,喂饲榆黄蘑发酵液25d,实验组小鼠运动后1.5h BUN 增量不仅明显低于对照组,而且也明显低于本组实验前的水平($P<0.01$)。由此说明榆黄蘑具有提高机体对运动负荷的适应能力,加速恢复疲劳的作用。

综上所述,榆黄蘑发酵液能够降低运动后小鼠血乳酸、BUN 的含量,加快血乳酸的清除速率,提高血清 LDH 活性,因此可以认为榆黄蘑发酵液不仅具有较高的营养价值,而且具有一定的抗疲劳作用。

参考文献(略)

(作者:文镜,金宗濂,陈文,周宗俊;
原载于《北京联合大学学报》1994年第1期)

冬虫夏草菌丝体改善肺免疫功能的研究

肺泡巨噬细胞(alveolar macrophage,AMφ)是参与肺部非特异性免疫的重要细胞,是肺防卫机制的第一道防线。AMφ是一种具有多种功能的免疫细胞。其吞噬功能及细胞内酶的活力高低可在一定程度上反映肺部的免疫水平。

冬虫夏草是一味名贵的滋补中药,《本草从新》中便记载其补肺益肾之功效。而人工培植的冬虫夏草菌丝体的成分、用途与天然冬虫夏草相似。现代实验研究表明[1],虫草菌丝体有提高肺巨噬细胞的吞噬能力、小鼠吞噬细胞的廓清能力、促进淋巴细胞转化、提高小鼠的血清溶血素及脾细胞免疫溶血活性,具有很强的增强机体免疫力的效果。

本文拟用肺巨噬细胞和腹腔巨噬细胞的吞噬功能及肺巨噬细胞内的酸性磷酸酶(acid phosphatase,ACPase,EC3,1,3,2)和精氨酸酶(arginase,EC3,5,3,1)活力为评价指标,对冬虫夏草菌丝体的肺部免疫功能和全身非特异性免疫功能进行研究。

一、材料和仪器

(一)冬虫夏草菌丝体

由上海中祥生物工程有限公司提供。

(二)试剂

戊巴比妥钠;RPMI1640(with L-glutamine;without sodium bicarbonate),GIBCOBRL公司;无支原体新生小牛血清(new born calf serum),Hyclone公司;Hepes,Sigma公司;LDH试剂盒,ACP试剂盒,南京建成生物工程研究所;氢溴乌氨酸;印度墨汁。

(三)实验仪器

752紫外分光光度计,上海第三分析仪器厂;隔水式电热恒温培养箱,重庆四达实验仪器厂医疗仪器厂;恒温震荡水槽,上海实验仪器总厂;MA200 电子秤;TDL－5 离心机,上海安亭科学仪器厂;生物显微镜,重庆光学仪器厂;JY92－Ⅱ型超声波细胞粉碎机,宁波新芝科器研究所。

(四)实验动物及饲养

1. 肺巨噬细胞实验采用 Wistar10 月龄雌性二级大鼠,由中国医学科学院动物中心繁育场提供。将大鼠随机分为对照组、低剂量组(1.42g/kg·bw)和高剂量组(2.83g/kg·bw),经 T 检验无显著差异。连续灌胃 28d 后进行各项指标的测定。

2. 腹腔巨噬细胞实验及碳廓清实验采用昆明种 2 月龄雌性二级小鼠,由中国医学科学院动物中心繁育场提供。将小鼠随机分为对照组、低剂量组(2.83g/kg·bw)和高剂量(5.66g/kg·bw)组,经 T 检验无显著性差异。连续灌胃 28d 后进行各项指标的测定。

二、实验方法

(一)大鼠肺巨噬细胞(AMϕ)吞噬功能的测定[2,3]

末次给药第 2d,对所有大鼠进行支气管肺泡原位灌洗(BAL),将灌洗液进行离心洗涤。后用生理盐水将细胞沉淀定容于 0.7mL,分别吸取 0.3mL 细胞悬液及 0.3mL 1% 鸡红细胞悬液在试管中混匀(做平行),然后吸取混合液滴于玻片上,铺片。37℃培养 48min,用生理盐水冲洗,甲醇固定,Giemsa－Wright－PB 染色,油镜下观察吞噬鸡红细胞的巨噬细胞数及被吞噬的鸡红细胞数,计算吞噬率及吞噬指数:

$$\text{吞噬率}=\frac{\text{吞噬鸡红细胞的巨噬细胞数}}{\text{计数的观察巨噬细胞总数}}\times 100\%$$

$$\text{吞噬指数}=\frac{\text{被吞噬的鸡红细胞总数}}{\text{计数的观察巨噬细胞总数}}\times 100\%$$

(二)大鼠肺巨噬细胞酶活性的测定

获得肺巨噬细胞灌洗液后,37℃培养 2h,将肺巨噬细胞反复冻融,制成破碎的 AMϕ 悬液。测定酸性磷酸酶(ACPase)[4]及精氨酸酶(arginase)[5,6]的酶活性。

(三)小鼠腹腔巨噬细胞吞噬鸡红细胞实验[7]

小鼠腹腔注射20%鸡红细胞悬液1.0mL,间隔30min,颈椎脱臼处死动物,剪开腹壁皮肤,腹腔注入Hank's液2.0mL。按揉腹腔,吸出腹腔洗液1.0mL,分别滴于2张载玻片上,37.0℃恒温箱中温育30min然后经1∶1丙酮甲醇溶液固定,4%(v/v)Giesma-磷酸缓冲液染色,再用蒸馏水漂洗晾干。油镜下计数巨噬细胞,每张片计数100个。以吞噬百分率和吞噬指数表示小鼠巨噬细胞的吞噬能力。

$$吞噬率=\frac{吞噬鸡红细胞的巨噬细胞数}{计数的观察巨噬细胞总数}\times 100\%$$

$$吞噬指数=\frac{被吞噬的鸡红细胞总数}{计数的观察巨噬细胞总数}\times 100\%$$

(四)碳廓清试验小鼠碳廓清实验

对每只小鼠尾静脉注射稀释4倍的印度墨汁,0.1mL/10g体重。待墨汁注入后立即记时。分别于注入墨汁后1min、10min取血0.020mL加至2.00mL碳酸钠溶液中,600nm波长处测定光密度值,以碳酸钠溶液作对照。另取肝脏和脾脏称重。以吞噬指数来表示巨噬细胞吞噬功能。

$$廓清指数\ k=\frac{\lg OD_1-\lg OD_2}{t_2-t_1}$$

OD_1:t_1 时的 OD 值;OD_2:t_2 时的 OD 值

$$吞噬指数\ \alpha=\frac{体重}{肝重+脾重}\sqrt[3]{k}$$

三、实验结果

(一)冬虫夏草菌丝体对大鼠体重的影响

由表1可见,给予大鼠不同剂量的冬虫夏草菌丝体28d后,与空白对照组比较各剂量组体重均无显著性差异($P>0.05$)。

表1　冬虫夏草菌丝体对大鼠体重的影响

组别	n	受试物剂量 g/kg·bw	灌服前体重(g) $\overline{X} \pm SD$	灌服后体重(g) $\overline{X} \pm SD$
对照组	8	0	261.78 ±26.34	261.84 ±21.46
低剂量组	8	1.42	262.50 ±20.44	272.08 ±15.92
高剂量组	8	2.83	244.30 ±35.72	261.40 ±26.28

(二)冬虫夏草菌丝体对AMφ吞噬功能的影响

由表2可见,经口给予低、高剂量冬虫夏草菌丝体28d后,与对照组比较,肺巨噬细胞吞噬率分别提高49.7%($P<0.05$)、82.0%($P<0.01$),吞噬指数分别提高了48.4%($P<0.05$)和86.1%($P<0.01$)。结果提示:冬虫夏草菌丝体具有提高肺巨噬细胞吞噬的功能。

表2　冬虫夏草菌丝体对大鼠肺巨噬细胞吞噬功能的影响

组别	n	吞噬率(%) $\overline{X} \pm SD$	吞噬指数 $\overline{X} \pm SD$
对照组	8	9.17 ±1.79	9.63 ±1.97
低剂量组	8	13.73 ±5.68*	14.29 ±5.35*
高剂量组	8	16.69 ±6.50**	17.92 ±7.25**

* 与对照组比 $P<0.05$;

* * 与对照组比 $P<0.01$。

(三)冬虫夏草菌丝体对AMφ内酶活力的影响

由表3可见,经口给予低、高剂量冬虫夏草菌丝体28d后,与对照组比较,肺巨噬细胞内酸性磷酸酶(aCPase)活性分别提高80.8%($P<0.05$),96.6%($P<0.05$),精氨酸酶(arginase)活性分别提高了94.0%($P<0.05$)和44.8%($P<0.05$)。结果提示:冬虫夏草菌丝体能够提高肺巨噬细胞内ACPase及arginase活性。

表3　冬虫夏草菌丝体对大鼠 AMφ 内酶活力的影响

组别	n	ACPase★(金氏单位)	Arginase※(活力单位)
		$\overline{X}$ ± SD	$\overline{X}$ ± SD
对照组	8	2.34 ±1.64	7.45 ±2.58
低剂量组	8	4.23 ±1.46*	14.45 ±6.67*
高剂量组	8	4.60 ±1.44*	10.79 ±3.47*

* 与对照组比 $P < 0.05$；

★:100mL AMφ 细胞破碎液在37℃与基质作用30min产生1mg酚为一个金氏单位。

※1000mL AMφ 细胞破碎液在37℃、pH9.5条件下 Arg 作用30min产生1mg鸟氨酸一个活力单位(u)。

(四)冬虫夏草菌丝体对小鼠体重、胸腺/体重、脾/体重的影响

由表4可见,给予小鼠不同剂量的冬虫夏草菌丝体28d后,与空白对照组比较各剂量组体重均无显著性差异($P > 0.05$)。

由表5可见,灌胃冬虫夏草菌丝体28d后对小鼠体重、胸腺/体重、脾脏/体重均无影响。

表4　冬虫夏草菌丝体对小鼠体重的影响

组别	n	受试物剂量	灌服前体重(g)	灌服后体重(g)
		g/kg · bw	$\overline{X}$ ± SD	$\overline{X}$ ± SD
对照组	10	0	21.96 ±1.30	33.13 ±2.74
低剂量组	10	2.83	22.42 ±1.29	31.89 ±2.09
高剂量组	10	5.66	22.35 ±1.15	32.16 ±2.69

表5　冬虫夏草菌丝体对小鼠免疫器官重量的影响

组别	n	胸腺/体重(mg/g)	脾/体重(mg/g)
		$\overline{X}$ ± SD	$\overline{X}$ ± SD
对照组	10	2.55 ±2.55	3.67 ±0.60
低剂量组	10	2.59 ±0.94	4.20 ±0.91
高剂量组	10	2.24 ±0.41	3.46 ±0.69

(五)冬虫夏草菌丝体对小鼠腹腔巨噬细胞吞噬能力的影响

由表6可见,经口给予低、高剂量冬虫夏草菌丝体28d后,与对照组比较,腹腔巨噬细胞吞噬率分别提高21.9%($P < 0.05$)和52.4%($P < 0.001$),吞噬

指数分别提高 29.6%（$P<0.001$）和 60.1%（$P<0.001$）。结果提示：冬虫夏草菌丝体能提高腹腔巨噬细胞的吞噬功能。

表 6　冬虫夏草菌丝体对小鼠腹腔巨噬细胞吞噬功能的影响

组别	n	吞噬率（%） $\bar{X}\pm SD$	吞噬指数 $\bar{X}\pm SD$
对照组	10	24.63 ±4.18	31.13 ±5.38
低剂量组	10	30.03 ±4.56*	40.35 ±3.91***
高剂量组	10	37.53 ±3.50***	49.83 ±4.13***

* 与对照组比 $P<0.05$；

* * * 与对照组比 $P<0.001$。

（六）冬虫夏草菌丝体对碳廓清实验的影响

由表 7 可见，经口给予低、高剂量冬虫夏草菌丝体 28d 后，与对照组比较，小鼠廓清指数分别提高 10.6%（$P<0.05$）、15.5%（$P<0.05$），吞噬指数分别提高 8.2% 和 10.5%（$P<0.01$）。结果提示：冬虫夏草菌丝体具有提高小鼠的廓清能力。

表 7　冬虫夏草菌丝体对小鼠碳廓清能力的影响

组别	n	吞噬率（%） $\bar{X}\pm SD$	吞噬指数 $\bar{X}\pm SD$
对照组	10	4.89 ±0.43	30.41 ±2.25
低剂量组	10	5.41 ±0.42*	32.91 ±3.40
高剂量组	10	5.65 ±0.80*	33.58 ±2.52**

* 与对照组比 $P<0.05$

* * 与对照组比 $P<0.01$

四、讨　论

我国传统医学中有许多药食兼用的中草药被认为具有润肺的功能，如秋梨膏、冬虫夏草、甘草等已有很长的应用历史，其润肺功能亦被广泛认可。目前市场上也急需具有润肺功能的保健食品，但润肺功能还没有统一的部颁标准。

在人体的呼吸免疫系统中，肺泡巨噬细胞（alveolar macrophage，AMφ）是参与肺内非特异性免疫的重要细胞。AMφ 是经管壁溢出的游离单核细胞定植于肺泡腔内所形成。在生理状况下，它主要承担免疫监视、抗原呈递及吞噬入侵的病原微生物和灰尘等作用。而肺巨噬细胞吞噬异物，主要是通过细胞内的溶酶体系统将异物溶解。ACPase、arginase 存在于巨噬细胞溶酶体内，参与巨噬细胞的多种溶酶体的消化功能。有文献报道，ACPase 被认为是溶酶体的标志酶[7]，而 arginase 活性升高被认为是巨噬细胞被激活的标志[8-10]。当外界的病原微生物或异物入侵体内，肺吞噬细胞能游走达到异物的周围并识别异物，当巨噬细胞吞噬异物后经胞内的溶酶体系统将其分解清除，从而达到杀菌和清除异物的目的。由此可见，肺巨噬细胞的吞噬功能及细胞内酶的活力高低可在一定程度上反映肺部的免疫水平。

经大量的研究证明，冬虫夏草菌丝体与天然的冬虫夏草成分极其相似，并且有相似的药理作用与临床效果，甚至在某些方面优于天然冬虫夏草[2]。故临床上多用于肺虚咳嗽及肺肾两虚、久咳不愈之症。

测定灌服冬虫夏草菌丝体后的大鼠肺巨噬细胞内酶活性，结果表明，与空白对照组相比，低剂量组（1.42g/kg・bw）、高剂量组（2.83g/kg・bw）酸性磷酸酶（ACP）活性分别提高 80.8%（$P<0.05$）、96.6%（$P<0.05$），精氨酸酶（ARG）活性分别提高了 94.0%（$P<0.05$）和 44.8%（$P<0.05$）。

上述结果提示，冬虫夏草菌丝体能够显著改善肺部免疫功能。

本研究还表明，冬虫夏草菌丝体对腹腔巨噬细胞的吞噬功能及碳廓清指数有较好的增强作用。而腹腔巨噬细胞的吞噬功能和碳廓清实验是全身非特异性免疫的重要指标。因此，结果提示冬虫夏草菌丝体具有提高小鼠全身非特异性免疫的功能。

参考文献（略）

（作者：魏涛，唐粉芳，郭豫，金宗濂等；原载于《食品科学》2002 年第 8 期）

γ-氨基丁酸(GABA)是红曲中的主要降压功能成分吗

红曲的降压作用近年来逐渐被人们所认识,但其中的降压功能因子至今尚无定论。由于γ-氨基丁酸(4-氨基丁酸,γ-aminobutyric acid,GABA,4-AB)是一种抑制性神经递质,多年来有许多文献证实具有一定的降压作用。

本实验的目的是为查明GABA是否为红曲中主要的降压成分。

一、材料与方法

(一)材料与仪器

红曲 ××生物技术有限公司提供;邻苯二甲醛(OPA) 美国Sigma公司,纯度>97%;γ-氨基丁酸(GABA) 美国Sigma公司,纯度>99%;甲醇 色谱纯,天津市四友生物医学技术有限公司;磷酸钠、无水亚硫酸钠、十水合四硼酸钠、硼酸 分析纯,北京益利精细化学品有限公司;EDTA 华美生物工程公司;磷酸、无水乙醇 分析纯,北京化工厂;青霉素80×10000U,石家庄市第二制药厂,冀卫药准字(1995)第010529号,批号:971104;寿比山吲哒帕胺片 批号010938,天津力生制药股份有限公司;卡托普利 批号0111002,北京曙光药业有限责任公司;戊巴比妥纳 化学纯,广州南方化玻公司。

高效液相色谱仪 美国BECKMAN公司HPLC-GOLDSYSTEM;RBP-1B型大鼠尾压心率测定仪 北京中日友好临床医学研究所;PALL超纯水系统。

(二)HPLC法测定红曲中GABA含量

1.色谱条件 色谱柱:Diamonsil™ C18(4.6mm×250mm,5μm);流速:1.0mL/min;进样量:20μL;流动相:0.1mol/L磷酸钠,内含0.5mmol/L EDTA及体积分数为20%甲醇,pH4.2,用0.45μm孔径滤膜(上海兴亚净化材料厂提供)过滤并脱气15min后备用;柱温:室温;电化学检测器:玻璃碳工作电极,Ag/

AgCl 参比电极，电极电压 +0.85V，灵敏度置 20nA。

2.衍生液的配制　称取 11mgOPA，依次加 0.25mL 无水乙醇、4.5mL 硼酸缓冲液（0.1mol/l，pH10.4）及 0.25mL 亚硫酸钠溶液（1mmol/l），摇匀后避光 4℃冷藏备用，老化 24h 以上。

3.标准溶液及样品配制

（1）标准溶液配制　准确称取 γ－氨基丁酸标准品 2mg 于 50mL 容量瓶中，浓度为 40μg/mL，摇匀备用。

（2）样品制备　准确称取 5g 红曲样品于 50mL 容量瓶中，摇匀，室温下超声 15min。3500r/min 离心 10min，取上清液，经 0.22μm 膜（混合纤维树脂微孔滤膜，上海兴亚净化材料厂提供）过滤备用。

4.衍生化反应　吸取 γ－氨基丁酸标准液或样品液 1mL 置于聚乙烯管中，加入 OPA 衍生试剂 20μL，混匀，45℃反应 10min 后进样 20μL 测定。

（三）GABA 对肾源性高血压模型大鼠的降压作用

1.实验动物　健康 2 月龄雄性 Wister 大鼠（二级），由中国医学科学院实验动物中心提供。

2.肾血管性高血压大鼠模型的建立　以 1%戊巴比妥纳腹腔注射 50mg/kg 麻醉。暴露左肾脏，将其推出腹腔后用生理盐水纱布包裹防止干燥。用玻璃分针分离肾动脉，在近主动脉侧套上内径为 0.2mm 的 U 形银夹。使左肾归位，缝合腹直肌、皮肤，用碘酒消毒皮肤切口。

3.动物分组　肾源性高血压模型大鼠模型（RHR），按体重与血压随机分为阳性对照组、阴性对照组、γ－氨基丁酸组，每组 8 只，见表 1。

表 1　RHR 大鼠的分组及其受试物剂量

组别	n	灌胃物	灌胃剂量
阴性对照组	8	白水	4mg/kg · bw
阳性对照组	8	卡托普利寿比山	0.0833mg/kg · bw
GABA 高剂量组	8	GABA	125μg/kg · bw
GABA 低剂量组	8	GABA	4.2μg/kg · bw

4. GABA 剂量选择　低剂量 = 红曲剂量(0.8333/kg・bw) × 红曲样品中 GABA 含量

高剂量 = 低剂量 × 30 倍

(四)统计学分析方法

各组动物每周测得的血压(mmHg)、体重(g)以($\overline{X}$ ± SD)表示,体重以每剂量组每周当次体重值与对照组相比较,以 $P<0.05$ 为有显著性差异。各组的每周当次血压值与其基础值相减得到差值,各实验组的差值与阴性对照组的差值相比较,以 $P<0.05$ 为有显著性差异。

二、结果与讨论

(一)HPLC 法测定红曲中 GABA 含量

1. 标准品和样品的分离　在上述色谱条件下,经提取的样品液在色谱柱上得到充分洗脱和较好的分离(图 1),GABA 在柱上的保留时间是 37.05min。

2. 标准曲线　称取 γ-氨基丁酸标准品 2mg 定容至 50mL(40μg/mL),吸取标准溶液 0.01mL、0.05mL、0.1mL、0.5mL 定容到 10mL,混合均匀,20μL 进样测定。以浓度作为横坐标,峰面积作为纵坐标,绘制标准曲线。结果表明,在 γ-氨基丁酸 0.04-2μg/mL 内线性关系良好,回归方程为 $y = 696.01x - 10.659$,$r = 0.9997$。

3. 样品含量测定　分别吸取标准溶液及样品溶液衍生后,进样 20μL 测定,外标法重复测定 5 次,GABA 平均含量为 6.33 ± 0.30μg/g。

(二)GABA 降压效果

1. GABA 对肾血管性高血压大鼠体重的影响　如表 2 所示,各剂量组体重在灌胃前后无显著性差异,即实验期间大鼠生长状况良好。

2. GABA 对 RHR 大鼠血压的影响　从表 3 可见,在灌胃前,各实验组的血压值相比无显著性差异($P>0.05$)。低剂量 GABA 组灌胃后第一至第四周的血压差值(当次与零周血压值相减)与阴性对照组血压差值(当次与零周血压值相减)相比无显著差异($P>0.05$)。高剂量 GABA 组在灌胃第一周血压差值与阴性对照组的血压差值相比无显著性差异;第二周、第三周与阴性对照组的血压差值相比均有显著性差异（$P<0.05$）；第四周出现极显著性差异（$P<0.01$），表明高剂量GABA对RHR大鼠血压有显著性降低作用。

表2　GABA对肾血管性高血压大鼠体重的影响（$\overline{X}\pm SD$）（g）

	n	灌胃剂量	灌胃前	第一周	第二周	第三周	第四周
高剂量组	8	125μg/kg·bw（GABA）	390.9±13.2	392.2±11.4	395.1±11.8	394.5±14.2	395.0±11.9
低剂量组	8	4.2μg/kg·bw（GABA）	390.2±13.7	391.6±13.0	386.5±13.6	390.1±13.1	387.8±16.2
阳性对照组	8	4mg/kg·bw（卡托普利）	389.6±16.9	383.1±14.4	380.9±14.3	376.8±11.2	375.0±11.9
阴性对照组	8	0.0833mg/kg·bw（寿比山）	392.1±14.0	388.4±13.3	390.8±14.1	390.1±13.3	391.7±15.1

表3　GABA对RHR大鼠血压的影响（$\overline{X}\pm SD$）（mmHg）

组别	n	灌胃剂量	零周	一周	二周	三周	四周
阴性对照组	8	4mg/kg·bw	180±14.99	177±13.72	178.55±16.52	178±13.25	179±14.47
阳性对照组	8	0.0833mg/kg·bw	180±21.02	174±18.45	167±21.48**	154±21.04***	152±22.99***
低剂量组	8	4.2μg/kg·bw	167±14.73	165±16.78	164.25±16.81	163.75±15.88	164±17.04
高剂量组	8	125μg/kg·bw	166±14.44	151±17.57	150.5±15.11*	150.75±15.44*	146±13.21**

注：*：血压差值与阴性对照组血压差值相比有显著性差异（$P<0.05$）；

**：血压差值与阴性对照组血压差值相比有极显著性差异（$P<0.01$）；

***：血压差值与阴性对照组血压差值相比有极极显著性差异（$P<0.001$）。

3. γ－氨基丁酸高剂量组降压的时间曲线　实验还进一步观察其在灌胃后7h内降压状况。以每小时测定结果与当天灌胃前初始血压差值作图，如图2。图2显示高剂量γ－氨基丁酸在灌胃后的第1h、第2h的血压并无明显变化；灌胃后的第3h血压开始明显降低；持续降低到第4h；自第5h血压开始回升；至第7h血压回升到灌胃之前的血压值。

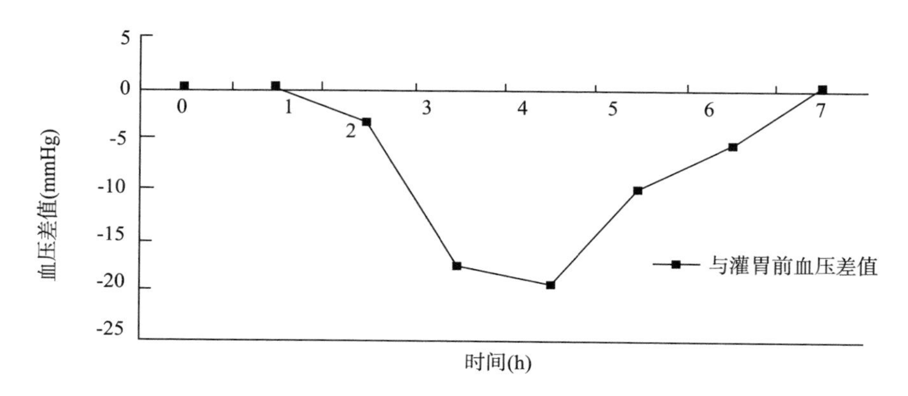

图1　高剂量γ-氨基丁酸降压时间曲线

三、结　论

本实验采用了本实验室以往经过多次实验证实的红曲降压有效剂量(动物0.0833g/kg·bw,折合人体剂量为(10g/d·人)中的GABA量灌胃RHR大鼠,却不能获得降压效果(见表3),必须高于30倍的红曲量才能有效,而以此剂量必须每人每日服用300g红曲才能达到。即使使用这一降压剂量,其降压持续时间短,5h后血压开始回升(见图1),与红曲降压曲线也不相符合。我们曾观察到,停喂红曲后,大致要经过4—5d,动物血压才会回升到初始水平。而国外学者的研究实验证明,停喂红曲7d后,RHR大鼠血压仍维持在低水平。因此可以认为,GABA不是红曲中的降压主要成分,它可能只参与服用最初几小时内的降压作用,之后的降压作用为其他物质的功效。

参考文献(略)

(作者:常平,李婷,李荣,金宗濂;原载于《食品工业科技》2004年第5期)

红曲降血压的血管机制:抑制平滑肌钙通道并激发其一氧化氮释放

人体[1]和多种动物模型[2-5]的研究结果表明,红曲(monascus)有良好的降压功能。韩国学者 Rhyu 等[6]的研究提示红曲通过刺激血管内皮细胞产生 NO,使血管舒张而引起降压。也有研究[7,8]显示,一些具有降压功能的生物活性物质,多数是通过内皮细胞和血管平滑肌释放 NO 和前列腺环素(PGI)及阻断钙通道,促使血管舒张而实现降压。本研究探讨红曲降压的血管机制。

一、材料与方法

(一)动物与药品

雄性 Wistar 大鼠由北京大学医学部实验动物中心提供。乙酰胆碱(acetylcholine chloride,Ach)、去甲肾上腺素(norepinephrine,NE)、乙酰脱氧皮质酮(deoxycorticosterone acetate,DOCA)、左旋硝基精氨酸(N^G - nitro - L - arginine,L - NNA)、吲哚美辛(indomethacin,Indo)均为 Sigma 公司产品。红曲由北京东方红航天生物技术公司提供。

(二)红曲降压成分的提取

参考 Kohama 等[5]的方法,进行红曲降压成分的初步提取。100g 红曲于 4 倍体积乙醇 80℃搅拌提取 1h,重复 3 次,旋转蒸发;环己烷洗脱 5 次;冷冻干燥,溶于生理盐水,浓度 1g/mL(为提取物浓度,折合红曲约 9.1g/mL)用于血管环实验。

(三)血管环制备及张力的记录

健康雄性 Wistar 大鼠,体重 250—350g,1% 戊巴比妥钠(50mg/kg · bw,ip)麻醉后,迅速打开胸腔取出胸主动脉,修成 2—3mm 血管环。将血管环悬挂于自动组织浴槽(LE 13206,西班牙)平行支架上,置于 Krebs' 液 37℃恒温浴槽内,并持续通以95% O_2 +5% CO_2 混合气体。标本负荷2g。血管环的舒缩活动通过等长张力换能器,连接至多道生理记录仪(PowerLab 400 和四桥式放大器,澳大利亚)显示并记录。

内皮完整的判断标准是:NE 3.0×10^{-7}mol/L 刺激血管环预收缩,加入 Ach(1.0×10^{-3}mol/L)可使血管舒张达80%以上。用眼科镊前端轻轻摩擦血管环内壁,Ach 的舒张作用消失,则认为内皮被去除[9]。实验中,加入 NE 3.0×10^{-7} mol/L 刺激血管环预收缩,张力稳定后加入5.0mg/mL 红曲(为提取物浓度,折合红曲约45.5mg/mL。下同),或在此前加入 L-NNA(1×10^{-4}mol/L)或 Indo(1×10^{-6}mol/L)孵育15min 后,再依次加入 NE 和红曲5.0mg/mL,观察血管张力的变化。

(四)$CaCl_2$、KCl 和 NE 量效曲线制作

1. $CaCl_2$ 量效曲线制作:已平衡的血管环用无 Ca_{2+} Krebs 液换洗平衡30min,换入无 Ca^{2+} 高 K^+ Krebs 液(K^+ 浓度为40mmol/L)使血管去极化,20min 后累积加入 $CaCl_2$,使其浓度依次分别为 1×10^{-4}mol/L、3×10^{-4}mol/L、1×10-3mol/L、3×10^{-3}mol/L、5×10^{-3}mol/L 和 1×10^{-2}mol/L,测得 $CaCl_2$ 收缩血管的量效曲线(最大反应为100%)。然后用无 Ca^{2+} Krebs 液反复冲洗,换入无 Ca^{2+} 高 K^+ Krebs 液,20min 后分别加入红曲(5mg/mL)或等体积生理盐水,给药20min 后再测定 $CaCl_2$ 收缩血管的量效曲线(n=8。n 为血管环数,下同)。

2. KCl 量效曲线制作:用累积浓度法依次加入 KCl,使其浓度依次分别为 1×10^{-2}mol/L、2×10^{-2}mol/L、3×10^{-2}mol/L、4×10^{-2}mol/L、8×10^{-2}mol/L,得到 KCl 收缩血管环的量效曲线(最大反应为100%)。然后用 Krebs 液反复冲洗血管环,分别加入红曲5mg/mL 或等体积生理盐水,20min 后测定给药后的 KCl 收缩血管的量效曲线(n=6)。

3. NE 量效曲线制作:方法同2。将 KCl 换成 NE,使其浓度依次分别为 3×10^{-11}mol/L、3×10^{-10}mol/L、3×10^{-9}mol/L、3×10^{-8}mol/L、3×10^{-7}mol/L、3×10^{-6}mol/L、3×10^{-5}mol/L 递增,分别测得加入红曲或等体积生理盐水前后的 NE 收缩血管的量效曲线。

4. NE 引起的依赖于细胞内钙与细胞外钙收缩反应的记录:已平衡的血管环用无 Ca^{2+} Krebs 液换洗平衡30min,加 3×10^{-7}mol/L NE,血管环出现快速而较弱的收缩反应(依赖细胞内钙的收缩),待收缩稳定后再加入 $CaCl_2$ 使其终浓度为1.5mmol/L,血管环出现缓慢而强烈的进一步收缩(依赖细胞外钙的收缩)[10]。然后用无 Ca^{2+} Krebs 液反复冲洗,血管张力恢复正常后,分别加入红曲 5.0mg/mL 或等量生理盐水,20min 后重复。

(五)实验数据处理

所有数据均以$\bar{x}\pm s$表示,用 SPSS11.0 分析软件,采用单因素方差、t 检验和配对 t 检验进行分析,以 $P\leqslant 0.05$ 为有显著性差异。

二、结　果

(一)红曲对血管环的舒张作用(图 1)

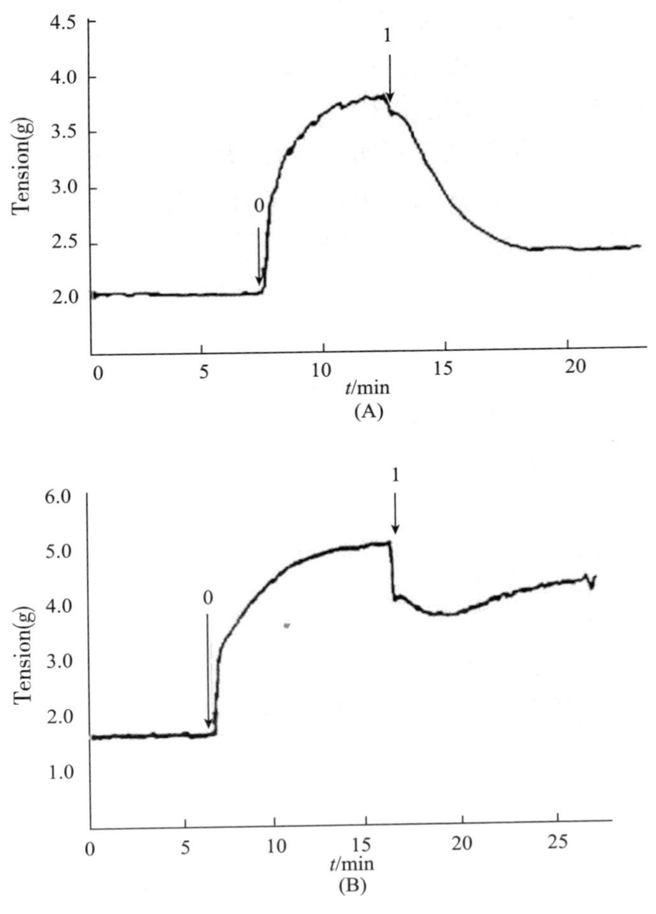

0:NE 1×10^{-7}mol\L;1:monascus 5mg/ml A and B are two different forms of relaxation

Fig. 1　Effect of monascus on NE-induced contraction in rat aortic rings

静息张力的血管环($n=6$)加入红曲5mg/mL,血管张力仍为2.0g左右,表明红曲对静息状态的血管张力没有影响。而NE使血管环($n=20$)预收缩并达稳定后,加入红曲(5mg/mL)血管张力迅速下降,舒张百分比为(70.84 ± 14.74)%,5—10min后降至最低点,之后张力多稳定不变(图1A),但也有少数($n=4$)缓慢回升(图1B)。舒张百分比的计算公式为:

$$舒张反应强度(收缩最大张力-舒张最小张力)/收缩幅度(收缩最大张力-静息张力)\times 100$$

(二)内皮在红曲舒张血管效应中的作用

内皮完整组和去除内皮组血管环,NE致血管收缩后,红曲5mg/mL均能使其明显舒张,且舒张百分比无差异($P>0.05$,表1)。加入Indo(抑制环氧合酶)后,红曲所致的血管舒张较前没有明显变化($P>0.05$,图2A)。而加入L-NNA(抑制NO合酶)后,红曲所引起的血管舒张较前减弱(如图2B),与加药前相比差异显著($P<0.01$)。表明在离体血管环红曲刺激平滑肌细胞产生NO而介导部分血管舒张,与环氧合酶通路无关系。

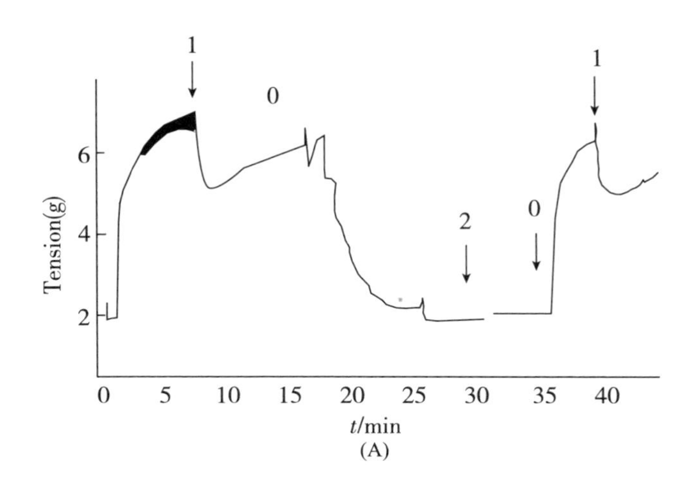

(A)

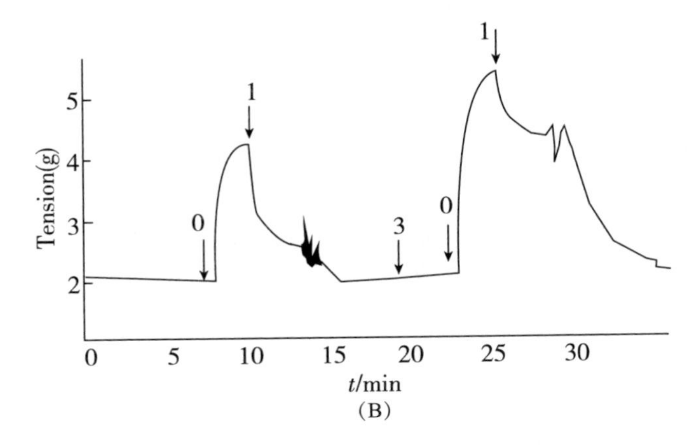

(B)

0:NE 1×10^{-7}mol\L;1:monascus 5mg/ml;2:Indo 1×10^{-6}mol/L,3:L-NNA 1×10^{-4}mol/L;0-3 means to add the medicine to Kreb's solution baths.

Fig 2. Comparison of vasorelaxation to monascus and its blockade by L-NNA(A) or Indo(B) in rat aortic rings

Table 1 Comparison of relaxation percentage between with-and without-endothelium of rat aortic rings

Group	n	Reiaxation percentage(%)	
		Monascus(5mg/mL)	L-NNA + Monascus(5mg/mL)
Endothelium(+)	8	69.67 ± 12.50	-
Endothelium(-)	8	71.28 ± 15.44	-
Endothelium(±)	16	70.83 ± 14.74	46.78 ± 19.9[a]

a:$P<0.05$,compared between addition of L-NNA before and after.

(三)红曲舒张血管效应中对 Ca^{2+} 通道的抑制作用

加入红曲 5mg/mL 后,$CaCl_2$ 收缩血管的量效曲线明显下移(图 3),较生理盐水对照组有显著性差异($P<0.01$),证明红曲可抑制血管平滑肌细胞的钙离子通道。同样,红曲也使 KCl(图 4)和 NE(图 5)收缩血管的量效曲线明显右移/下移,较生理盐水对照组均有显著性差异($P<0.01$),证明红曲既可抑制电位调控性钙通道(VOC),也可以抑制受体调控性钙通道(ROC)。

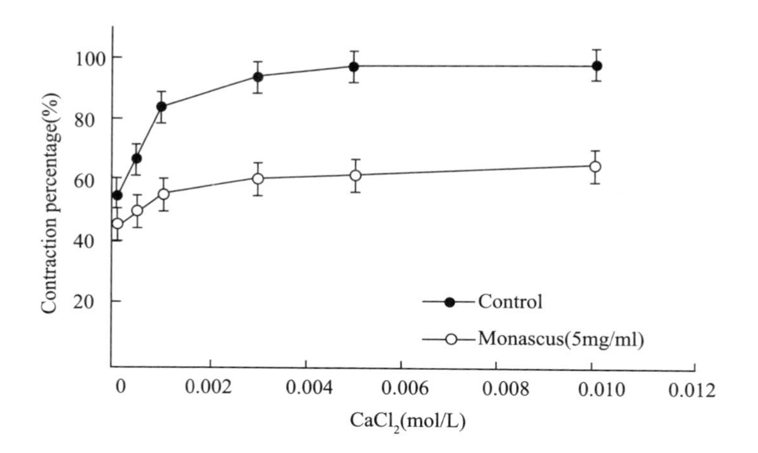

Fig 3. Comparison of relaxation percentage between monascus and control on cumulative concentration-response curves of $CaCl_2$ in rat aortic rings

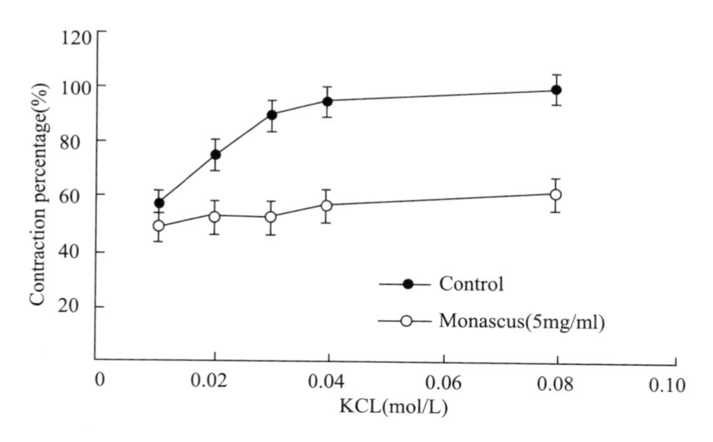

Fig 4. Comparison of contraction percentage between monascus and control on cumulative concentration-response curves of KCI in rat aortic rings

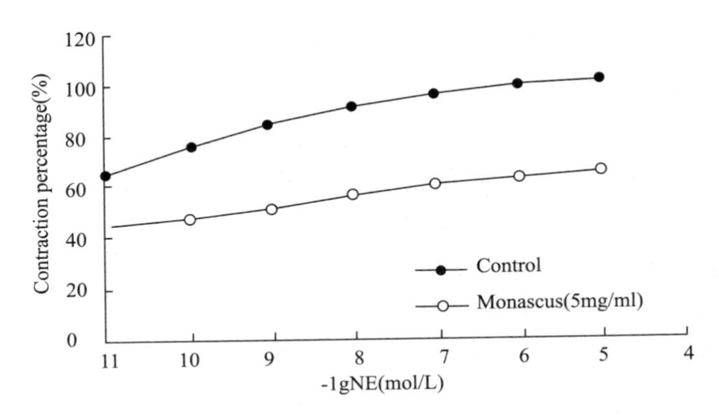

Fig5. Comparison of contraction percentage between monascus and control on cumulative concentration-response curves of NE in rat aortic rings

表2也表明，红曲对NE引起的依赖于细胞内钙的收缩无明显作用（$P>0.05$），而对依赖于细胞外钙的收缩则有显著抑制作用（$P<0.001$）。

Table 2　Effect of monascus on NE-induced contraction depending on intracellular and extracellular calcium in rat aortic rings

Group	Before	After
Intracellular Ca^{2+} Control	2.41 ±0.19	2.36 ±0.23
Monascus 5mg/mL	2.39 ±0.24	2.34 ±0.10
Extracellular C_a^{2+} Control	4.53 ±0.38	4.10 ±0.25
Monascus 5mg/mL	4.42 ±0.41	3.40 ±0.32*

*：$P<0.01$，compared with control.

三、讨　论

一般认为，植物提取物舒张外周血管主要是两种机制：一是通过激发内皮细胞产生NO或者PGI致使血管舒张，二是直接作用于血管平滑肌，使其产生NO或直接抑制细胞膜的钙通道，导致血管平滑肌舒张。本实验结果表明，红曲提取物对NE预收缩的离体动脉环有舒张作用，对静息张力的血管环则没有作用；加入Indo（环氧合酶抑制剂，可抑制PGI的生成）后并不能抑制红曲的舒张血管作用,表明红曲不能诱发内皮细胞产生 PGI,这与 Rhyu 等[6]的报道一致。在内皮完整和去除内皮两组动脉环的结果显示,红曲的舒张程度没有差异($P>0.05$),提示红曲是作用于血管平滑肌细胞而不是内皮细胞。加入 L-NNA(NO 合酶抑制剂,可抑制 NO 的生成)后血管舒张程度明显下降,但没有完全抑制,表明红曲可刺激平滑肌释放舒张因子 NO 而引起血管舒张。这一结果与 Rhyu 等[6]报道不同,其原因有待进一步研究。

红曲能使 $CaCl_2$ 量效曲线明显下移,说明红曲可能通过某种途径阻滞钙离子通道从而抑制钙内流。NE 可使细胞膜上的受体调控性钙通道(ROC)开放,从而促使细胞膜上紧密结合的 Ca^{2+} 内流;同时还能使细胞内储存的 Ca^{2+} 释放。而高 K^+ 可使细胞膜上的电位调控性钙通道(VOC)开放,从而促使细胞外液或与细胞膜疏松结合的 Ca^{2+} 内流[11]。红曲能使 KCl 和 NE 收缩血管环的量效曲线均右移,表明红曲对 VOC 和 ROC 通道均有阻滞作用,从而抑制 KCl 和 NE 引起的血管环收缩。在无 Ca^{2+} 生理液中,NE 引起血管收缩是细胞内钙释放的结果;之后加入 $CaCl_2$ 则引起较强烈的收缩,是 ROC 开放使得细胞膜紧密结合的外钙内流的结果[10]。本研究中对 NE 诱发的不同 Ca^{2+} 成分所致血管收缩结果显示,红曲主要是对细胞外钙内流的抑制,而对细胞内钙的释放则没有影响。这些结果表明红曲可抑制细胞膜上 ROC 和 VOC 通道而抑制细胞外钙内流,从而引起血管环舒张。

参考文献(略)

(作者:郭俊霞,郑建全,雷萍,金宗濂等;原载于《营养学报》2006 年第 3 期)

红曲对自发性高血压大鼠降压机理研究

高血压是当今社会的常见病,特别是在中老年人群,严重威胁人类的生命和健康。治疗高血压的药物很多,但都存有一定的毒副作用。红曲是以大米为原料,经红曲霉发酵而制成的米曲,它可以药食两用,在我国已有一千多年的应用历史。有文献报道,红曲有降压作用,但其降压的机理尚未见报道,本实验特对红曲的降压机理进行深入研究。

一、材料与方法

(一)实验动物

选用18周龄的自发性高血压大鼠,分为五组,每组10只。红曲低剂量组:灌胃红曲为0.25g/bw/d;红曲中剂量组:灌胃红曲为0.42g/bw/d;红曲高剂量组:灌胃红曲为0.84g/bw/d;阳性对照组:灌胃降压药组卡托普利10mg/bw/d,寿比山0.21mg/bw/d;阴性对照组:灌胃白开水。

(二)实验方法

1. 大鼠收缩压的测定[1]　用尾动脉测压法测大鼠动脉SBP,RBP-1型大鼠血压计购自中日友好医院临床医学研究所。

2. 血浆制备方法　在试管中预先加入抑肽酶40μL,10% EDTA-2Na80μL,股动脉取血3mL,将离心管置于冰水浴中;在4℃,3000r/min离心10min,取上清即为血浆,放-70℃保存。

3. 肺匀浆液的制备　将组织称重切碎,以10%(W/V)加入20mmol/L Tris-HCl,pH8.3,将组织在冰上进行匀浆,匀浆液在20000×g,4℃离心30min,弃上清液。将沉淀称重,以20%(W/V)倍体积加入匀浆缓冲液(20mmol/L Tris-HCl,pH8.3,5mmol/L醋酸镁,30mmol/L KCl,250mmol/L蔗糖和0.5% NP-40),在冰上再一次匀浆。将匀浆液在10000×g,4℃离心30min,上清在-70℃

保存,用于检测 ACE 活性和总蛋白的测定[2]。

4. 胸主动脉匀浆　股动脉放血后取出胸主动脉,并用生理盐水反复冲洗,除去残留的血液,切成小块,然后在 -70℃ 超低温冰箱保存,匀浆时,称重后研碎,以 1 :10 的比例(即 100mg/mL)加入生理盐水,在冰浴条件下匀浆。匀浆结束后,在 4℃ ,5000r/min 离心 15min,取上清的匀浆液, -70℃保存。

5. 测定方法

(1)肺组织中 ACE 活性测定[3,4]　马尿酰甘胺酰甘氨酸是 ACE 在体外的专一性底物,通过高效液相色谱的方法检测底物与匀浆液中的 ACE 反应生成的马尿酸的量,间接地推断出组织中 ACE 的活性。50μL 的匀浆液与 250μL 的底物反应(三肽溶解在 pH8. 3 的磷酸缓冲液中,含有 0. 3mol/L NaCl)。将 37℃ 水浴 30min,再加入 750μL3% 的偏磷酸终止反应。用 HPLC 检测生成的马尿酸的量,流动相为 0. 01mol/L 磷酸二氢钾和甲醇(1: 1),pH3. 0,流速 1mL/min,色谱柱 C_{18}闪电柱。

(2)胸主动脉中 NOS 的测定　按照试剂盒的说明操作,试剂盒购自南京建成生物工程研究所。

(3)血浆中内皮素和降钙素基因相关肽的测定　按照试剂盒的说明操作,试剂盒购自北京东亚免疫技术研究所。

6. 统计方法采用

SPSS11. 0 统计软件进行分析。体重、血压比较采用单因素方差分析中的 q 检验,即用灌胃后红曲组和阳性对照组血压值与阴性对照组血压值进行比较;ET 与 CGRP 组间比较及肺 ACE 和主动脉 NOS 组间比较亦采用单因素方差分析中的 q 检验。所有数据以 $P<0.05$ 和 $P<0.01$ 为差异有统计学意义。

二、实验结果

由图 1 可见,红曲能够明显地降低 SHR 大鼠的血压,灌胃四周后,与阴性对照组相比,红曲低、中、高剂量组均具有显著性差异,其中红曲低剂量组血压降低 1600Pa,降幅为 5. 63% ($P<0.05$);中剂量组降低 2400Pa,降幅为 8. 5% ($P<0.05$);高剂量组降低 4800Pa,降幅为 17% ($P<0.05$);阳性组降低 5866Pa,降幅为 20. 7% ($P<0.05$)。阳性对照组和高剂量组与血压基础值相比也存在差异,差异也具有统计学意义($P<0.05$)。

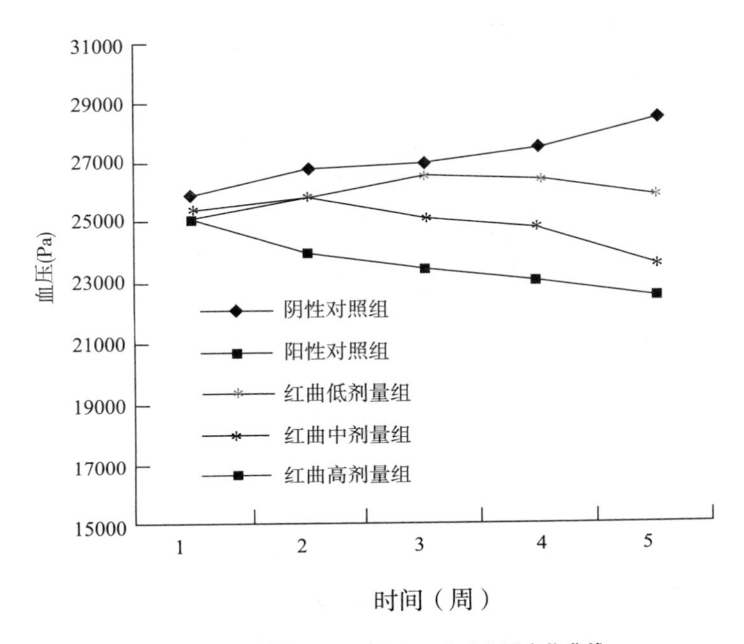

图 1　自发性高血压大鼠灌胃红曲后血压变化曲线

由表 1 可见，与阴性对照组相比，红曲能够明显地降低肺组织中血管紧张素转换酶的活性，平均抑制率为 17.7%，并且差异具有极其显著性（$P<0.01$）；红曲可以提高胸主动脉中一氧化氮合酶的活性，平均提高率为 42.7%，并且差异都具有极其显著性（$P<0.01$）；红曲可以降低血浆中内皮素的含量，平均降低率为 21.2%，并且差异都具有极其显著性（$P<0.01$）；红曲可以增加血浆中降钙素基因相关肽的含量，平均增加了 23.4%，并且差异都具有显著性（$P<0.05$）。

表 1　红曲对自发性高血压大鼠四种生化指标的测定结果

组别	数量（只）	肺组织 ACE nmol/L/mL/min(U)	总 NOS 活力(U/mL)	血浆 ET (pg/mL)	血浆 CGRP(pg/mL)
阴性对照组	10	301.39 ± 30.53	4.514 ± 0.661	131.28 ± 13.30	18.16 ± 3.18
阳性对照组	10	224.64 ± 20.15**	6.277 ± 0.724**	111.63 ± 11.00**	25.53 ± 3.71*

续表

组别	数量(只)	肺组织 ACE nmol/L/mL/min(U)	总 NOS 活力(U/mL)	血浆 ET (pg/mL)	血浆 CGRP(pg/mL)
红曲低剂量组	10	267.17 ±27.78*	5.700 ±0.511**	112.29 ±16.84**	23.72 ±3.31*
红曲中剂量组	10	246.57 ±30.55**	7.135 ±0.548**	96.65 ±14.45**	21.99 ±2.30*
红曲高剂量组	10	230.30 ±22.36**	7.099 ±0.814**	101.44 ±8.99**	21.51 ±3.64*

* * 表示与阴性对照组相比，$P<0.01$；

* 表示与阴性对照组相比，$P<0.05$。

三、讨　论

ACE 的生理功能是催化血管紧张素Ⅰ转变为血管紧张素Ⅱ(AngⅡ)，NO 是广泛存在的舒血管因子，主要由血管内皮产生 ET。ET 是目前为止所知的最强的内源性缩血管因子，参与高血压状态的发生与维持；CGRP 是至今所知的最强的内源性舒血管因子，与 ET 是一对相互拮抗的因子。

由表 1 可见，红曲降压机理可能是：红曲能有效降低肺组织内 ACE 活性，减少缩血管物质血管紧张素Ⅱ的生成量；可以明显地提高胸主动脉的 NOS 活性，释放出大量的舒张血管活性物质 NO；减少血浆中缩血管物质 ET 的含量，增加血浆中舒血管物质降钙素基因相关肽的含量。事实上，在高血压发病机制中肾素血管紧张素系统(RAS)、ET 之间均是相互作用，而不是单独发挥作用。ET 有 ACE 的活性，可使血管平滑肌细胞内 AngⅡ合成增加，可诱导内皮细胞 ET 基因表达增强[5]。所以，ET 的下降很可能是 ACE 下降的“连锁反应”。ET 和 CGRP 是一对相互拮抗的因子，ET 下降可引起 CGRP 升高。

综上所述，红曲的降压机理很可能与 ACE、NOS 活性的改变和 ET、CGRP 含量的变化有关，红曲中降压的成分复杂，其降压机制可能也是多种途径的，还尚需进一步的研究。

参考文献(略)

（作者：郑建全，郭俊霞，金宗濂；原载于《食品工业科技》2007 年第 3 期）

红曲降低肾血管型高血压大鼠血压的生化机制

红曲是以大米为原料，经红曲霉发酵而成的一种紫红色米曲。它是药食两用的食品，在中国已有一千多年的历史。《本草纲目》中记载了它的药用价值——“消食活血、健脾燥胃、治赤白痢下水谷。酿酒，破血行药势，杀山岚瘴气，治打扑伤，治安人血，气通及产后恶血不尽，擂酒饮之良”[1]。近年来，多种人体实验[2]和动物实验[3,4]表明它具有明显降低血压的功效，但是降压的机理还尚未定论。韩国 Rhyu 等[5]和我国郭俊霞等[6]均是从离体血管着手探讨红曲舒张血管的机制，本文将通过测定组织血管紧张素转换酶（ACE）、一氧化氮合酶（NOS）、血浆内皮素（ET）和降钙素基因相关肽（CGRP）来探讨红曲降低肾血管型高血压大鼠血压（RHR）的生化机制。

一、实验材料

（一）动物与试剂

雄性 Wistar 大鼠由中国医学科学院实验动物中心提供。ACE 试剂盒（北京海军总医院中心实验室）、NOS 试剂盒（南京建成生物医学研究所）、寿比山（吲哒帕胺片）、卡托普利片。红曲由北京东方红航天生物技术有限公司提供。

（二）仪器

RBP－1 型大鼠血压计（中日友好医院）、UV2450 紫外可见光分光光度计（日本岛津）、Centrifuge 5804R 冰冻离心机（Eppendorf）、U 形夹（自制）。

二、实验方法

（一）肾血管型高血压大鼠模型（RHR）制作方法

对大鼠进行手术，方法参见文献[4]，5 周之后血压上升并稳定超过

160mmHg 的大鼠作为成功的 RHR 模型。

(二)实验分组

根据血压和体重值将 RHR 随机分为 4 组:①高剂量红曲组(n =8):灌胃剂量为 0.83g/kg 体重;②低剂量红曲组(n =8):灌胃剂量为0.42g/kg 体重;③阳性对照组(n =8):灌胃降压药组合卡托普利 10mg/kg 体重 + 吲哒帕胺片 0.21mg/kg 体重;④阴性对照组(n =8):灌胃白水,每天 1mL/只。

(三)组织和血浆样本制备

①组织匀浆液制法:灌胃 4 周后取大鼠肺和主动脉,切成小块,分别称重后研碎,按照1 :10的比例(即 100mg/mL)加入生理盐水,置于冰浴试管中匀浆。5000r/min 离心 15min,取上清,-70℃保存待测。②血浆制备方法:试管中预先加入抑肽酶 20μL,10% EDTA - Na2 + 40μL,眼眶取血 1mL 置于冰上,3000r/min 离心 10min,取上清,-70℃保存,送检。灌胃 4 周后股动脉取血 2mL,抗凝剂加倍。③肺组织 ACE 测定方法:按 ACE 试剂盒说明操作,ACE 活性的计算参见说明书。④主动脉 NOS 活性测定方法:按试剂盒说明操作,NOS 活性的计算公式参见说明书。⑤RHR 血浆中 ET、CGRP 活性测定血浆样本送检,通过放免法(ET 和 CGRP 试剂盒)测定,方法略。⑥统计方法:采用 SPSS11.0 统计软件进行分析:组间比较采用单因素方差分析中的 q 检验,前后自身对照采用配对 t 检验。所有数据用 M. E ± S. D 表示。以 $P<0.05$和 $P<0.01$ 为差异有统计学意义。

三、结果(见表1)

表 1　RHR 灌胃红曲后生化指标测定($\bar{x} \pm s$)

组别	灌胃红曲	血压(mmHg)	肺组织 ACEnM/(mL·min)(U)	主动脉 NOS(U/mg)	血浆 ET(pg/mL)	血浆 CGRP(pg/mL)
阴性对照组	前	170.22 ±28.30	——	——	100.92 ±28.37	24.21 ±5.33
	后	174.22 ±34.04	67.53 ±14.50	75.11 ±9.49	111.68 ±18.18	21.55 ±3.89
阳性对照组	前	170.00 ±23.98	——	——	108.42 ±13.44	22.42 ±8.39
	后	141.33 ±26.55 **##	53.87 ±11.95 *	72.64 ±5.52	109.12 ±8.26	23.71 ±5.39

续表

组　别	灌胃红曲	血压(mmHg)	肺组织 ACEnM/(mL·min)(U)	主动脉 NOS(U/mg)	血浆 ET(pg/mL)	血浆 CGRP(pg/mL)
红曲低剂量组	前	170.20 ± 25.06	——	——	97.99 ± 18.58	19.46 ± 3.20
	后	154.80 ± 28.02**##	46.88 ± 8.69**	77.67 ± 6.66	91.26 ± 20.93**	21.66 ± 5.29
红曲高剂量组	前	170.20 ± 25.31	——	——	95.00 ± 14.50	19.93 ± 3.41
	后	156.20 ± 35.68*#	41.51 ± 7.67**	74.85 ± 11.48	91.16 ± 11.72**	28.46 ± 6.68*##

注：* 与阴性对照组比，$P < 0.05$；

** 与阴性对照组比，$P < 0.01$；

#与自身灌胃前比，$P < 0.05$；

##与自身灌胃前比，$P < 0.010$。

(一) 血压

阳性对照组、红曲高剂量组和低剂量组血压无论与灌胃前比还是与阴性对照组相比均显著下降($P < 0.05$)。

(二) 肺组织 ACE

阳性对照组肺 ACE 灌胃后比阴性对照组低 14 个单位($P < 0.05$)；高剂量组比阴性对照组低 26 个单位($P < 0.01$)；红曲低剂量组比阴性对照组低 21 个单位($P < 0.01$)。

(三) 主动脉 NOS

各组主动脉 NOS 与阴性对照组和自身灌胃前比均无明显变化($P > 0.05$)。

(四) 血浆 ET

各组自身灌胃前后无明显变化($P > 0.05$)，但是阴性对照组的 ET 含量比灌胃前增加了近 11 个单位，有增加的趋势；阳性对照组基本无变化，增加的趋势被抑制；而红曲高、低剂量组均有下降的趋势。红曲高剂量组和低剂量同阴性对照组相比均低 20 个单位($P < 0.01$)。

(五) 血浆 CGRP

阴性对照组的 CGRP 略有下降，但无统计学意义($P > 0.05$)；阳性对照组基本无变化；红曲低剂量组也基本无变化；红曲高剂量组比自身灌胃前增高 9 个单位($P < 0.01$)，比阴性对照组高 7 个单位($P < 0.05$)。

四、讨　论

(一)肺组织 ACE

ACE 在体内分布很广,几乎遍布人体各个脏器,可分为血管内和血管外两类。血管内 ACE 主要分布在肺血管床,它的生理功能是催化血管紧张素Ⅰ水解为血管紧张素Ⅱ[7]。目前,人们越来越重视组织局部血管紧张素转换酶系统(RAS)对心血管结构和功能的长期调节作用。许多证据表明心血管局部 RAS 在高血压治疗中起着比循环 RAS 更为重要的作用[8]。本研究选取了 ACE 含量较高的肺组织进行测定。与阴性对照组相比,阳性对照组和红曲组的肺组织 ACE 均显著下降($P<0.05$),且红曲组的 ACE 值比阳性对照组低,可能是由于灌胃的是红曲混合物,成分比较复杂,不是单一组分作用的结果。还需要更深入的研究。

(二) 主动脉 NOS

NO 是广泛存在的舒血管因子,主要由血管内皮产生。NOS(一氧化氮合酶)是 NO 合成的限速酶。Pollock[9] 等证明 ACEI 能逆转 NOS 抑制剂引起的高血压,这不仅说明此类高血压有血管紧张素Ⅱ参与,而且提示 RAS 系统和 NO/NOS 关系密切,所以本实验也选取 NOS 作为降压指标。郭益民[10]等证明卡托普利改善左旋硝基精氨酸酯(L-NAME)高血压大鼠的心血管机能,并不通过依赖 NO 的机制,这与本实验阳性对照组结果一致。红曲组的 NOS 与阴性对照组相比差异无统计学意义($P>0.05$)。提示红曲降压可能不影响 NO/NOS 途径。

(三)血浆 ET 和 CGRP

ET 是目前为止所知的最强的内源性缩血管因子,参与高血压状态的发生与维持。本实验结果表明,阴性对照组灌胃红曲后比灌胃前 ET 升高了 11 个单位,虽然有升高的趋势,但无统计学意义($P>0.05$);阳性对照组 ET 基本无变化($P>0.05$),说明降压药物抑制了 ET 的升高;而红曲 2 个组灌胃后 ET 含量均显著低于阴性对照组($P<0.01$)。这说明红曲降压可能通过降低 RHR 血浆 ET 这一途径。CGRP 是目前所知的最强的内源性舒血管因子,与 ET 是一对相互拮抗的因子。阴性对照组的 CGRP 灌胃前后相比略有下降,但无统计学意义($P>0.05$);阳性对照组基本无变化;红曲高剂量组比灌胃前有显著增高($P<$

0.01)，与阴性对照组相比增高也有统计学意义($P<0.05$)；红曲低剂量组基本无变化($P>0.05$)。说明高剂量的红曲可能升高血浆内 CGRP。

参考文献(略)

(作者：雷萍，郭俊霞，金宗濂；
原载于《辽宁中医药大学学报》2007 年第 3 期)

三、食品保健功能检测方法及实例研究

半乳糖亚急性致衰老模型的研究

半乳糖(Glactose)是一种己醛搪,分子式为 $C_6H_{12}O_6$,分子量 180.16。在自然界游离存在半乳糖极少。它主要以与其他糖化合为双糖的形式存在。由于对抗衰老药物和食品及其功能因子的筛选需老龄动物,而得到自然衰老的小鼠费时费力,如果能利用一些药物人为地将年轻小鼠在短期内致衰老,可以缩短实验周期,节省人力和物力。张熙等曾报告(见:北京生理科学会 1990 年学术年会论文),半乳糖能导致小鼠亚急性衰老,本研究旨在查明半乳糖致衰动物与正常老龄动物某些衰老生化指标的符合程度,以确认半乳糖致衰模型的可靠性。同时观察致衰动物的免疫功能是否发生变化。

一、材料与方法

(一)实验动物及致衰

将 6—8 月龄雄性 BALB/C 小鼠随机分为两组,致衰组小鼠颈部皮下注射 1% 半乳糖 100mg/kg · d,对照组注射 0.01 mL/g · d 生理盐水,连续注射 40d 后,进行衰老指标和免疫指标的测定。另设 17 月龄 BALB/C 雄性小鼠一组,作为正常老年组衰老生化指标的对照。所有动物由北京医科大学实验动物部提供。

(二)测定项目和方法

脑 MAO - B 活性为紫外吸收法[1];肝 SOD 活性为邻苯三酚自氧化法[2];心肌脂褐素为荧光法[3];巨噬细胞吞噬功能为滴片法[4];迟发型过敏反应采取直接测量致敏小鼠接受相同抗原后足趾的肿胀程度;溶血素含量采用改进的体液免疫测定法[5];免疫器官重量的测定是取完整胸腺和脾脏置于盛有生理盐水的小烧杯中,用减量法称其沥干重。

二、实验结果

(一)衰老生化指标的测定结果

表1　各组动物衰老生化指标的比较　　$\bar{x} \pm s$

	n	对照组	老年组	致衰组	T检验
脑MAO－B比活性(×10^{-3}U*/mg蛋白)	15	12.49±3.19	21.91±2.98	19.72±2.53	$P_1<0.01$　$P_2>0.05$
肝SOD比活性(×10^{-3}U**/mg蛋白)	15	4.67±1.10	3.57±0.36	3.86±0.82	$P_1<0.05$　$P_2>0.05$
心肌脂褐素(μg荧光物质/g心肌)	15	2.77±0.28	4.15±0.73	4.11±0.88	$P_1<0.01$　$P_2>0.05$

注:P_1—致衰组与对照组相比;P_2—致衰组与老年组相比。

*1U＝产生0.01/3h光吸收值(A)改变的酶量。此光吸收值的改变相当于生成1nmol的共醛(37℃)。

**1U＝在1mL反应液中,每min抑制邻苯三酚自氧化速率达50%的酶量(λ＝325nm)。

(二)免疫指标的测定结果

表2　两组动物免疫指标的测定结果　　$\bar{x} \pm s$

	n	对照组	致衰组	T检验
巨噬细胞吞噬率(%)	12	19.1±13.9	19.2±4.5	$P>0.05$
巨噬细胞吞噬指数	12	0.33±0.26	0.28±0.08	$P>0.05$
足趾肿胀厚度(mm)	12	0.57±0.15	0.60±0.11	$P>0.05$
溶血素含量(HC50/mL)	12	89.92±42.63	59.7±6.5	$P>0.05$
胸腺重量(mg)	12	59.0±14.4	59.7±6.5	$P>0.05$
脾脏重量(mg)	12	121.2±15.7	118.4±5.4	$P>0.05$

三、讨　论

本实验结果显示，半乳糖致衰组与对照组相比，其心肌脂褐素的含量升高48.3%（$P<0.01$），SOD 活性下降 17.2%（$P<0.05$），MAO－B 活性升高57.9%（$P<0.01$）。而致衰组的此三项指标与 17 月龄老龄非常接近（$P>0.05$），表明半乳糖致衰老在衰老的生化指标上是成功的。

本实验的结果还显示了：在免疫功能方面，致衰组动物与对照组相比，其巨噬细胞吞噬功能，迟发型过反应和溶血素的含量均无显著差异（$P>0.05$），对胸腺和脾脏的增重亦无显著影响（$P>0.05$），因此，半乳糖致衰老动物不能作为评价老年小鼠免疫生化指标变化的模型。

目前，人们对半乳糖致衰老的机理还不甚明确，有观点认为这种拟衰老是虚损性的，可造成各种组织的病理改变，也有观点认为是 D－半乳糖造成了糖代谢紊乱，导致一系列拟衰老过程的发生。本实验结果表明，半乳糖可以在较短时间内使正常的年轻小鼠衰老，并且在一些衰老生化指标上与自然衰老无显著差异，符合衰老模型要求，但半乳糖致衰老是一种非正常性衰老，它对机体的另一些指标则无显著性影响，如机体的免疫指标，因此，在一定的范围内，半乳糖致衰老的动物可作为较理想的测定衰老生化指标变化的动物模型。

综上所述，我们认为，本实验的结果为今后更好地利用半乳糖亚急性致衰老模型提供了有力的科学依据。

参考文献（略）

（作者：唐粉芳，金宗濂，王磊，郭豫；
原载于《北京联合大学学报》1994 年第 1 期）

果蔬组织中维生素 C 对邻苯三酚法测定 SOD 的影响

自 1969 年 McCord 等首次发现有活性的超氧化物歧化酶(EC. 1. 15. 1. 1)(superoxide dismutase,SOD)以来,众多测定 SOD 的方法已逐步建立起来,其中以化学法最为常用。经典的邻苯三酚(pyrogallol)法是 Marklund 等[1]于 1974 年发表的一种通过比色测定 SOD 的简便方法。此后,邻苯三酚法在国内外得以广泛应用。1976 年,国外曾报道以经典邻苯三酚法测定大鼠肝组织内 SOD 并研究了大鼠肝脏 SOD 的随龄变化[2]。1983 年,袁勤生[3]在国内首次研究了邻苯三酚法测定 SOD 时,pH 值、温度以及不同浓度邻苯三酚对自氧化速率的影响。在此基础上,邹国林[4]于 1986 年对经典邻苯三酚法加以改进。此后,陆续有报道应用此法测定不同组织的 SOD 含量。与其他方法相比,邻苯三酚自氧化法具有操作简便快速,试剂便宜且用量小,灵敏度高,重复性好等优点:但也有准确性不高,受 pH 影响大,易受其他物质干扰等不足。

果蔬组织富含维生素 C(vitamin C,VC)。如每 100g 刺梨中 VC 含量高达 2500mg[5]。据研究表明:刺梨汁具有明显的抗癌防衰保健功能,并认为这些功效与其高 VC 及 SOD 含量有关[6,7]。我们在用邻苯三酚自氧化法测定果蔬组织中 SOD 活性时,发现果蔬中所含 VC 与 SOD 同样具有抑制邻苯三酚自氧化的作用。若不排除 VC 的干扰,将使 SOD 测定结果显著增高。本实验研究了不同浓度 VC 对邻苯三酚自氧化的影响,采用透析法排除 VC 的干扰,测定了刺梨汁中 SOD 的活力,并对方法的准确度和可行性进行了分析和讨论。

一、试　剂

(一)Tris - HCl 缓冲液(pH8. 2,0. 1mol/L):0. 2mol/L Tris(含 4mmol/L EDTA)100mL,与 0. 2mol/L HCl,44. 76mL 混合,加双蒸水至 200mL,调 pH8. 2 ±0. 01。

三羟甲基氨基甲烷(Tris),分析纯(AR),分子量:121.09(新光化学试剂厂);二乙胺四乙酸(EDTA),(AR),(北京化工厂)。

(二)邻苯三酚(45mmol/L)(贵州遵义市第二化工厂)以10mmol/L HCl配制。

(三)SOD标准品:(EC.1.15.1.1From Bovine Eruthrocytes,Sigma CHEMICAl CO.)活力:3300μ/mg solid,3300μ/mg prot。

(四)抗坏血酸标准品:(AR)(北京芳草医药化工研制公司)。

(五)刺梨汁:产自贵州省毕节县,由珠海银丰保健品公司提供。

(六)实验用水均为双蒸水。

二、仪器设备

Shimabzu UV-120-02型紫外分光光度计,光径1cm的石英比色杯,10μL微量进样器,HZS-D水浴振荡器,Sartorius电子天平,电动混匀器,透析袋型号8,扁宽0.4英寸,圆径0.25英寸,透析值(截留分子量):12000—14000,美国联合碳化物公司出品。

三、方法与结果

(一)SOD对邻苯三酚自氧化速率的影响[4]

取4.5mL Tris-HCl缓冲液加入试管,25℃预温20分钟后,加入经25℃预温的邻苯三酚10μL,迅速混匀并计时,倒入比色杯中,在25℃,325nm波长下,自反应30秒钟开始每隔30秒测定一次吸光度(A)值。由测定结果可绘出图1中的邻苯三酚自氧化曲线。在上述反应体系中加入稀释20倍的SOD标准品(528μ/mL)10μL,用同样方法测定不同反应时间的吸光度值,结果如图1所示(图中每一点为6次重复测定的平均值,最大标准偏差为0.0009)。

从图1可以看到,SOD加入邻苯三酚自氧化反应体系之后,由邻苯三酚自氧化产生的有色中间产物的生成量减少,吸光度值下降,邻苯三酚自氧化速率降低。

(二)VC对邻苯三酚自氧化速率的影响

分别配制0.6mg/mL、1.2mg/mL、2.25mg/mL、6.0mg/mL VC标准溶液,各

取10μL按上述操作加入邻苯三酚自氧化反应体系中，测定邻苯三酚自氧化速率，并计算VC对邻苯三酚自氧化反应的抑制率，结果见图2、图3（图2中每一点为6次重复测定的平均值，最大标准偏差为0.0008）。

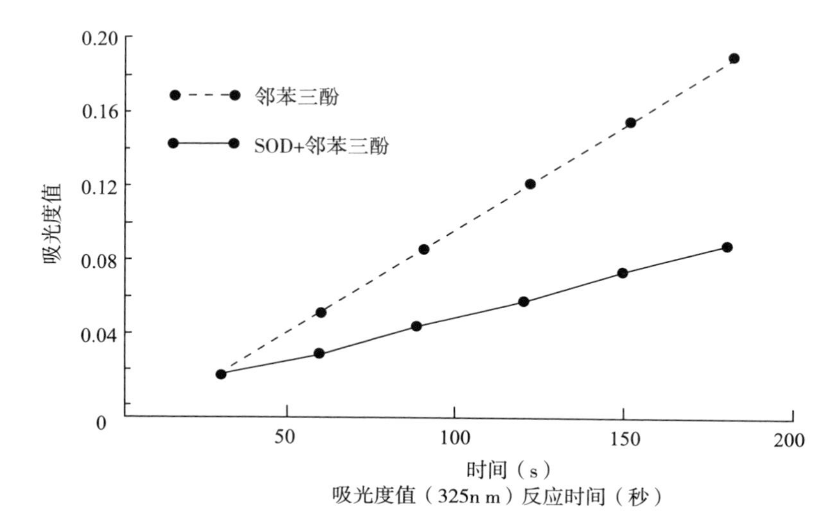

图1　SOD对邻笨三酚自氧化的影响

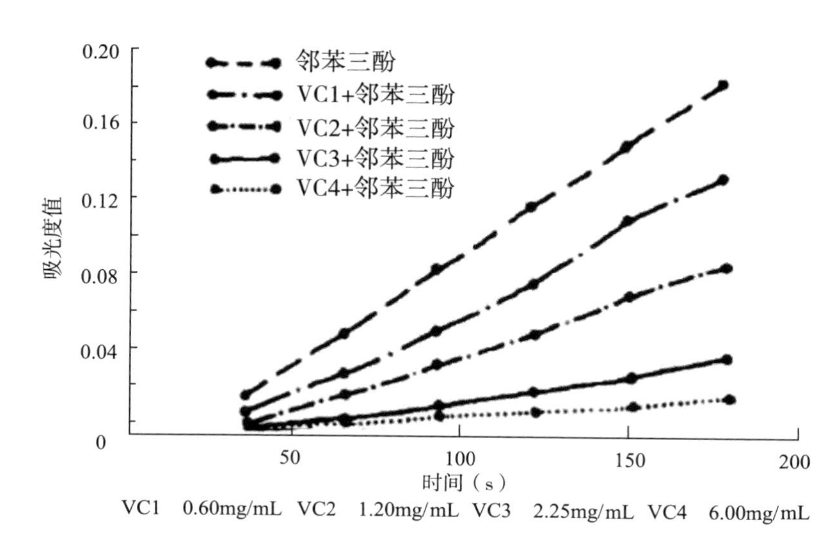

图2　不同浓度VC对邻苯三酚自氧化影响曲线

从图 2 可以看出,VC 与 SOD 同样具有抑制邻苯三酚自氧化的作用,随着反应体系中 VC 浓度的增加,其对邻苯三酚自氧化的抑制作用加强。图 3 显示了不同浓度 VC 对邻苯三酚自氧化反应的抑制率。

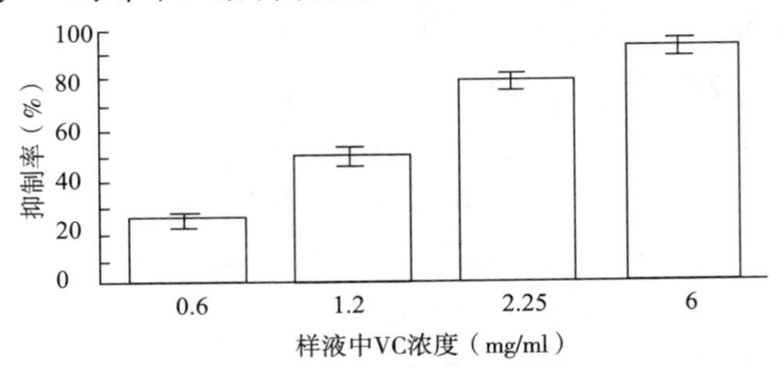

抑制率(%)=[(邻苯三酚自氧化速率-加入VC后邻苯三酚自氧化速率)÷邻苯三酚自氧化速率]×100%

图 3 不同浓度 VC 对邻苯三酚自氧化反应的抑制率($n=6$)

(三)邻苯三酚自氧化法测定 SOD 活力时 VC 的干扰

配制体积比为 1: 1 的 SOD + H_2O 和 SOD + VC 两种溶液,其中 SOD 活力为 330μ/mL;VC 浓度为1.2mg/mL。两种溶液各取 10μL 加入邻苯三酚自氧化体系中,测定自氧化速率。结果见表 1。

表 1 样液中 VC 浓度为 0.6mg/mL 时对 SOD 活力测定的干扰($\bar{x}\pm s, n=6$)

组别	不同反应时间的 A(325nm)值						
	30s	60s	90s	120s	150s	180s	A/min
邻苯三酚	0.0214 ± 0.0009	0.0560 ± 0.0019	0.0906 ± 0.0009	0.1256 ± 0.0015	0.1600 ± 0.0024	0.1947 ± 0.0023	0.0692 ± 0.0007
SOD + H_2O	0.0172 ± 0.0010	0.0360 ± 0.0010	0.0587 ± 0.0015	0.0815 ± 0.0010	0.1040 ± 0.0012	0.1272 ± 0.0012	0.0440 ± 0.0003
SOD + VC	0.0153 ± 0.0005	0.0310 ± 0.0005	0.0512 ± 0.0008	0.0722 ± 0.0012	0.0940 ± 0.0010	0.1177 ± 0.0010	0.0409 ± 0.0004

* $P<0.01$,与 SOD + H_2O 组比较。

根据表 1 的测定结果,用下式计算 VC 对 SOD 活力测定的干扰率[8]。

$$干扰率(\%)=\frac{\Delta A_{SOD+}VC-\Delta A_{SOD}}{\Delta A_{SOD+}+VC}\times 100\%$$

$$干扰率(\%)=[(0.0692-0.0409)-(0.0692-0.0440)]\div(0.0692-0.0409)\times 100\%=11.4\%$$

可以看出,0.6mg/mL VC 对 SOD 活力测定的干扰率为 11.4%。

(四)透析法排除 VC 的干扰

①透析时间的确定:准确移取 1mL,12mg/mL 标准 VC 溶液于透析袋内,于 4℃冰箱内,用 1500mL 蒸馏水透析,每 15 分钟换水一次,每 30 分钟取袋内液少量,用 2,6-二氯酚靛酚滴定法测定袋内 VC 含量。4 小时后,袋内 VC 全部析出。②透析对 SOD 活力的影响:分别配制体积比为 1∶1 的下列溶液:VC + SOD,SOD + H_2O,其中 SOD 活力为 660μ/mL,VC 为 1.2mg/mL,取 1mL VC + SOD 溶液,1mL SOD + H_2O 溶液,分别透析 4 小时后取出,将两份透析后溶液定容到相同体积,与未透析的 SOD + H_2O 溶液(用 H_2O 定容到与透析过的溶液相同体积)同时测定 SOD 活力。结果见表 2。

表 2 透析对 SOD 活力的影响($\bar{x} \pm s, n=6$)

组别	透析	不同反应时间的 A(325mm)值						A/min	SOD 活力 (μ/mL)
		30s	60s	90s	120s	150s	180s		
SOD + H_2O	-	0.0172 ± 0.0010	0.0363 ± 0.0010	0.0587 ± 0.0015	0.0815 ± 0.0010	0.1047 ± 0.0012	0.1272 ± 0.0012	0.0440 ± 0.0003	330 ± 3.16
SOD + H_2O	+	0.0234 ± 0.0005	0.0438 ± 0.0004	0.0676 ± 0.0005	0.0906 ± 0.0011	0.1140 ± 0.0007	0.1334 ± 0.0009	0.0442 ± 0.0002	326 ± 2.45
SOD + VC	+	0.0196 ± 0.0005	0.0398 ± 0.0010	0.0634 ± 0.0009	0.0868 ± 0.0008	0.1098 ± 0.0008	0.1300 ± 0.0012	0.0442 ± 0.0004	327 ± 4.47

SOD 活力定义:在 1mL 反应液中,每分钟抑制邻苯三酚自氧化速率达 50% 的酶量定义为一个活力单位。

$$酶活力(u) = \frac{\frac{0.070 - A/min}{0.070}}{50\%} \times 反应总体积 \times \frac{样液稀释倍数}{样液体积}$$

式中:0.070 为邻苯三酚自氧化速率。

酶比活力(u/mg prot) = 反应体系中的酶活力(u) ÷ 反应体系中的酶量(蛋白质量)(mg)

根据表 2 结果可计算出经过透析后 SOD 的回收率：

回收率(%)=[透析除 VC 后 SOD 活力/未透析 SOD 活力]×100%
=(327÷300)×100%
=99.09%

(五)刺梨汁中 SOD 活性的测定

配制体积比为 1 ∶1 的 SOD + H_2O,SOD + 刺梨汁,刺梨汁 + H_2O 三种溶液,其中:SOD 为 1056μ/mL。取 SOD + 刺梨汁溶液和刺梨汁 + H_2O 溶液各 1mL,分别透析 4 小时后,测定两种透析后溶液与未透析的 SOD + H_2O 溶液中 SOD 的活力,并计算标准 SOD 经透析后的回收率。结果见表 3。

表 3　刺梨汁 SOD 含量的测定结果($\bar{x} \pm s, n = 10$)

组别	透析	不同反应时间的 A(325mm)值							SOD 活力
		30s	60s	90s	120s	150s	180s	A/min	(μ/mL)
SOD + H_2O	−	0.0230 ± 0.0012	0.0366 ± 0.0023	0.0498 ± 0.0013	0.0655 ± 0.0013	0.0805 ± 0.0010	0.0948 ± 0.0022	0.0288 ± 0.0004	528 ± 5.26
刺梨 + SOD	+	0.0556 ± 0.0011	0.0652 ± 0.0010	0.0800 ± 0.0010	0.0942 ± 0.0008	0.1064 ± 0.0005	0.1194 ± 0.0009	0.0255 ± 0.0002	571 ± 2.33
刺梨 + H_2O	+	0.2326 ± 0.0009	0.250 ± 0.0012	0.2726 ± 0.0005	0.2938 ± 0.0008	0.3172 ± 0.0013	0.3432 ± 0.0011	0.0442 ± 0.0002	47 ± 0.44

由表 3 结果计算出经透析后标准 SOD 的回收率：

回收率(%)=[(活力$_{刺梨+SOD}$ − 活力$_{刺梨+H_2O}$)÷活力$_{SOD+H_2O}$]×100%
=[(571 − 47)÷528]×100%
=99.2%

由计算结果可知,透析法除 VC 后,标准 SOD 回收率为 99.2%。刺梨 + 水组经透析后测定 SOD 活力,10 次重复测定的结果为 47 ±0.44(μ/mL)

四、讨　论

（一）SOD 对邻苯三酚自氧化速率的影响

邻苯三酚自氧化测定 SOD 方法的原理是在碱性条件下，邻苯三酚迅速氧化，释放出超氧化物阴离子，生成有色中间产物。从图 1 中可以看到，在邻苯三酚自氧化过程中，随邻苯三酚自氧化，有色物质不断生成，吸光度值不断增加。自反应开始 30 秒至 180 秒期间，吸光度值与反应时间呈良好的线性关系。SOD 加入邻苯三酚自氧化反应体系之后，与超氧化物阴离子反应，生成过氧化氢，使有色中间产物的生成受阻，导致吸光度值下降，使邻苯三酚自氧化速率降低。SOD 活性就是基于单位时间内有色物质的减少导致邻苯三酚自氧化速率发生变化而计算出来的。

（二）VC 对邻苯三酚自氧化方法的干扰

比较图 2 和图 1 可知 VC 与 SOD 同样可以抑制邻苯三酚的自氧化反应。图 2 显示在邻苯三酚自氧化反应体系中加入 VC 后，有色中间产物的生成减少随 VC 加入量的增加，对邻苯三酚自氧化的抑制作用增强。从图 3 可以看到当样品溶液中 VC 含量为 1.2mg/mL 时，仅在反应体系中加入 10μL，对邻苯三酚自氧化的抑制率便可达到 49%，而当 VC 含量为 6mg/mL 时，对邻苯三酚自氧化的抑制率达到 91%。

（三）VC 对 SOD 测定的干扰

表 1 反映 VC 干扰 SOD 测定的情况。在 SOD + H_2O 和 SOD + VC 两种溶液中，SOD 的含量及活性是相同的，但由于 VC 的干扰，使得 SOD + VC 组每分钟吸光度的增量显著低于 SOD + H_2O 组。由表中数据可计算出样品液 VC 浓度为 0.6mg/mL 时，对 SOD 测定的干扰率已达到 11.4%。许多天然果蔬 VC 含量十分丰富。本实验用刺梨汁样品 VC 含量经测定为 4.5mg/mL，因此其对 SOD 测定的干扰将是十分严重的。

邻苯三酚自氧化反应是连锁式反应，超氧化物阴离子在其中不断产生。作为中强度还原剂和弱氧化剂的超氧化物阴离子能迅速参与单电子还原反应。VC 作为强还原剂存在于邻苯三酚自氧化体系中时，能与超氧阴离子反应将其还原，从而抑制邻苯三酚自氧化，使有色中间产物生成受阻。因此在高 VC 含量的样品 SOD 测活时必须除去 VC 以保证测定结果的可靠性。

(四)透析排除VC干扰的可行性

在确定透析时间的实验中，由于刺梨汁样品VC含量为4.5mg/mL，本实验以12mg/mL标准VC为样品确定透析时间，以便使实验结果可靠并有更广泛的应用价值。

VC和SOD分子量相差很大(分别约为176和32000)，实验中选用截留分子量12000的透析袋，既可使VC顺利透过，又保证SOD不会析出。从表2结果计算出透析后标准SOD活性回收率为99.09%，表明此实验条件下SOD的损失很小。比较标准SOD+VC与标准SOD+H_2O透析后的测定结果，可以看到经透析后，两组测定结果未有显著差异($P>0.1$)，表明样品中的VC经透析后基本上完全除去，不再干扰SOD活性的测定。可见采用透析排除VC干扰的前处理方法是简便而可行的。

(五)刺梨汁SOD活性的测定

为了保证测定结果的准确，并再次证实透析排除VC干扰的可行性，在测定刺梨汁的同时平行进行刺梨加标准SOD的回收实验。从表3的结果可计算出加入标准SOD的回收率为99.2%，表明将SOD加入刺梨汁中透析后的损失很小。加入标准SOD测定具有较高的回收率，就保证了与之平行操作的刺梨汁样品测定结果的准确度。刺梨汁经透析后测定SOD活性为47.00±0.44μ/mL。如果用刺梨汁+SOD透析后的结果减去SOD+H_2O未透析的测定结果来计算刺梨汁SOD活性是43μ/mL。两种不同测定方式得出的结果仅差4个单位。表明测定结果是准确的。

含有VC的果蔬广泛存在于自然界中。在用邻苯三酚法测定这些果蔬SOD活性时，必须考虑VC干扰的问题。从上述实验结果可知，透析作为高VC样品SOD邻苯三酚测活法中的一个前处理步骤是必要而可行的。

参考文献(略)

(作者：文镜，唐粉芳，高兆兰，金宗濂等；
原载于《中华预防医学杂志》1997年第6期)

不同龄大鼠不同脑区乙酰胆碱的反相高效液相色谱测定

乙酰胆碱[$CH_3COOCH_2CH_2N(CH_3)^{3+}$,acetylcholine Ach],是胆碱能神经元释放的神经递质,广泛分布在整个中枢神经系统中,与睡眠、运动、学习记忆有着密不可分的联系[1,2]。近期研究表明,人类 Ach 含量从 50—60 岁开始即有显著下降。而 Alzheimer's 症、Huntington's 症以及伴随有显著痴呆的 Parkinson's 症等均与 Ach 有关。由于人类老龄社会的到来,对于抗衰老及以上疾病病因的研究正越来越引起世界范围的关注。因此 Ach 的分析测定就成为一件极具有意义的工作。

目前测定 Ach 的方法有生物检定法、气相色谱—质谱联用法和放射酶学测定方法等,这些方法多数技术复杂,分析耗时,有的还需要昂贵的试剂及仪器,因而限制了它们的普遍应用。

1977 年,Ikuta 提纯了胆碱氧化酶(choxidase,ChO)[3],1982 年 Israel 和 Leshat、发现了由乙酰胆碱酯酶(acetylcho linestorase AchE)和 ChO 引起的化学发光反应[4]。在此基础上,Potter 及其合作者于 1983 年首次报道了用反相高效液相色谱(HPLC)分离 Ach 和胆碱(Ch),使流出液与上述酶制剂混合,再用电化学检测器(Electrochemical Detector,ECD)检测酶反应所产生的过氧化氢(H_2O_2)[5]。1984 年 Meek 等人把 ChO 和 AchE 吸附在一根 3cm 长的弱阴离子交换柱上,使酶活性在室温条件下可保持 1—2 星期。以 C18 柱作为 HPLC 分离柱,采用铂电极 ECD 成功地测定了 Ach[6]。

我们参考 Meek 等人的方法,使用 C18 柱分离 Ach,通过酶反应柱后,用配有玻璃碳电极的 ECD 检测,分别测定了 2—5 月龄、10—12 月龄、24—30 月龄 SD 大鼠大脑海马、纹体和皮层中的 Ach 含量,并对结果进行了分析比较。

一、实验材料

(一)仪器

Beckman 公司高效液相色谱仪:110B Solvent Delivery Module, Analog Interface Module 406。

BAS 公司电化学检测器:LC - 4C ECD, Ag - AgCl 参比电极, CC - 5 玻璃碳电极。

Beckman 公司 J2 - HS 高速冷冻离心机。

(二)试剂

标准品:氯化乙酰胆碱(Ach Chloride), Sigma 公司出品;氯化胆碱(Ch Chloride), Sigma 公司出品。

酶:乙酰胆碱酯酶(AchE, EC 3.1.1.7), Sigma 公司出品;胆碱氧化酶(ChO, EC1.1.3.17), Sigma 公司出品。

树脂:Dowex 1 - X8(100—200 目), Sigma 公司出品;四乙胺, Sigma 公司出品;辛晶磺酸钠, Sigma 公司出品;高氯酸 AR, 北京南尚乐化工厂;醋酸钾 AR, 北京红星化工厂;雷氏盐(Reinecke's) AR, 北京旭东化工厂;三羟甲基氨基甲烷(Tris) AR, 北京兴福精细化学研究所;顺丁烯二酸 AR, 北京化讯试剂厂;氢氧化钠 AR, 北京益利精细化学品有限公司;四甲基氯化铵(TMA) AR, 成都化学试剂厂。

全部实验用水为重蒸去离子水, 且过 0.3μm 混合纤维素酯微孔滤膜。

(三)动物

Sprague - Dawlay(SD)大鼠:2—5 月龄、10—12 月龄和 24—30 月龄, 雄性。由首都医科大学动物室提供。

二、实验方法

(一)样品前处理

大鼠断头, 取全脑, 于冰上剥离海马、纹体、皮层并立即称重, 取 20—100mg 脑样加 0.4mol/L 高氯酸 700μL, 冰浴中匀浆, 匀浆液离心(8500r/min, 4°C,

7.5min),上清液加 7.5mol/L 醋酸钾 100μL 离心(条件同上),上清液加入 5mmol/L 四乙胺 20μL 和 56mmol/L 的雷氏盐 500μL。4℃ 静置 1h，离心(10000r/min,4℃,7.5min),如需要,可停止在此步沉淀于 -20℃保存。欲进 HPLC 分析,则沉淀加入 150μL 的 Tris - 马来酸缓冲液(pH =7)溶解,再加入 200μL 处理过的 DOWER 1 - X8 树脂悬浮液,混匀后静置 5min,再混匀,离心(10000r/min,4℃,7.5min),上清液进样。

(二)脑组织蛋白质含量测定

按照 Lowry 法,以牛血清清蛋白为标准测定脑组织蛋白质含量。

(三)装载酶反应柱

分别把 AchE 125 Units,ChO 75 Units 溶解在水中,用 1mL 注射器注射到 1000μL 定量环中,定量环接酶柱(Brownlee AX - 300,30mm × 21mm),启动 HPLC 泵,用低速(0.08mL/min)流动相携带酶液进入酶柱,并使之充分反应一段时间,使酶通过离子键作用结合到酶柱中阴离子树脂上。

(四)色谱条件

VYDAC 公司 Ultrasphere ODS C18,5μm,4.6mm ×250mm 柱。流动相组成:0.2mol/L 的 Tris 马来酸,0.2mol/L 的 NaOH,150mg/L 的 TMA,10mg/L 的辛基磺酸钠。检测器工作电压 +0.5V,量程 20μA,流速 1.3mL/min。

三、实验结果

(一)标准曲线的绘制

称取 0.00909g 标准乙酰胆碱溶于 1mL 流动相中。分别取 2μL、4μL、6μL、8μL、10μL,用流动相分别定容至 1mL,配成标准系列。将标准液 20μL,注入色谱柱,使其标准品含量分别为 2nmol、4nmol、6nmol、8nmol、10nmol,测定各个标准品的峰面积,以标准品的含量为横坐标,与含量相对应的峰面积为纵坐标作图,呈良好线性关系,用最小二乘法做出回归方程:

$y = 0.2500x - 0.0040$

$\gamma = 0.9998$

(二)色谱分离及保留时间

标准液和脑样品中 Ach 和 Ch 分离良好,脑样品中的其他主要杂质在 5min 内洗脱完毕,对 Ach 和 Ch 峰无干扰,Ach 的保留时间(t_R)为 8.28min,Ch 的保留时间(t_R)为5.26min。见色谱图(图1)。

(三)回收率的测定

大鼠脑样品中准确加入等体积标准Ach 0.036g/L,按以上步骤进行测定,计算峰面积的增量,然后换算与已知量相比较,得到回收率(见表1)。

(四)方法精密度

将标准Ach 4nmol连续8次进样,得到Ach峰面积,求出精密度(见表2)。

(五)大鼠脑组织样品的测定

分别取成龄鼠、老龄鼠及幼龄鼠的海马、纹体、皮层,按前述实验步骤进行测定,所得结果见表3。

表1 回收率测定结果

测定次数	1	2	3	4	5	6	7	8	9	10	$\overline{X} \pm SD$
回收率 *R*%	98.7	105.5	95.7	99.3	106.9	103.5	99.9	107.7	94.7	95.5	100.7 ±3.9

表2 标准Ach样品(4 nmol)8次重复测定的结果

测定次数	1	2	3	4	5	6	7	8	$\overline{X} \pm SD$	变异系数
峰面积/mm	4.51	4.63	4.49	4.60	4.53	4.62	4.51	4.50	4.55 ±0.06	1.3%

表3 脑样品测定结果

	n	海马(nmol/g)	纹体(nmol/g)	皮层(nmol/g)
2—5月龄幼龄鼠($\overline{X} \pm SD$)	14	1 258 ±55	1297 ±32	298 ±24
10—12月龄成龄鼠($\overline{X} \pm SD$)	14	588 ±35*	680 ±26*	255 ±19*
24—30月龄老龄鼠($\overline{X} \pm SD$)	14	283 ±24*,**	299 ±27*,**	200 ±20*,**

* $P<0.01$ 与幼龄鼠比较;

* * $P<0.01$ 与成龄鼠比较。

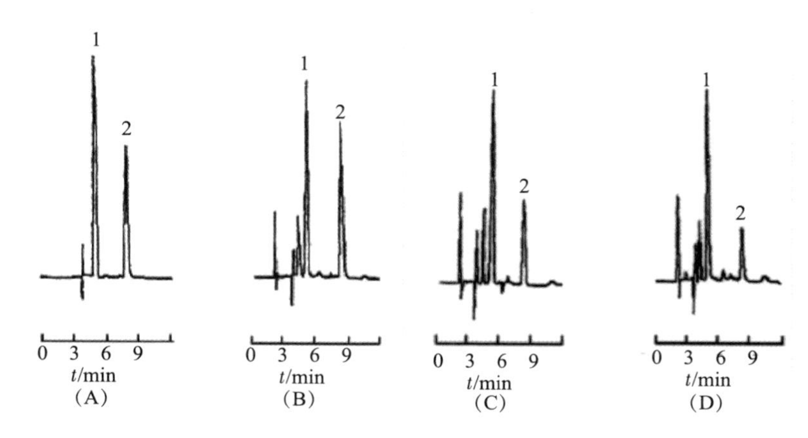

图1　大鼠脑海马组织中乙酰胆碱的HPLC分离色谱图示

A. 胆碱、乙酰胆碱标准样品(10nmol/20μL);B. 幼龄鼠海马组织蛋白(1mg)中乙酰胆碱的一个测定结果;C. 成龄鼠海马组织蛋白(1mg)中乙酞胆碱的一个测定结果;D. 老龄鼠海马组织蛋白(1mg)中乙酰胆碱的一个测定结果。1. Ch,2. Ach。

四、讨　论

(一)流动相的选择

在本实验中用0.2mol/L的Tris－马来酸与0.2mol/L的NaOH混合而成的缓冲液中加入150mg/L的TMA与10mg/L的辛基磺酸钠作为流动相。TMA与辛基磺酸钠的浓度变化可以改变结果的色谱特征:TMA的增加可以改进峰形,使峰更尖锐,而且缩短Aeh的保留时间;如增加辛基磺酸钠的浓度,则可以延长Aeh的保留时间。实验发现,如果TMA的浓度过低,以至Ach的保留时间过长,Aeh峰会出现脱尾。但若TMA的浓度过高,辛基磺酸钠浓度较低,又会使Aeh峰过于提前,引起杂质峰干扰。

另据Potter(1983)的报道,TMA可以抑制ChO的活性,故TMA浓度不应超过1.2mmol/L。但也有报道(Damsma,1985)TMA浓度增加到20mmol/L也未发现其对ChO活性有抑制。本实验中采用的量使所测Ach的出峰时间与峰形均很理想。

(二)酶的固定

酶反应柱的质量对检测Ach与Ch起决定性作用。酶的固定化强度及酶活性的保持是实验成功的关键。为了保证酶的最佳状态,我们采取以下措施:1)

装酶时 ChO 与 AchE 按先后次序加入酶反应柱内,以免蛋白质沉淀;2)控制酶液流速,给酶以充足的时间与阴离子发生交换吸附和固定;3)流动相中 TMA 的量不能太多,以免对酶造成破坏;4)实验后用蒸馏水冲洗酶柱,将酶柱于 4℃下保存,则可延长其使用寿命。

(三)大鼠不同脑区 Ach 的随龄变化

通过老龄、成龄、幼龄鼠脑部海马、皮层、纹体中 Ach 含量的比较,我们发现,在海马、纹体、皮层这些与学习记忆有关的脑区,Ach 的含量是随龄降低的,而且差异很显著 24—30 月龄大鼠(老龄)与 10—12 月龄大鼠(成龄)相比,海马、纹体、皮层中 Ach 含量分别减少 52%、56%、22%。10—12 月龄大鼠(成龄)与 2—5 月龄大鼠(幼龄)相比,海马、纹体、皮层中 Ach 含量分别减少 53%、48%、14%。结果提示,海马、纹体、皮层中 Ach 含量的多少可以作为判断衰老的指标,从而可用于评价有关抗衰老以及增强学习记忆的研究工作。

参考文献(略)

(作者:文镜,王卫平,贺闻涛,金宗濂;
原载于《北京联合大学学报》2000 年第 2 期)

红曲中内酯型 Lovastatin 的 HPLC 测定方法研究

红曲(monascus)是红曲霉属真菌接种于蒸熟大米上发酵而成的。原为我国一味传统的中药,始载于元代的《饮膳正要》[1],在《本草纲目》中亦有记载。主治淤滞腹痛、食积饱胀、跌打损伤等症[2]。在我国福建、台湾、浙江等省一向利用红曲酿制红酒。此外也可用于制醋及乳制品和食品染色[3]。

自 1971 年始,远藤等人历经 9 年多时间对近 8000 种微生物菌株进行了研究,最终在青霉菌及红曲菌的发酵液中发现了两种新化合物,Compactin(1973)及 Lovastatin(1979)还发现它们都具有降低体内胆固醇作用[4]。1980 年 Alberts 等人也得到了 Lovastatin,分析出其具体结构,发现 Lovastatin 比 Compactin 降胆固醇效果更好[5]。

1981 年 Vincent[6] 用 4 - 硝基苯衍生物与发酵提取液中 Lovastatin 反应首次使用 HPLC 分析了反应产物。1986 年 Stubbs[7] 等人使用 HPLC 分离测定了人体血浆及胆汁中 Lovastatin 含量。1997 年,宋洪涛[8] 采用薄层扫描法测定血脂平胶囊(主要成分为红曲)中 Lovastatin 含量。1998 年张倩等[9] 使用 HPLC 测定了血脂平胶囊中 Lovastatin 含量。

自从发现红曲中 Lovastatin 降血脂的功效之后,国内过去生产红曲色素的厂家都渴望能够生产 Lovastatin,增加产品种类、提高经济效益。因此对于红曲发酵制品中 Lovastatin 的测定就显得特别重要。目前国内红曲发酵制品中 Lovastatin 测定还没有一个统一的标准方法。这便使得对于国内各地生产以 Lovastatin 为功能因子的红曲产品无法进行科学评价,也不便于生产厂家对自己的产品进行质量检测。本实验目的是集上述方法之所长,建立一种以 HPLC 分析测定红曲发酵制品中 Lovastatin 含量的可靠而简便的方法。为有关部门制定行业标准提供依据。

一、实验材料

(一)仪器 高效液相色谱仪 美国 BECKMAN 公司 HPLC - GOLD SYSTEM(110B 溶剂输送系统,166 紫外检测器及 GOLD 数据处理系统)。

(二)试剂 Lovastatin(中国医学科学院医药生物技术研究所);层析用中性氧化铝(上海五四化学试剂厂)100—200 目;甲醇(北京化工厂)分析纯:无水乙醇(北京化工厂)分析纯:95% 乙醇(北京化工厂)分析纯。

(三)样品 义乌红曲粉(由中国发酵工业协会特种功能发酵制品专业委员会提供,义乌市天然色素实业有限公司生产),东方红曲片(河北涿州东方生物技术有限公司)。

二、实验方法与结果

(一)提取溶剂选择及结果 称取 0.030g 义乌红曲样品,置同样大小 10mL 容量瓶中,分别加入无水乙醇及 95% 乙醇、75% 乙醇、甲醇、无水甲醇,定容到 10mL,室温 20℃下超声处理 20min。之后,4000r/min 离心 10min,取上清液 4m1 过中性氧化铝柱,以 75% 乙醇洗脱,前 2.5m1 弃去,收集后 10m1,以紫外分光光度法测定,7 次重复测定,结果见表 1。

表 1 不同溶剂提取义乌样品中 Lovastatin 结果(mg/g)

提取溶剂	n	$\overline{X} \pm SD$	P 值
无水乙醇	7	4.25 ±0.19	——
95% 乙醇	7	5.53 ±0.26	2.28854E - 07
无水甲醇	7	6.27 ±0.07	1.08808E - 05
甲 醇	7	6.23 ±0.13	0.436936
75% 乙醇	7	6.96 ±0.19	2.25462E - 06

注:P 值为该行与上一行的 T 检验结果。

从表1可以看出,75%乙醇提取效果与其他溶剂提取效果相比有极显著性差异,所以75%乙醇提取效果最好。

(二)色谱条件选择及结果　检测波长:紫外吸收光谱扫描结果显示Lovastatin在228nm、238nm、246nm处有三个特征峰,238nm处吸光值最大(图1)。由于HPLC能将Lovastatin与杂质完全分离,故选取238nm检测。

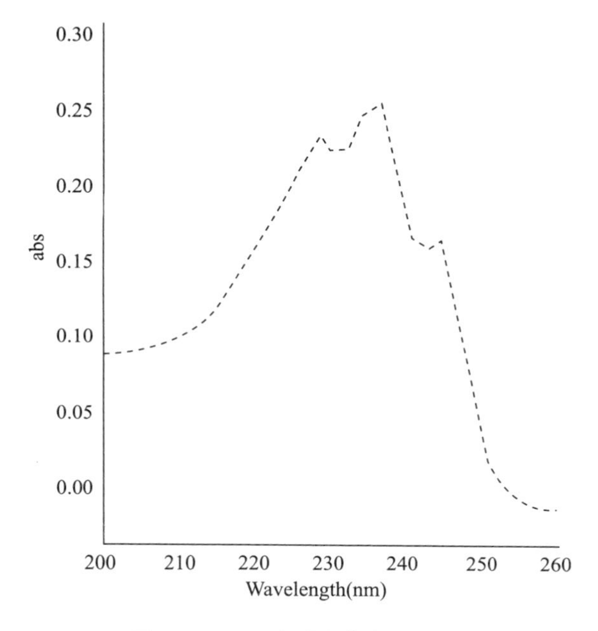

图1　Lovastatin标准品紫外吸收图谱

色谱条件:色谱柱C18(4.6mm×250mm,5μm);流动相甲醇:0.1%磷酸(V/V)75:25;柱温室温20℃;流速1mL/min。在以上实验条件下,样品中Lovastatin达到基线分离。标准品与样品色谱图见图2。

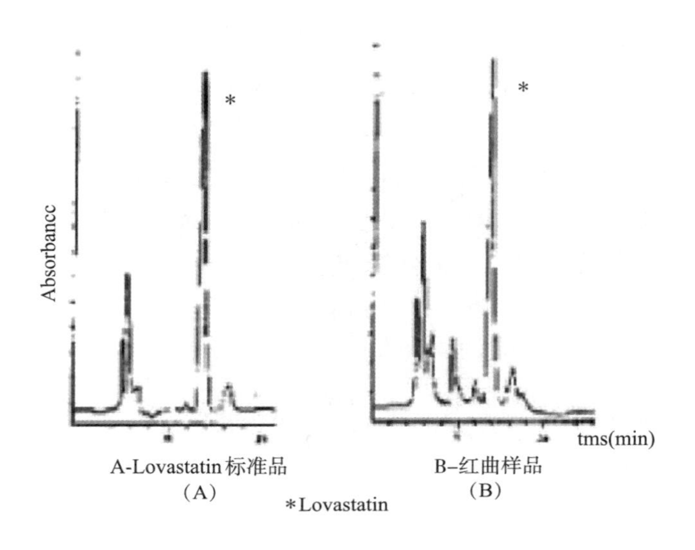

图 2 Lovastatin 标准品及红曲样品图谱

(三)标准曲线绘制 称取 Lovastatin 标准品 2.5mg,以无水乙醇溶解定容至 50mL(50μg/mL)。精确吸取 0.04mL、0.2mL、1mL、2.4mL、6mL、8mL 定容到 10mL,混合均匀。20μL 进样测定。以浓度作为横坐标,峰面积作为纵坐标,绘制标准曲线(见图 3)。结果表明,Lovastatin 在 0.2 - 50μg/mL 内线形关系良好。回归方程为 $y = 7.2656x - 0.2731$, $\gamma = 0.9996$。

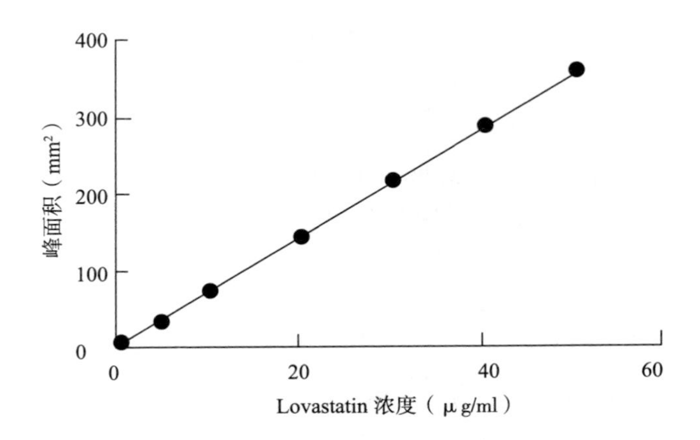

图 3 HPLC 法测定 Lovastatin 含量标准曲线

(四)回收率实验 采取加标回收法。称取义乌红曲样品 0.020g 两份，加入同样大小的 10mL 容量瓶中，其中一份加入 44μg/mL Lovastatin 标准溶液 2mL。各自以 75% 乙醇定容。超声 20min，4000r/min 离心 10min，取上清液 4mL 过中性氧化铝柱，75% 乙醇洗脱。前 2.5mL 弃去，收集后 10mL，混合均匀后 HPLC 测定。用加标样品测定结果减去未加标样品的结果计算 Lovastatin 标准品测定的回收率，重复 7 次，测定结果见表 2。

表 2 加入标准 Lovastatin 样品回收率的测定结果

第 n 次测定	加入量(μg)	检出量(μg)	回收率(%)	$\overline{X}\pm SD$
1	88	83	94	
2	88	87	99	
3	88	89	101	
4	88	91	103	98 ±5
5	88	93	106	
6	88	83	94	
7	88	81	92	

(五)精密度实验 将浓度为 4.8μg/mL Lovastatin 标准溶液连续 7 次重复测定，结果见表 3。

表 3 Lovastatin 标准溶液重复测定结果

第 n 次测定	峰面积	$\overline{X}\pm SD$	RSD(%)
1	40.89303		
2	42.45070		
3	43.84491		
4	42.31147		
5	41.47475		
6	41.06859	42.19 ±1.11	2.63
7	43.25855		

(六)灵敏度实验 当 Lovastatin 浓度为 0.2μg/mL、进样量为 20μL，色谱图上信噪比大于 2，故其最低检测量为 4μg。

(七)样品含量测定及结果 Lovastatin 标准溶液制备称取内酚型 Lovastatin 标准品 1.1mg 以 75% 乙醇溶解定容 25mL(44μg/mL),混合均匀备用。

样品制备分别称取义乌红曲及研碎后的东方红曲片 0.020g,置 10mL 容量瓶中,以 75% 乙醇定容,摇匀后室温 20℃超声处理 20min,取出后 4000r/min 离心 10min、取上清液 4mL 置已活化处理的中性氧化铝柱(100—200 目,5g,110℃活化 30min)以 75% 乙醇洗脱。前 2.5mL 弃去收集后 10mL,混合均匀后备用。

样品测定结果:分别吸取标准溶液及样品溶液 20μL 进样测定,重复 5 次,结果见表 4。

表 4 样品中 Lovastatin 含量测定结果(mg/g)

样品	n	Lovastatin 含量
义乌红曲	5	6.2 ±0.3
东方红曲片	5	1.3 ±0.1

三、讨 论

实验除了对不同的提取溶剂进行测试以外,还做了不同超声时间的比较。取 0.030g 红曲样品加 10mL 溶剂。超声提取 5min。样品中 Lovastatin 即可基本提取完全,继续延长提取时间到 10min、20min、30min、40min、50min、60min 后,Lovastatin 含量无明显增加。为确保样品中 Lovastatin 提取完全,故实验选用超声提取时间为 20min。

本实验所使用之红曲样品为红曲初级发酵制品,其特点是色素含量较高,而 Lovasatin 含量较低。因此在使用 FIPLC 分析测定之前,进行样品前处理是必不可少的。为去除色素,进行了吸附剂的选择。比较了中性氧化铝、硅胶、羟基磷灰石、活性炭、白陶土的吸附效果。结果表明,中性氧化铝去除色素效果较好。

对洗脱剂的收集量进行选择。以 4mL Lovaslatin 标准溶液过中性氧化铝柱后,进行洗脱。经紫外分光光度法测定,前 2.5mL 内无内酯型 Lovastatin 检出,而 1.25mL 之后也无内酯型 Lovastatin 检出。

证明在洗脱开始后的 2.5—12.5mL 内内酯型 Lovastation 被洗脱完全,可以用于测定。在此条件下样品提取液中的酸式 Lovastatin 不被完全洗脱,因此采用中胜铝柱层析的前处理方法基本上能够将色素、酸式 Lovastatin 与内酯型 Lovastatin 分离开。

由于样品进行了前处理,其中大部分杂质及色素均已去除。因此在 HPLC 分析过程中所使用的流动相比较简单且经济,主要为甲醇和水,适当加入些磷酸使 Lovastatin 保持其内酯形式以减少测量误差。

在以上实验条件下,样品中的内酯型 Lovastatin 经 HPLC 层析后可达到与其他杂质成分分离。样品采用加标回收率法经 7 次重复测定的回收率为 98.93% ±4.92%。7 次重复测定的标准偏差为 1.11,变异系数为 2.63%。最低检测量为 4μg。由此可见此方法具有良好的准确性和精确度,不仅适用于内酯型 Lovastatin 含量较高的药品测定,更适用于红曲发酵制品,包括初级发酵制品中的内酯型 Lovastatin 含量测定。

参考文献(略)

(作者:文镜,常平,顾晓玲,金宗濂;
原载于《食品科学》2000 年第 12 期)

双波长紫外分光光度法测定红曲中洛伐他汀(Lovastatin)的含量

在工业化国家,冠心病是最常见的致死疾病。引起冠心病的因素很多,临床和病理学研究证明,高胆固醇血症是动脉粥样硬化和冠心病形成的主要原因。1979 年远腾从红曲霉发酵液中分离得到 Lovastatin,并发现它是一种有效降血浆胆固醇的活性物质[1]。这一研究成果后来被美国及欧洲许多科学工作者的研究所证实[2]。由于 Lovastatin 来源于红曲,安全且抑制胆固醇合成的机理清楚,效果好,因此受到广泛的重视和好评。专家们认为 Lovastatin 的发现和开发利用,是防止心血管病的一个突破性进展[3]。

人体中约 70% 胆固醇由体内合成,抑制体内过多的胆固醇合成是防止心血管病的一种有效途径。机体内从乙酰 CoA 合成胆固醇的主要代谢途径中,由轻甲基戊二酏 CoA(HMG - CoA)还原为二经甲基戊酸这一步反应是合成胆固醇的限速步骤。催化此步骤的酶是羟甲基戊二酞 CoA 还原酶[4]。由于 Lovastatin 与该酶作用底物 HMG - CoA 有相似结构,因而成为该酶的竞争性抑制剂。Lovastatin 可阻断二羟甲基戊酸的合成,进而抑制胆固醇的合成。有文献报道 Lovastatin 结构中的六氢萘环是一个重要基团。由于这一基团的存在使 Lovastatin 比 HMG - CoA 对酶有更大的亲和性,因此可以很成功地阻断胆固醇合成从而降低血浆中的胆固醇水平[5]。

自红曲的发酵产物中发现 Lovastatin 之后,红曲的研究引起国内外的极大关注,国内许多过去生产红曲色素的厂家都希望了解自己产品中 Lovastatin 含量有多少,更希望能够提高红曲发酵制品中 Lovastatin 含量。为此,就需要有一个准确且行之有效的检测方法。红曲样品中存在大量红曲色素的干扰,高效液相色谱法由于经过高效层析分离,因此能够准确测定 Lovastatin 含量。但是高效液相色谱仪设备昂贵,又需要专业技术人员操作。对于目前国内生产红曲的大量中小企业显然不适用。紫外分光光度法简便、快速,仪器设备相对高效液相色谱法便宜很多。如果能够用紫外分光光度计测定样品中 Lovastatin 含量，对生产厂家产品质量控制及进一步开发研究将十分有利。然而由于红曲初级样品中主要是大量色素，Lovastatin 含量很低，如采用一般的紫外分光光度法无法对样品中的 Lovastatin 进行测定。

本实验对紫外分光光度计测定红曲中 Lovastatin 的方法进行研究。发现高效的提取与分离方法是能够用紫外分光光度计测定红曲样品中 Lovastatin 的先决条件，并采用双波长紫外分光光度法最大限度地排除残余色素的干扰，使应用紫外分光光度计准确测定红曲发酵制品中的 Lovastatin 含量成为可能。

一、实验材料

（一）仪器

UV－UIS8500 型双光束紫外可见分光光度计（上海天美科学仪器有限公司）。

（二）试剂

Lovastatin（中国医学科学院医药生物技术研究所）：层析用中性氧化铝（上海五四化学试剂厂）100—200 目：甲醇（北京化工厂）分析纯：无水乙醇（北京化工厂）分析纯：95% 乙醇（北京化工厂）分析纯。

（三）样品

义乌红曲粉（由中国发酵工业协会特种功能发酵制品专业委员会提供，义乌市天然色素实业有限公司生产）；

东方红曲片（河北涿州东方生物技术有限公司）；

血脂康胶囊（北京北大唯信生物科技有限公司）。

二、实验原理

Lovastatin 易溶于 75% 乙醇，可用其作为从红曲中提取 Lovastatin 的溶剂。采用超声提取的方法以提高 Lovastatin 的提取效率。超声提取后离心分离除去不溶杂质。Lovastatin 和色素等可溶性杂质混于上清液中，色素等可溶性杂质会干扰 Lovastatin 比色测定，需要用吸附柱层析吸附色素和杂质。一定条件下 Lovastatin 不被吸附而随着洗脱液流出。由于 Lovastatin 在 246nm、254nm 两波长下其吸光度之差（$A_{246}-A_{254}$）与其浓度的关系符合比尔定律。而红曲色素在

此波长下 ΔA 极小,因此采用双波长紫外分光光度法能够排除红曲色素干扰,完成对样品中 Lovastatin 含量的定量测定。

三、实验方法与结果

(一)吸附层析柱的制备 将 100—200 目中性氧化铝在 100℃活化 30min,冷却至室温,取 5g 用 75% 乙醇浸泡悬浮后装入内径为 0.9cm 的柱子中,用 75 乙醇 25ml 淋洗柱子。

(二)分析波长的选择 分别称取不含 Lovastatin 的红曲色素两份各 0.300g,其中一份加入0.2mgLovastatin 标准品,再称取同样量的 Lovastatin 标准品,三份样品分别用 95% 乙醇定容到 10mL,均超声提取 20min,离心(4000r/min)10min,取上清液 4mL 浓缩到近 0.5mL,分别加入 3 个层析柱中,用 95% 乙醇洗脱,收集第 4—7mL 流出液,用紫外分光光度计样品进行波长扫描。标准 Lovastatin、红曲色素、及红曲色素加标准 Lovastatin 三个样品的紫外吸收曲线见图 1。从图 1 中可以看到,标准 Lovastatin 在 228nm、238nm、246nm 处各有一个特征吸收峰(见图 1 中的 C)。238nm 处吸收值最大;不含 Lovastatin 的红曲色素在 200—260nm 整个扫描范围都有很强烈的紫外吸收(见图 1 中的 B),在 220—240nm 吸光度有很大变化,而 246—254nm 吸光度的变化很小:含 Lovastatin 的红曲色素其吸收曲线实际上是红曲色素吸收曲线与 Lovastatin 吸收曲线的加和(见图 1 中的 A)。尽管理论上 Lovastatin 对 238nm 波长紫外光吸收最强烈,用 238nm 波长测定灵敏度最高。但由于色素的干扰,如果使用 238nm 波长测定,所测出的吸光度值实际上是红曲色素与 Lovastatin 共同产生的。若将其作为 Lovastatin 的含量,则即引起了很大正误差。产生被测样品中 Lovastatin 含量很高的假象。从图 1 中可以看到,246nm 是 Lovastatin 的另一个吸收峰,其峰谷吸收波长为 254nm,246nm 与 254nm 的吸光度之差正好反映出这一吸收峰的峰高。尽管色素在此波长范围仍有很强的光吸收,但在 246nm、254nm 的波长下测定其吸光度的改变量(OA)却很小。因此用分光光度计测定样品中 Lovastatin 含量时应采用双波长测定的方法。检测波长为 246nm 和 254nm。用两个波长之差($A_{246}-A_{254}$,)来计算含量。这样就排除了样品经吸附层析分离后残存色素的干扰。使得用紫外分光光度计定量测定红曲样品中 Lovastatin 含量成为可能。

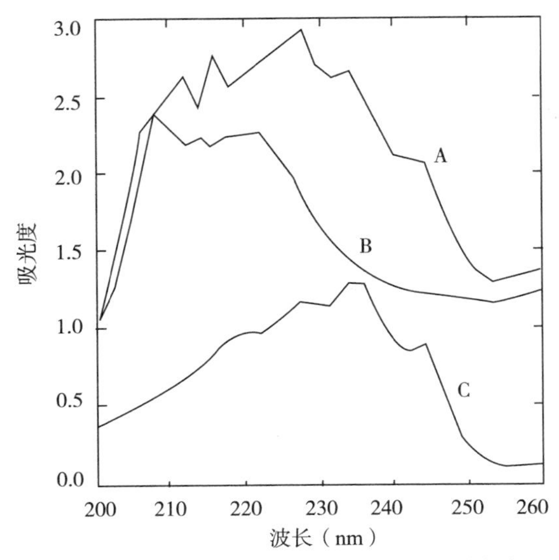

图 1　Lovastatin、不含 Lovastatin 的红曲色素及含 Lovastatin 红曲色素的光吸收曲线

(三)提取溶剂的选择　Lovastatin 在无水甲醇、无水乙醇、甲醇、95% 乙醇、75% 乙醇等溶剂中都能较好地溶解,以下实验对这几种溶剂的提取效果进行比较。

精密称取 30.0mg 义乌红曲,分别用无水乙醇、95% 乙醇、75% 乙醇、无水甲醇和甲醇定容到 10mL,超声提取 20min,离心(4000r/min)10min。取 4mL 上清液浓缩到近 0.5mL,经柱层析分离后,用紫外分光光度计测定洗脱液中 Lovastatin 含量。实验重复 7 次,结果见表 1。

表 1　不同溶剂提取义乌红曲中 Lovastatin 的结果(mg/g)

溶剂	n(次数)	$\overline{X} \pm SD$	P 值*
无水乙醇	7	4.25 ±0.19	
95% 乙醇	7	5.53 ±0.26	2.28854E −7
75% 乙醇	7	6.96 ±0.19	2.25462E −06
无水甲醇	7	6.27 ±0.07	1.08808E −05
甲醇	7	6.23 ±0.13	0.436936

* P 值为下一种与上一种溶剂的比较。

表 1 结果表明,75% 乙醇的提取效果最好。

(四)标准曲线的绘制　精密称取 3.2mg Lovastatin 标准品溶于 50mL 75%

乙醇,配成64μg/mL阿的溶液。分别量取0.5mL、1.0mL、2.0mL、3.0mL、4.0mL、5.0mL、6.0mL、8.0mL、9.0mL定容到10mL,使其浓度分别为3.2mL、6.4mL、12.8mL、19.2mL、25.6mL、32.0mL、38.4mL、51.2mL、57.6和64μg/mL。用双波长方法测定其含量,并将结果绘制标准曲线如图3所示,其线性回归方程为$y=0.0363x+0.0032$,γ值为0.9999。表明Lovastatin在3.2—64μg/mL的浓度范围内与$\Delta A_{(246-254)}$呈良好线性关系,符合比尔定律。

(五)方法回收率和精密度的测定 称取30.0mg义乌红曲用75%乙醇定容到10mL作为未加标样品。称取2.1mg Lovastatin标准品用75%乙醇定容到50mL,摇匀后精密量取5mL放入一10mL的容量瓶中,再同样称取30.0mg义乌红曲加入其中,并定容到10mL作为加标样品。两份样品平行操作,经超声提取、离心、浓缩、柱层析分离等步骤后测定Lovastatin含量,重复3次:相同条件下再次重复,但标准Lovastatin加入量为0.23mg,结果见表2。

表2 方法回收率和精密度测定结果($n=6$)

加入量(mg)	检出量(mg)	回收率(%)	$\overline{X}\pm SD$	变异系数
0.21	0.2057	97.96		
0.21	0.2066	98.39		
加入量(mg)	检出量(mg)	回收率(%)	$\overline{X}\pm SD$	变异系数
0.21	0.2038	97.05	97.50±1.38	1.4%
0.23	0.2204	95.83		
0.23	0.2214	96.26		
0.23	0.2289	99.52		

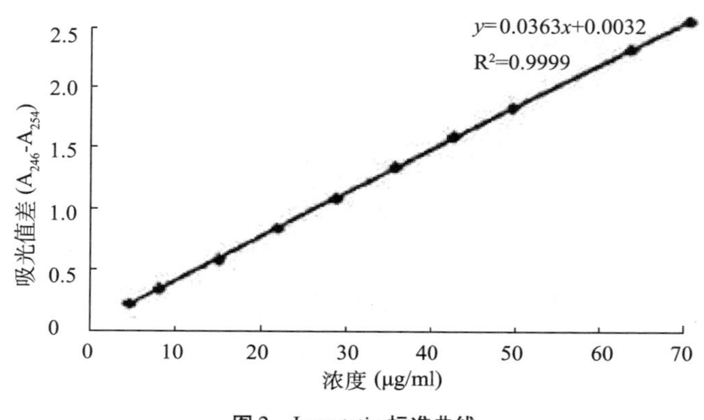

图2 Lovastatin标准曲线

结果表明,用此方法测定义乌红曲中 Lovastatin 可以获得较好的回收率和重复性。变异系数为 1.4% 。

(六)紫外分光光度法测定红曲中 Lovastatin 含量的最低检出限 首先测定 UV-VIS8500 型双光束紫外可见分光光度计的仪器噪声。在两个相同的石英比色杯中放入 75% 的乙醇,测定其在 246nm,254nm 的吸光值 12 次,算出 246nm 与 254nm 时的吸光值之差,并求出 12 次的平均值 0.0030 作为仪器噪声值,理论上利用双波长法测定样品中 Lovastatin 含量得到的吸光值之差至少要大于噪声值的 2 倍,即 0.0060。

分别称取不同量的红曲同样定容到 10mL,同样超声、离心、浓缩、上柱、洗脱、收集、测定,最后得出检测下限结果见图 3。

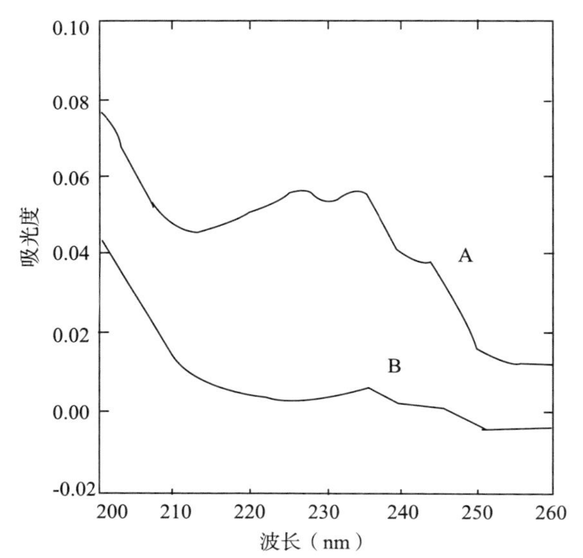

A是红曲样品Lovastatin浓度为0.65μg/mL时的吸收光谱;
B是将A中样品稀释0.5倍后Lovastatin的吸收光谱。

图 3 Lovastatin 最低检测下限吸收光谱

图 3 中的 A 是义乌红曲样品经前处理后,测定浓度为 0.65μg/mL Lovastatin 的光吸收曲线。从图中可以分辨出 Lovastatin 的三个特征吸收峰。此时 $A_{246}-A_{254}$ 的值为 0.0229。实验发现若样品中 Lovastatin 低于此浓度,仪器将不能检测到 Lovastatin 的特征峰。图 3 中的 B 为义乌红曲样品经前处理并稀释后测

定的光吸收曲线。虽然此条件下 $A_{246}-A_{254}$ 的吸光值为0.0069即仪器噪声的两倍以上,但由于在吸收曲线上不能看到Lovasta的三个特征峰,不能认为检测到了样品中的Lovastatin。因此,尽管理论上测量值大于噪声值的2倍被认为有效,但在本实验条件下,Lovastatin的检测下限还是应定为0.65μg/mL。

(七)样品中Lovastatin含量的测定 在上述实验条件下分别测定义乌红曲、东方红曲片和血脂康胶囊中Lovastatin含量,以检验实验方法的实用性。其中义乌红曲重复7次测定并同时做加标回收率($n=3$):东方红曲片重复5次测定,并同时做加标回收率($n=3$):血脂康重复测定5次并同时做加标回收率($n=3$)。结果见表3、图4和图5。图5是标准Lovastatin的光吸收图谱。

表3 样品中Lovastatin含量的测定结果(mg/g)

($\bar{X}\pm SD$)

样品	n	Lovastatin	加标回收率($n=3$)
义乌红曲	7	6.96±0.19	97.54±1.13%
东方红曲片	5	2.48±0.19	96.68±1.23%
血脂康胶囊	5	9.25±0.13	97.32±1.07

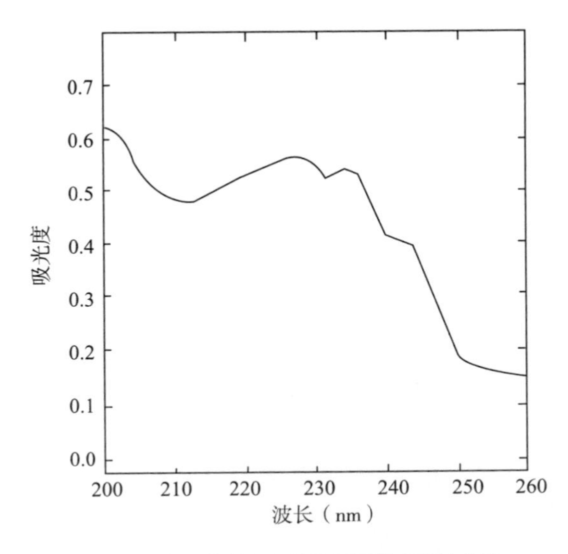

图4 义乌红曲样品经前处理后的光吸收曲线

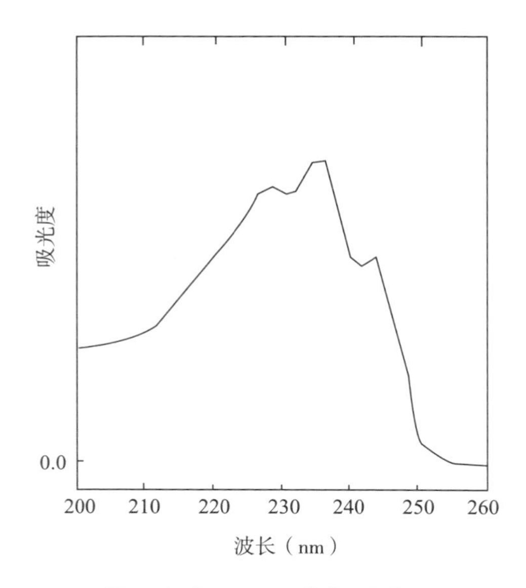

图5　标准 Lovastatin 的光吸收曲线

将图4和图5比较，可以看到样品经前处理后，尽管绝大部分色素干扰已经祛除，但还残存有少量的干扰，表现为254nm波长处样品的光吸收值比标准Lovastatin大。在这一点，标准Lovastatin已经没有光吸收（吸光度值接近于零），样品的吸光度值来自色素的干扰。因此在采用吸附层析后仍然要用双波长法测定是必需的。从表3可以看到实测样品的回收率都在95%以上，标准偏差小于0.2。说明该方法具有良好的实用性。适用于中小企业对Lovastatin产品的科研开发及产品质量控制。

四、讨　论

（一）用紫外分光光度计测定样品中 Lovastatin，前处理工作十分重要。

本实验在吸附剂的选择上，曾将活性炭、高岭土、硅藻土、硅胶、羟基磷灰石与中性氧化铝比较。结果是中性氧化铝分离色素和Lovastatin的效果最好。活性炭虽能很好地除去色素，但经实验测定，它同时也吸附了大量的Lovastatin，且不易洗脱下来，其他几种吸附剂对红曲色素的吸附作用都不理想。

（二）采用超声提取样品中的 Lovastatin 是省时、省力的好方法。

本实验中使用的样品量较少，提取溶剂相对较多。在这样条件下，将样品从提取5min到1h取5个时间段进行比较,发现超声提取10min就能提取完全。为更加保险,本实验采用了20min作为提取时间。

(三)对于吸附层析洗脱剂的收集量问题,实验中用0.05g义乌红曲(用量高于一般情况下的取样量)经超声提取、离心、浓缩、层析柱处理,并从加样后开始收集洗脱液,进行紫外扫描。

在开始的第3—8mL以后没有发现Lovastatin,在第4－7mL中均有Lovastatin,因此在确定收集体积时,选择了第4—7ml共4mL,以确保Lovastatin完全被收集。在对实际样品进行测定时,取样量低于0.05g,因此收集第4—7mL这4mL洗脱液,样品中的Lovastatin将完全包含在内。样品上柱前浓缩的目的是为了减少层析过程中的扩散,取得更好的分离效果并缩小洗脱液收集体积。浓缩宜采用冷冻真空法,如用沸水浴加热会使Lovastatin有一定损失。

(四)对于色素含量很高而Lovastatin含量相对很少的样品。

在用75%乙醇溶解、超声提取、离心后,可将样品浓缩近干,之后用无水乙醇溶解。再用无水乙醇为流动相进行中性氧化铝层析分离(中性氧化铝的处理及层析柱的平衡也相应用无水乙醇)。由于采用无水乙醇为流动相,极性比75%乙醇更低,因此流出液中的色素更少,更有利于紫外分光光度计的测定。

(五)尽管本实验中采用了吸附层析的前处理方法,但经这样处理的样品中还是会存在残存的色素,并在检测波长下有光吸收。

遇到这样多组分吸收曲线部分重叠的情况(见图1),如用经典的(单波长)分光光度法进行定量分析,必须解联立方程,工作烦琐且有较大误差。而且多组分吸收曲线若绝大部分重叠就不能用经典的分光光度法测定。为了解决上述问题,在经典分光光度法的基础上,双波长法显著提高了分光光度法的灵敏性和选择性。因此,本实验选用了双波长分光光度法测定以减少色素等杂质的干扰。

(六)实验中曾试图用干扰曲线扣除法排除紫外测定中色素的干扰。

经实验发现,干扰曲线扣除法也能够有效排除色素干扰。但与双波长法比较,操作烦琐,且回收率并不高于双波长法。因此,本实验选择了双波长法解决色素干扰的问题。

(七)本实验方法样品虽经吸附层析分离,但这样的前处理方法并不能将Lovastatin与它的类似物分离。

虽然这些类似物与Lovastatin相比含量很少,但还是会使测定结果略有偏高。这些类似物大多也具有与 Lovastatin 相同的生理活性。因此本方法所测定的结果严格来讲包括了 Lovastatin 以及它的类似物。如要精确了解样品中 Lovastatin 的含量,可用高效液相色谱将 Lovastatin 与它的类似物彻底分离后再用紫外检测器对 Lovastatin 定量分析。

参考文献(略)

(作者:文镜,顾晓玲,常平,金宗濂;
原载于《中国食品添加剂》2000 年第 4 期)

用蛋白质羰基含量评价抗氧化保健食品的研究

随着保健食品功能研究的飞速发展,目前检测抗氧化所用的指标已显露出不足。例如,目前抗氧化保健食品所检测的几项指标,主要是针对抗氧化酶的活性以及膜脂受损的程度。缺乏通过观察蛋白质及核酸受损程度来评价保健食品抗氧化功能的指标。

1987 年 Oliver 等人报道了蛋白质羰基含量与衰老的关系,指出蛋白质羰基含量随年龄的增长而增加[1],以后的大量研究结果对这一结论给予肯定。目前蛋白质羰基的形成已经成为判定蛋白质氧化损伤的重要标志[2,3]。本文利用经典的 2,4 - 二硝基苯肼比色法测定蛋白质羰基含量,建立以蛋白质羰基含量为检测指标评价抗氧化保健食品的方法,并对方法的可行性进行了探讨。

一、材料与方法

(一)材料

仪器　UV - VIS8500 型双光束紫外可见分光光度计,上海天美科学仪器有限公司;离心机,美国 Beckman 公司。

试剂　蛋白酶抑制剂,Boehringer 公司;胃蛋白酶抑制剂,Sigma 公司;亮抑酶肽,Sigma 公司;苯甲基磺酰氟(PMSF),Amresha 公司;EDTA,Serva 公司;N - 2 - 羟乙基哌嗪 - 2 - 乙磺酸(HEPES),Sigma 公司;牛血清白蛋白,Boehringer 公司;2,4 - 二硝基苯肼(DNPH),武汉盛世精细化学有限公司;盐酸胍,北京金龙化学试剂有限公司;维生素 C,Sigma 公司;××牌羊胎活力肽,×××公司产品;羊胎素,×××公司产品。

实验动物　不同组织蛋白质随龄变化的比较实验采用昆明种 10 周龄、52 周龄雌性小鼠各 10 只及 4 周龄、70 周龄雄性小鼠各 10 只。

××牌羊胎活力肽对小鼠脑、肝蛋白质羰基含量的影响实验采用昆明种40周龄雌性小鼠40只，分低、中、高3个剂量组，分别按人体代谢的5倍(0.11g/kg·bw)、10倍(0.22g/kg·bw)、30倍(0.68g/kg·bw)以灌胃方法，给予受试物50d，每日1次。同时设一对照组，灌胃同样体积的蒸馏水。各组间体重经t检验差异无显著性。

羊胎素对小鼠脑蛋白质羰基含量的影响实验所用动物及分组同上所述。其中3个实验组灌胃剂量分别为0.15g/kg·bw、0.30g/kg·bw和0.90g/kg·bw，每日1次。

维生素C对小鼠脑蛋白羰基含量的影响实验用56周龄雄性小鼠20只，随机分为实验组与对照组，每组10只。实验组每日灌胃1次维生素C水溶液，每只小鼠维生素C摄入量为每日12mg/kg·bw。对照组灌胃同样体积蒸馏水。

本实验所用动物均来自中国医学科学院实验动物所繁育场提供的健康二级昆明种小鼠(动物许可证编号:SCXK11-00-0006)。

(二)方法

1. 试样前处理

小鼠摘眼球取血1.0mL。处死，取待测组织心、脑、肝一定数量(150—200mg)。将心、脑、肝在HEPES中洗去残余血液，分别放入4mL匀浆缓冲液中，在4℃下匀浆破碎后15000r/min离心10min，分别取上清液待测。血液在室温下放置5min，在3000r/min离心5min，取血清。

2. 羰基含量测定方法

见参考文献[4]。

3. 小鼠不同组织蛋白质羰基含量随龄变化的检测

分别取10周龄、52周龄雌性昆明种小鼠各10只，摘眼取血1.0mL后断头处死，立即取血清、脑、肝、心。用上述方法对各组织蛋白羰基含量进行测定。再用4周龄、70周龄雄性昆明种小鼠各10只进行同样实验。计算结果，比较不同组织蛋白质羰基含量随龄增量的多少，从而找出用蛋白质羰基含量评价抗氧化保健食品最灵敏的组织。

4. ××牌羊胎活力肽对小鼠脑、肝蛋白质羰基含量影响的检测

各组小鼠连续灌胃受试物及对照物50d后断颈处死，立即开颅取脑，开腹取肝。测脑、肝组织蛋白质羰基含量

5. 羊胎素对小鼠脑蛋白质羰基含量影响的检测

各组小鼠连续灌胃受试物及对照物 50d 后断颈处死，立即开颅取脑，测定脑组织蛋白质羰基含量。

6. 维生素 C 对小鼠脑蛋白质羰基含量影响的检测

实验组及对照组小鼠连续灌胃维生素 C 或蒸馏水 30d 后断颈处死，立即开颅取脑，测定脑组织蛋白质羰基含量。

二、结　果

（一）不同组织中蛋白质羰基含量随龄变化

10 周龄与 52 周龄雌性小鼠不同组织的蛋白质羰基含量测定结果如表 1 所示。图 1 显示了不同组织蛋白质羰基含量随龄增加的情况。

表 1　雌雄小鼠不同组织蛋白质羰基含量的变化（$\bar{x} \pm s$, $n = 10$）nmol/mg 蛋白质

组织	10 周龄	52 周龄
脑	2.73 ±0.54	6.84 ±1.09(1)
肝	2.98 ±0.34	6.05 ±1.30(1)
血清	2.66 ±0.74	3.97 ±0.94(1)
心	2.87 ±0.83	5.00 ±1.45(1)

注：(1) $P < 0.05$，与 10 周龄比较显著增加。

从表 1 可以看到，52 周龄雌性小鼠各组织中蛋白质羰基含量都比 10 周龄小鼠显著增高。

蛋白质羰基含量增量 = 52 周龄小鼠组织中蛋白质羰基含量 − 10 周龄小鼠组织中蛋白质羰基含量

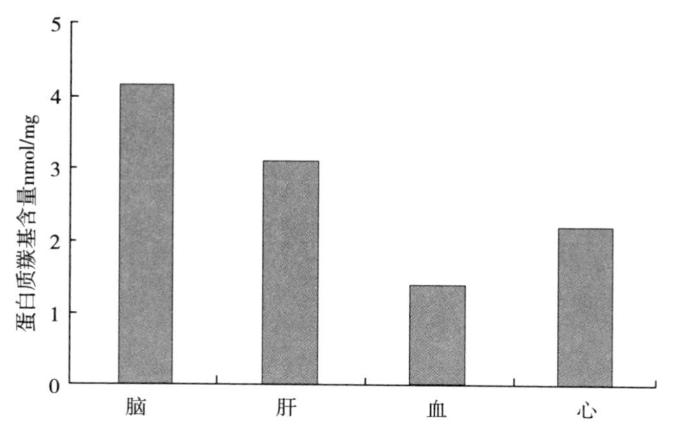

图1　不同组织中蛋白质羰基含量增量比较

从图1可知,随着年龄的增加,雌性小鼠各组织中蛋白质羰基增量为脑 > 肝 > 心 > 血清。

4周龄与70周龄雄性小鼠不同组织的蛋白质羰基含量测定结果如表2所示。

比较表1、表2可知,随着年龄的增加,雄性小鼠各组织中蛋白质羰基增加的趋势与雌性小鼠基本相同。

表2　雄性小鼠不同组织蛋白质羰基含量的变化($\bar{x} \pm s, n=10$)nmol/mg 蛋白质

组织	4周龄	70周龄
脑	2.30 ±0.58	6.40 ±1.24(1)
肝	2.70 ±0.83	5.92 ±1.77(1)
血清	2.17 ±0.78	4.28 ±1.10(1)
心	2.38 ±0.67	4.60 ±1.87(1)

注:(1)$P<0.05$,与4周龄比较显著增加。

(二)××牌羊胎活力肽对小鼠脑、肝蛋白质羰基含量的影响

饲喂××牌羊胎活力肽50d后观察该受试物对脑、肝蛋白质羰基含量的影响,其结果如表3所示。

表 3　× ×牌羊胎活力肽对脑、肝蛋白质羰基含量的影响（$\bar{x} \pm SD, n=10$）　nmol/mg **蛋白质**

	对照组	低剂量组	中剂量组	高剂量组
脑蛋白质羰基含量	6.25 ±0.91	5.40 ±0.78(1)	4.60 ±1.02(2)	4.09 ±0.76(3)
肝蛋白质羰基含量	5.04 ±0.84	4.42 ±0.77	4.26 ±0.92	3.64 ±0.95(2)

注：(1) $P<0.05$，与对照组比较有显著性差异；(2) $P<0.01$，与对照组比较有非常显著性差异；(3) $P<0.001$，与对照组比较有极显著性差异。

从表 3 可以看到服用受试物后低、中、高剂量组小鼠脑中蛋白质羰基含量均显著低于对照组，表明本实验方法能够将受试物抑制蛋白质损伤的作用很好地反映出来。比较两个对照组可以看到，脑组织蛋白质受损程度高于肝组织，而服用抗氧化保健食品之后，低、中剂量对脑组织中蛋白质羰基含量的减少已经有了明显作用，而高剂量对肝组织才表现出明显作用。这一结果也反映出脑组织对自由基攻击的敏感性高于肝组织，因此对于抗氧化保健食品的功能检测采用脑组织更好。

表 4 是按照目前卫生部对于抗氧化保健食品规定的检测项目检测后的结果。按照目前卫生部颁布的《保健食品功能学评价程序和检测方法》中对于抗氧化保健食品检测结果的判定标准，可以判定 × ×牌羊胎活力肽具有抗氧化功能。

由于表 3 与表 4 使用同样受试物，同一批受试动物及同样喂养天数，从表 3 和表 4 的结果可以看出脑蛋白质羰基含量的测定结果与目前卫生部规定方法检测结果所得出的结论相吻合。

表 4　× ×牌羊胎活力肽抗氧化功能的测定（$\bar{x} \pm SD, n=10$）

	对照组	低剂量组	中剂量组	高剂量组
心肌脂褐素 μg/g 组织重	10.10 ±1.40	7.90 ±1.60(2)	6.50 ±2.20(3)	7.20 ±2.60(2)
血清脂质过氧化物 nmol/mL	6.74 ±1.71	5.83 ±0.95	5.72 ±0.93	4.86 ±1.07(2)
血清 SOD NU/mL	190.20 ±31.90	196.00 ±26.80	221.10 ±20.10(2)	218.20 ±28.50(1)
全血 GSH－PX 活力单位	28.20 ±1.60	27.20 ±2.40	27.80 ±2.30	27.50 ±2.90

注：(1) $P<0.05$，与对照组比较差异有显著性；(2) $P<0.01$，与对照组比较差异有非常显著性；(3) $P<0.001$，与对照组比较差异有极显著性。

用另一个样品对检测方法再次进行验证，实验结果如下。

(三)羊胎素对小鼠脑组织蛋白质羰基含量的影响

饲喂羊胎素50d后观察该受试物对脑蛋白质羰基含量的影响,其结果如表5所示。

表5的结果表明采用本检测方法能够将羊胎素对蛋白质损伤的抑制作用反映出来。

表6是按照目前卫生部对于抗氧化保健食品规定的检测项目检测的结果。按照卫生部颁布的《保健食品功能学评价程序和检测方法》中对于抗氧化保健食品检测结果的判定标准,可以判定××牌羊胎素具有抗氧化功能。由于表5与表6使用同样受试物,同一批受试动物及同样喂养天数,因此表明脑蛋白质羰基含量的测定结果与目前卫生部规定方法检测结果所得出的结论相吻合。

表5　羊胎素对脑蛋白质羰基含量的影响($\bar{x} \pm SD, n=10$)　nmol/mg 蛋白质

	对照组	低剂量组	中剂量组	高剂量组
脑蛋白羰基含量	6.09 ±1.21	5.63 ±1.05	4.99 ±0.92[(1)]	4.59 ±1.02[(1)]

注:(1)$P<0.05$,与对照组比较差异有显著性。

表6　羊胎素抗氧化功能的测定($\bar{x} \pm SD, n=10$)

	对照组	低剂量组	中剂量组	高剂量组
心肌脂褐素 μg/g 组织重	12.21 ±6.58	12.30 ±6.13	12.15 ±3.47	12.51 ±5.73
血清脂质过氧化物 nmol/mL	5.18 ±0.70	4.55 ±0.95	4.51 ±0.73[(1)]	4.80 ±0.40
血清 SOD NU/mL	188.70 ±4.70	195.30 ±14.20	196.20 ±8.90[(1)]	189.50 ±10.20
全血 GSH－PX 活力单位	21.51 ±1.84	20.97 ±2.31	23.33 ±3.21	23.78 ±2.25[(1)]

注:(1)$P<0.05$,与对照组比较差异有显著性。

(四)维生素C对小鼠脑组织蛋白质羰基含量的影响

维生素C清除体内自由基,抗氧化的功能已被大量实验所证实。小鼠口服维生素C 30d后观察该受试物对脑蛋白羰基含量的影响,结果对照组小鼠脑蛋白质羰基含量为6.34 ±0.84nmol/mg 蛋白质。服用维生素C 30d后的小鼠脑蛋白质羰基含量为4.82 ±0.96nmol/mg 蛋白质。实验组小鼠脑蛋白质羰基含量比对照组降低24%,经统计学检验差异有非常显著性($P<0.01$)。结果表明通过检测小鼠脑蛋白质羰基含量的方法能够将维生素C清除自由基对蛋白质的保护作用反映出来。

三、讨　论

（一）蛋白质是自由基攻击的一个主要目标，自由基通过对蛋白质侧链残基的氧化修饰使得蛋白质构象改变，肽链断裂、聚合或交联，从而引起蛋白质功能丧失，酶和受体的功能下降，正常的生理活动受到影响。蛋白质侧链氨基酸的氧化是生命系统的一个重要信号，其侧链羰基的形成是蛋白质受到损伤的一个标志。几乎组成蛋白质的所有氨基酸对°OH 或°OH 加 O_2^- 修饰都较敏感，但程度不同。尤其含不饱和键的巯基氨基酸通常对所有形式的活性氧都敏感，蛋氨酸、酪氨酸、色氨酸、脯氨酸、半胱氨酸和苯丙氨酸等都很容易受到自由基的攻击。蛋白质侧链羰基的形成在体内主要是通过金属离子（铁离子或铜离子）催化氧化系统（MCO 系统）完成。[5] 在这个过程中，二价铁离子与蛋白质上氨基酸残基形成铁（Ⅱ）—蛋白质配位复合物。H_2O_2 作用于此配位复合物的铁（Ⅱ）上，产生°OH、OH^- 和铁（Ⅲ）—蛋白质配位复合物。°OH 从侧链氨基酸上提出一个氢原子，使侧链氨基酸的碳上有一不配对电子。在此不配对电子作用下，铁（Ⅲ）—蛋白质配位复合物又重新变回铁（Ⅱ）—蛋白质配位复合物，随后配位键断开，二价铁离子和 NH_3 与复合物分离，由此在蛋白质侧链形成羰基或羰基衍生物（如图 2 所示）。

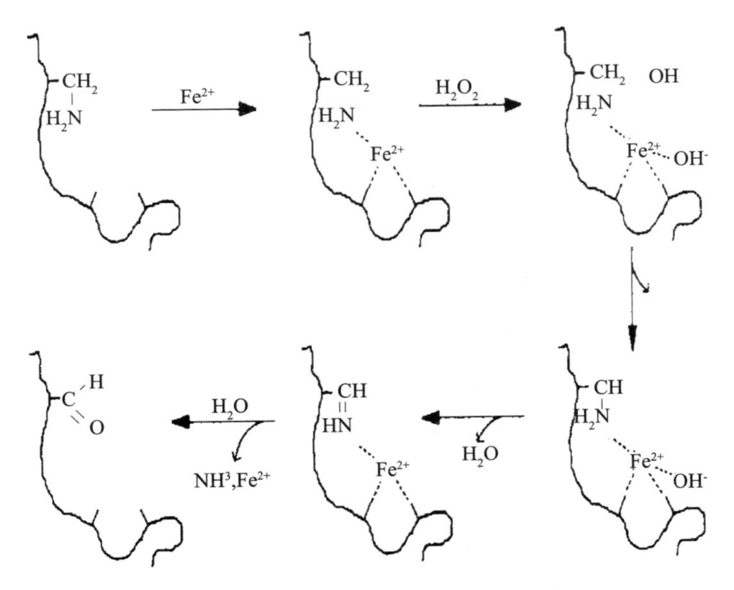

图 2　铁离子参与的蛋白质侧链氨基酸氧化形成羰基示意图

此外羟基自由基可直接作用于肽键,使肽键断裂,引起蛋白质一级结构的破坏,在断裂处产生羰基。首先羟基自由基抽提碳原子上的氢,使碳原子氧化,在此基础上水解断裂(如图3所示)。

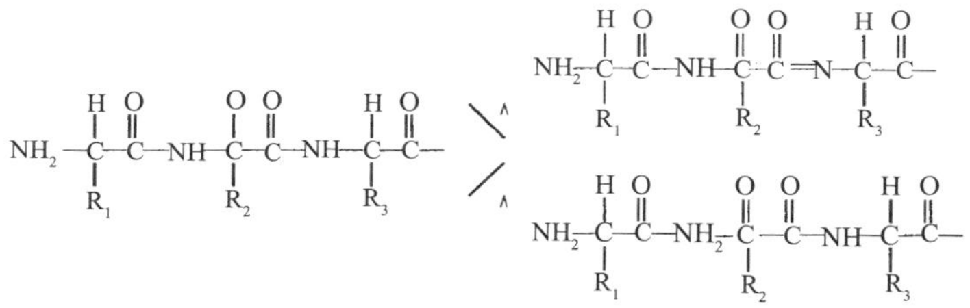

图3　自由基引起肽链断裂并在断裂处形成羰基示意图

除了上述机理以外,蛋白质羰基的形成可能还有其他途径,但以自由基引起羰基形成为主。因此测定蛋白质羰基含量对衡量自由基对机体的损伤有着实际意义。

(二)中枢神经系统是最容易受到自由基损伤的组织。[6]脑组织中抗氧化酶(如SOD、谷胱甘肽)的含量比其他组织相对较少,而且在脑组织中代谢缓慢,酶的活性也较低,因此脑组织一旦受到自由基攻击将产生积累效应,损伤不易恢复。从实验结果可知,雌性小鼠各组织蛋白质羰基含量随龄增加,52周龄与10周龄雌性小鼠相比脑组织蛋白质羰基含量增加150%,肝组织增加103%,心组织增加74%,血组织增加49%,脑组织蛋白质中羰基含量的增加最为显著。70周龄与4周龄雄性小鼠相比,脑组织蛋白羰基含量增加178%,肝组织增加119%,心组织增加97%,血组织增加93%,也是脑组织中的增加最为显著。因此,脑组织是通过蛋白质羰基含量评价抗氧化保健食品功效的最佳组织。卫生部目前对抗氧化保健食品功效评价使用的动物组织是心脏和血清,采用脑作为通过蛋白质羰基含量评价抗氧化保健食品功效的组织,在实验操作上可与其他指标共用同一批实验动物。而实验结果可为抗氧化保健食品功效评价提供另一项有力的证据。

(三)用2,4-二硝基苯肼比色法作为蛋白质羰基含量的测定方法优点是:操作简便,设备要求低,便于推广,适用于日常常规检测。从上述实验结果看,这一方法能够检测出受试物的抗氧化作用,满足对一般保健食品的检测。如遇特殊样品需要提高灵敏度,可以考虑其他更为灵敏的方法。如氢硼化物还原法、免疫学印迹法等。

参考文献(略)

(作者:文镜,李晶洁,郭豫,张东平,赵江燕,金宗濂;
原载于《中国食品卫生杂志》2002 年第 4 期)

四、保健（功能）食品的管理及产业评述

美国的健康食品及其管理体制

东西方各国由于历史和文化渊源的差异,对健康诉求食品(下称健康食品)的认识大不相同。早在20世纪80年代初,美国的国立癌症研究所(NCL)推出了一种加工食品,在这种加工食品中添加了某些天然的生理活性成分,赋予其某种特定设计的功能,提出了类似日本功能食品的所谓“设计食品”。下面简述美国对这类产品的管理及其市场。

一、美国有关健康食品的发展历史

美国健康食品的发展与欧洲有较大的差异,这可能与下列因素有关:①膳食与生活方式;②消费者的购买力;③美国的顺势疗法及植物药不占重要的市场份额。

从历史发展的角度看,可能与美国人快节奏的生活方式相适应。他们钟爱快餐,喜食方便面及加工食品,一般说来这些食品含有高钠、高饱和脂肪酸和低膳食纤维。至20世纪70年代后半期,美国人逐渐发现摄取这类食品过多,会使他们因营养过剩而患有各种“文明病”,致使他们的医药费用急剧升高。于是美国人开始接受低钠、低饱和脂肪酸、高膳食纤维的膳食,各种媒介也不断强调平衡膳食的重要性。至20世纪80年代中期,食品工业开始出现了开发健康食品的趋势。虽然这些食品还谈不上具有一定的保健功能,但人们开始重视食品和人类健康的关系,为这类食品的出现做了必要的心理准备。

20世纪80年代中期以前,美国政府的食品管理部门(FDA)对于食品有益于人体健康,强调它对人体的调节功能一般持否定态度。1984年,Kellogy公司在美国国立癌症研究所的协助下,开发了一种含高膳食纤维的全麸食品,并在包装上注明,全麸食品中的膳食纤维有益于预防直肠癌。其后美国开始研讨食品和健康的关系。在许多事实的证明下,至1987年8月FDA才认可食品可调节“健康”,并修改了“食品标签”的提案。至20世纪90年代,FDA制定《营养标签与教育法案》(Nutritional Labeling and Education Act. NLEA,1990),提出了食品成分和特定疾病之间的关系,即在一种食品的标签上可标以所含某种营养素与“疾病”、“健康”有关的声称,但仅限制在以下五个方面:①钙与骨质疏松,②食物纤维和癌;③脂质和心脏病;④抗氧化剂与癌;⑤钠与高血压。并确定了对这类食品审查的六项标准:①真实性和科学依据;②作用范围,即食品成分和特定疾病减轻的关系;③医学和营养学一致原则:已口标签说明词不得暗示该食品可提供必需的全部营养素;④专家一致同意;⑤附参考文献;⑥有营养含量的标签说明。至今FDA已通过11项功能宣称,除上述五项外,还有低聚糖与胆固醇,叶酸与神经性畸形,水果、蔬菜与癌症,糖醇与龋齿,燕麦片与冠心病,车前子壳与冠心病,等等。黄酮类功能正在申请评估中。但是NLEA提出的食品标志上标明某些营养素的健康宣称包括了目前尚未列为营养素的生理活性成分如低聚糖、车前子壳等,即营养素的含义扩大了。其次按NLEA的规定,只要一个公司的产品申请通过后,其他企业生产该产品时,只要满足添加物的最低有效量即可在产品上标志该项宣称,不用重新申报。

在这一形势下,“设计食品”在美国逐渐兴起,即在加工食品中添加了一些天然的生理活性成分,赋予某种预先设计的特定功能的食品。在FDA倡导下,美国国家癌症研究所(NCL)研究评价了六种不同食品中具有抑癌作用的活性成分,并提出这些食品可以有某些“健康”声称。1993年初美国国立卫生研究院(NIH)提出,应给研究者创造必要的条件,将传统营养学与分子、细胞、遗传学最新进展结合起来,研究营养和人类健康及疾病的关系,提出了所谓的《生物营养立法动议》(Bionutrition Initiative),这一动议进一步增加了美国政府对“营养与健康疾病”之间关系的理解。其间,一些欧洲的传统的植物药和草药产品也开始不断流入美国市场,美国的一些制造商也开始仿制这类产品,这一趋势使美国消费者对顺势疗法和传统植物和草药逐渐产生了兴趣,并开始认可。和欧洲一样,以膳食纤维、ω_3脂肪酸、抗氧化维生素和β-胡萝卜素为主要成分的产品在美国市场上迅速发展起来。由于科学研究的高度评价加之公共媒体的渲染,这类产品的生理功能逐渐为普通公众所接受。上述一切都为1994年“膳食补充品健康与教育法案”的出台创造了必要的条件。

二、美国有关健康食品的管理体制

(一)《膳食补充品健康与教育法案》(Dietary Supplement Helalth Educating Act. DSHEA,1994)

如上所述,在美国随着食品和人类健康关系的研究深入,某些食品成分可能与预防某些慢性病之间存在一定联系的观点得到确认。因此,1990年《营养标签与教育法案》允许对某些食品成分在具有充分科学论证和经FDA批准后,可在标签上标以促进健康的某种声称,但当时仅限于少数几种成分和有限的几个方面,如膳食纤维与癌症等。此后,生产健康食品和膳食补充品的生产者认为他们的产品较为特殊,似乎用《营养标签与教育法案》管理,不利于优质产品发展,而且补充品中绝大部分成分经过科学证明是安全的,其功能也是明确的,应当制定另一个较为宽松的法规进行管理。经过两届国会讨论听证,终于于1994年国会两院通过了《膳食补充品健康与教育法案》。下面扼要地介绍一下这一法案。

1. 膳食补充品的定义:法案确定:“膳食补充品是一种产品,可加到膳食中,它至少是下列的一种:维生素、矿物质、草药、植物性物质、氨基酸,其他可补充到膳食中的膳食物质或者浓缩物、代谢产物、组成物、提取物或上述物质的混合(不包括烟草)。这些产品可以是任何形式,如胶囊、软胶囊、粉状物、浓缩物或提取物。补充品不是食品添加剂,也不是常用食品或餐饮中的一种。”

可见,美国对膳食补充品的定义似乎较我国保健食品范围更宽一些(它可以是某些草药),而且对这类产品的管理较过去更宽松、灵活。美国将这类产品称之为膳食补充品而不是“健康食品”较为策略,因为有些补充品其保健作用还不十分肯定,也不称“营养品”,因为补充品中除了营养素外,还有草药、植物药,它们不能称作营养品。

法案允许“生产者可以宣称他的产品对人体营养有好处,但不能有有关疾病的诊断、减轻、治疗或治愈的声称”。因此,这一条例允许宣传服用补充品能促进身体健康,甚至说明它有一定的治疗作用,而且只需30天内通知FDA。但是不能有预防某一疾病,治疗、治愈疾病的宣传。

2. 膳食补充品必须确保安全:法案认为:“若补充品按照在标签上标明的食

用方法或大家都了解的食用方法食用时,有显著的或情况不明的致病或损伤的危害时,则此补充品为伪劣产品。”而证明一个补充品是否安全是 FDA 的职责。

3. 关于补充品的成分和营养含量的标签:对膳食补充品的标签,规定要有每一成分的名称和含量。若是专利产品,应有其混合物中成分的总量。草药产品必须说明是草药,是植物的哪一部分。补充品必须符合官方的标准。标签中要列出每一种营养素的数量,并标明该种营养素的 RDA。没有 RDA 规定的营养素也需在标签中列出。标签还需列出每服一次补充品的量及其中每一成分的量。

4. 对膳食补充品的宣传:对膳食补充品可以用文章和出版物的形式作为信息介绍给消费者,但禁止与补充品的销售联系在一起(标签除外)。这些信息不能是假的或作错误的引导,不能用来提高生产商或某一特殊牌子的威信。介绍的信息或资料应是平衡信息,这些信息不能放至包装盒内,也不能在购买时附送。证明这些资料是否真实、是否有错误导向的责任在 FDA。

5. 关于新的膳食成分:凡在 1994 年 10 月 15 日以后上市的膳食补充品其中的成分称为新的膳食成分。法案允许新的膳食成分,只要在服用时这一成分没有化学变化,或这些成分有一段应用历史或其他有关的安全证明。这种新的膳食成分在进入销售网之前 75 天要向 FDA 申请,并提出有力的证据证明是安全的。卫生和人类服务部在送上申请表 180 天内做出是否采用的决定。

6. 补充品的生产、包装和管理:补充品的生产、包装和管理要采用 GMP。

7. 建立膳食补充品标签委员会:膳食补充品标签委员会其任务是提出膳食补充品对健康有好处的证据、质量标准评价并推荐。委员会可平衡生产者和政府管理机构的对立意见,并将平衡意见直接推荐给总统和国会。

8. 建立膳食补充品办公室:在美国,卫生和人类服务部(DHHS)和国立卫生研究院(NIH)建立一个膳食补充品办公室,用于探索补充品促进健康的作用和进行科学管理,研究补充品如何维持健康及预防慢性疾病。办公室作用为:

(1)指导和协调在国立卫生研究院中各有关研究机构关于补充品如何预防和减少疾病的研究。

(2)收集和汇编有关补充品的研究结果,其中包括国外结果和非常规医学(alternative medicine)办公室的结果。

(3)管理对有关补充品安全的宣称,管理预防疾病作用和补充品标签和成分的科学文章发表。作为卫生和人类服务部和 FDA 有关补充品的科学顾问。

(4)汇集有关补充品和其中营养素的科学研究数据。

(5)协助有关补充品的研究基金分配。

(二)美国对健康食品采取分类管理体制

美国的健康诉求食品包括天然食品、功能性食品及膳食补充品三类,其中天然食品是指少加工,没有添加人工色素、香料、防腐剂等的产品或不使用农药的有机耕作栽培米、蔬菜等(也称为有机食品)。而膳食补充品包括维生素、矿物质及草药三类。

美国的功能性食品和膳食补充品分别由《营养标签与教育法案》(NLEA)(1990)和《膳食补充品健康与教育法案》(DSHEA)(1994)管理,这一点与日本相似(表1)。我国的保健食品虽以强调保健功能为其特征,但只能以膳食补充品的面目进入美国市场,而且要依DSHEA相关的规定进行管理,其主管单位是美国FDA。其管理重点如下。

表1　美国功能性食品的相关管理法规

种类	法源	定义	范围	声明管理
膳食补充品	膳食补充品健康与教育法案(DSHEA)(1994)	可作为膳食补充品用,而形态为片剂、胶囊、粉末、口服液等特定的口服食品,称为营养补充剂	种类包括维生素、矿物质、草药及其他植物、氨基酸、其他可补充日常膳食摄入不足的物质,上述浓缩品、代谢物、组成物、萃取物或组合者	允许以报备方式宣称对人体生理机能的影响,无需举证,只要在产品包装标识上提供安全性相关资讯即可
功能性食品	营养标签与教育法案(NLEA)(1990)	在一种食物的标签上有指出其所含之一种营养素与疾病或健康有关的声明的食品	FDA已通过11项功能宣称,包括钙与骨质疏松,钠与高血压,水果、蔬菜与癌症,叶酸与神经性畸形,糖醇与龋齿,燕麦片与冠心病,车前子壳与冠心病等	如果食物中含有FDA确认的与某些病症有关联的食物成分时,允许申请功能的声明

1. 上市前的申报:在DSHEA规定下,厂商只要以申报或申请“安全认可”的方式,即可让产品上市。要在产品标识上提供相关安全信息,不必举证支持产品的安全性。

2. 健康宣称:允许以备案方式宣称对人体结构与机能有一定影响,但不能作药品或健康的宣称,《营养标签与教育法案》(HLEA)所指定的宣称仅限于某些营养素的健康功效。而 DSHEA 对膳食补充品的规定扩大了,包括营养素、食品成分及食品的整体(如草药)的作用。

3. 上市的后监督:若 FDA 怀疑销售产品安全性时。必须举出产品不安全的相关证据。当 FDA 完成负面举证时,必须通知厂商,并给于 10 天的申诉时间,以便厂商准备相关资料进行答辩。FDA 在听取厂商答辩后才能将有关产品的不安全证据,连同厂商申请资料一并送法院裁决。

4. 产品宣传:伴随产品的宣传品如书籍、广告说明手册等只要是立场客观的科学报导,并与实际商品展示处有一适当间隔,即可使用。但严禁不实、误导民众或推广某一特定品牌之宣传品。

5. 研究教育:在 NIH 下设一膳食补充品办公室来推动有关膳食补充品的学术活动,以探讨膳食补充品与预防或治疗疾病之间的互动关系,并寻找利用膳食补充品这一潜在角色来改变美国的医疗方式。

6. 管理原则:政府希望厂商主动遵循相关规定,并由消费者及产业界监督,建立商品管理机制,必要时要求厂商收回产品,故特别重视教育。

三、美国有关健康诉求食品的市场

(一)市场规模

美国有关健康诉求食品由于《膳食补充品健康与教育法案》的颁布、媒体的健康报导增加,近年来市场成长较快,其中维生素类的成长已趋缓和,1995 年成长率仅 6.4%,近年来虽有回升,也不到 10%(表 2、表 3)。矿物质 1994 年没有成长。近年因微量元素如锌、铬的崛起,成长率有所提升,但未能突破 10%。由于维生素和矿物质的成长空间有限,厂商多朝草药补充剂方向发展,尤其是草本成分新产品的市场成长快速,1997 年达 40%,1998 年还能维持 20%(表2、表3)。此外值得一提的是天然健康食品(包括膳食补充品和天然有机食品),1991 年至 1997 年增加了 2.2 倍,连续 5 年成长率均超过 20%。1997 年成长率仍高达 28.17%。1997 年美国健康食品市场达 226 亿美元,其中天然健康食品 148 亿元,占有率超过 65%;膳食补充剂 78.2 亿元,占天然健康食品的 52.8%。1998 年膳食补充品市场连续成长至 88.8 亿美元,较 1997 年增长 13%;而草药等补充品则增长 20% 为 38.65 亿美元,是增长最多的部分,未来前景仍被看好。

表 2　美国天然健康食品及膳食补充剂市场规模

（单位:亿美元）

年份	1991	1992	1993	1994	1995	1996	1997	1998
天然健康食品	46.4	52.8	62.0	75.5	91.7	115.0	148.0	
膳食补充剂	32.6	37.3	43.0	50.1	58.2	62.3	78.2	88.8
维生素	22.9	25.7	29.1	31.4	33.4	35.0	38.2	41.6
矿物质	5.7	5.9	6.1	6.2	6.6	7.3	7.9	8.6
补充剂	4.0	5.7	8.5	12.5	18.2	23.0	32.2	38.7

表 3　美国膳食补充剂成长率

（单位:%）

年份	1992	1993	1994	1995	1996	1997	1998	94—98 平均
维生素	12.4	13.0	8.1	6.4	4.8	9.0	9.0	7.3
矿物质	2.6	2.5	1.7	6.5	10.7	8.6	8.6	8.6
补充剂	42.5	49.1	47.1	45.6	26.4	40.0	20.0	32.6
合计	14.4	15.3	16.4	16.2	12.2	19.9	13.5	15.4

另外,功能性食品也是美国食品工业中发展最为迅速的一部分,年销售额接近 10 亿美元。

(二)近年来美国销售最为热门的十类草药

近年来,一家在美国有较大影响力的营养食品刊物《Whole Food》进行了多次民意调查,选出了销售额排名前十位的草药(表 4)。

表 4　1998 年美国草药补充品前十名的销售额

（单位:亿美元）

名称	1998 年销售额	1998 年排位	1997 年排位	1996 年排位
银杏(Gingko)	1.38	1	3	4
圣约翰果(St,John Wort)	1.21	2	16	
人参	0.98	3	6	3
大蒜	0.84	4	2	2

续表

名称	1998 年销售额	1998 年排位	1997 年排位	1996 年排位
紫锥花(Echi nacea)	0.33	5	1	1
棕榈(Saw Palmetto)	6	5	9	
葡萄籽(Grape Seed)	0.11	7	14	15
Kave	0.08	8		
月见草(Evening Prrimros)	0.08	9		
北芪黄莲(Gdden Sea)	0.08	10	4	5

下面介绍美国的比较畅销的草药。

1. Cat's claw(Uncarla Tomentosa)为钩藤科植物,最早应用于欧洲。目前美国以其为主要成分的保健品有 30 多种,它的适应范围广,如恶性肿瘤、慢性疲劳综合症、过敏症,并可抗环境污染、肠道黏膜病变等,我国未见本品报道。

2. Saw Plamatto(Serenoa Serrulta)中文译名锯叶棕,主要功能有:治疗男子阳痿、不育症,治疗前列腺炎及肥大,此外增加体力耐力,对女子乳房发育不良、男子睾丸疾病等亦有效。我国未见本品报道。

3. Ginkgo biloba 即银杏,主要功能为:增加脑血流供应,治疗健忘、眩晕、头痛等症,尤其适用于老年人,其提取物对老年痴呆也有效。银杏主产我国。

4. Echinacea(Echinacea Angustifolia)中文名狭叶紫锥花,其功能为提高免疫功能,抗菌、抗病毒、抗癌,在中医文献中未见其应用。

5. Kombucha 在中国亦称红花菌,也称康普茶。西方认为本品可治疗低血压,提高免疫 T 细胞数量,增加体力。

6. Bilerry(Vaclnlum Myrtillus)中文名缬草,以前用于安神镇静,近年来的研究认为它能增加人体血流量,增强一些酶的功能,对视力有益。20 世纪 60 年代后吸收入中草药,用于安神、补虚、解痉。

7. OPCS(Prosnthocyanadins)原是一种称为 maritime 的松树的松针和松树枝,煎汤饮用,以后从松树皮及葡萄核中均提取有效成分 OPC,其功能为抗氧化,抗感染,改善皮肤光洁度和弹性,改善血液循环,提高视力。我国有用松树各部位入药的,但其性味功能未与 OPC 比较。

8. Milk Thistle(Silybum Mananum)属蓟科,用于治疗肝脏疾患。我国于 20 世纪 70 年代从欧洲引进,中文名水飞蓟,并吸收为中草药,用于预防和治疗肝炎。

9. Kava Kava(Pipe Methysticum)中文名卡瓦胡椒,西方用于抗焦虑;近代研究表明它有镇静、安眠、松弛肌肉、抗昏厥,类似安定类药物的机理,我国未见用本品的报道。

10. Goldenseal(Hydrastic Canadensis)中文名白毛茛或北美黄连;现用于感染性疾患和炎症,如流感、皮肤黏膜炎症、胃溃疡,我国未见用本品的报道。

目前美国国立卫生研究院(NIH)和替代医学研究所(OAM)将草药列为重点研究对象,而美国 FDA 将此列入膳食补充剂。今后美国的健康食品的开发主要集中于如下方面:①模拟人乳婴儿配方奶粉;②调节免疫功能食品;③增强抑癌功能食品。

(三)美国健康诉求产品的未来发展趋势

1998 年美国膳食补充剂产值达 89 亿美元,与 1994 年的 50 亿美元相比,成长了 78%(成长率为 15.4%),近五年市场呈二位数成长,未来前景仍被看好。自"膳食补充品健康与教育法案"实施后,更多的科学研究证实了维生素的益处,新补充剂积极地被开发与推广,推动了市场销售。预期 2003 年健康食品市场规模将达 165 亿美元,1994—2003 年平均成长率为 14.2%。

维生素与矿物质因市场较成熟,已渐趋饱和。不过近两年新成分的开发再度开扩了其成长空间。根据 Packaged Facts 预测,1998—2003 年维生素类平均每年成长 7%—9%,矿物质年增长率 5%,草药补充剂则每年增长 17%—25%。整个膳食补充剂产量在未来的 20 年仍会持续成长(表 5)。

表 5 1998—2003 年美国膳食补充剂销售预测

(单位:亿美元)

项目年份	1998	1999	2000	2001	2002	2003	平均年长率
维生素	41.60	45.35	48.50	51.90	55.55	59.45	7.3%
矿物质	8.55	9.05	9.50	10.00	10.50	11.05	6.7%
草药补充剂	38.65	48.30	58.00	69.60	81.40	95.20	25.3%
合计	88.80	102.70	118.00	131.50	147.45	165.70	14.2%

(原载于《中国保健食品》2002 年第 6、7 期)

创新是推动我国保健(功能)食品产业发展的根本动力

目前,我国亚健康态人群逐年增多,肥胖症、高血压、血脂异常、糖尿病患者合计已超过4亿人。因此,我国政府于2006年3月将“推进公众营养改善行动”列入《中华人民共和国国民经济和社会发展第十一个五年规划纲要(草案)》,2008年又提出我国将制定实施“健康中国-2020”战略。同时,国务院发展中心的研究指出:保健行业每实现3亿元产值,可解决1万人就业,贡献4000万元税收,减少5亿元公费医疗费用。

随着国民经济的发展、生活水平的不断提高、以及疾病谱的变化,人们的医疗观念已由病后治疗型向预防保健型转变,健康保健意识逐渐增强,对保健(功能)食品的需求将大大增加。因此,保健(功能)食品产业的发展具有十分重要的经济意义和社会学价值,也是解决新世纪面临的健康问题的重要途径。根据居民生活水平和健康产业发展程度推算,我国保健(功能)食品市场的潜在规模应达2000亿元人民币,预示着我国即将进入“功能食品产业迅速扩张”的发展机遇期。

一、世界发达国家功能食品产业的发展现状

据NBJ的调查显示,2006年全球营养产业的市场规模为2250亿美元,其中膳食补充剂的规模达680亿美元,近三年的市场增长率超过8%,以美国、欧洲和日本为三大主要市场,分别占35%、32%、18%。除日本以外,亚洲仅占7%。

2006年,美国营养产业中功能性食品、膳食补充剂、天然有机食品、个人健康护理产品等四大类产品的市场规模分别为314亿美元、225亿美元、236亿美元、74.9亿美元,均居全球领先地位。特别是膳食补充剂,占到全球同类产品

规模的三分之一。

据日本富士经济公司的调研结果,2006 年日本有健康诉求的市场总产值为 19000 亿日元,其中特定保健用食品为 6645 亿日元、营养补助产品 6278 亿日元、健康饮料及其他为 6077 亿日元。值得关注的是,从 1991 年至 2005 年,其相当于我国保健(功能)食品的特定保健用食品销售量以平均每年 25% 的速度递增。

2006 年欧洲食品补充剂市场估计产值为 140 亿欧元,2002—2006 年平均增长率为 3.6%。

可见,全球保健(功能)食品市场远没有成熟,各国的起步时间不同、消费者的教育程度与需求不同,市场成熟度及市场发展的驱动力也不尽相同。

二、我国保健(功能)食品产业的现状及制约其发展的主要瓶颈

(一)我国保健(功能)食品的审批情况

自 1996 年 3 月 15 日卫生部颁布的《保健食品管理法》实施以来,截止到 2008 年底,获批准的保健食品总数达 9613 个。在获批准的产品中,功能声称排列前五位的是增强免疫力、缓解体力疲劳、辅助降血脂、抗氧化和通便,分别占 30.0%、14.5%、11.9%、6.5%、4.2%。无新功能产品出现。

(二)我国保健(功能)食品的市场状况

2005 年 5 月,中国保健协会发布了《中国保健食品调查报告》,初步掌握了我国保健(功能)食品的市场状况。结果显示,自 1996 年至 2004 年 6 月底,经国家主管部门批准的保健食品共计 6009 种,但在零售终端市场能调查到的产品仅为 2951 种。在调查到的 2951 个产品中,标识合格的仅为 1917 个,占审批量 1/3 左右。在 1917 种合格产品中,具有功能的产品 1703 种,营养素补充剂 214 种。按其形态分类,胶囊占 35%,口服液 17.4%,片剂、冲剂分别为14.57% 和 11.69%。

(三)制约我国保健食品产业发展的主要瓶颈

2008 年我国的人均 GDP 已达 2400 美元,表明我国健康产业将进入快速增长的机遇期。依据人民生活水平和世界健康产业发展程度推测,我国保健(功能)食品市场潜在规模应为 2000 亿元人民币左右。实际上,近几年我国保健(功能)食品市场规模为 600 亿—1000 亿元人民币。制约我国保健(功能)食品

产业发展的主要瓶颈为：

1. 研发盲目，科技投入不足

目前我国公布有27项保健功能，截至2008年底，已批准的9613个产品中，增强免疫、辅助降血脂和缓解体力疲劳等三类产品占到50%以上，结构十分不合理。而且企业往往以报批代替研发，批准率不高，同质化现象严重，市场寿命短。据统计，全国3000余家保健食品企业，其研发投入不足销售额的1%，而广告投入占销售额的6%—10%。科技投入过低是我国保健食品产业长期处于低水平重复的一个重要因素。

2. 企业分散，规模过小

我国现有保健企业约3000家，大多为中小企业。50%以上的企业投资额在100万元以下，12.5%的是投资额不足10万元的作坊式企业。而国外，如韩国的前十大厂商，其销售额占韩国总销售额的60%，我国前10强的销售额不到产业总产值的25%。企业规模过小是我国保健食品企业缺乏竞争力的另一个重要原因。

3. 夸大宣传，名誉受损

美国有3亿人口，服用膳食补充剂的有2亿。而我国像北京这样的大城市服用保健品的人口占总人数36.2%。主要原因是：保健食品在国人心目中信誉度不高。除了夸大宣传外，一是将保健食品与药品混为一谈，将保健作用夸大为治疗作用；二是将普通食品的营养作用夸大为保健功能，混淆了普通食品和保健食品的区别。

4. 管理与监督体系不完善，监管不力

据不完全统计，我国保健食品行业相关管理部门曾经多达10余个，总体说来重审批，轻监管。管理与监督体系还不完善，存在一些监督管理方面的盲点。就企业而言，违法成本过低，而守法成本太高，加之媒体的夸大宣传等问题，都是造成国民心目中保健（功能）食品信誉不高的主要原因。

5. 科普滞后，人员素质不高

我国保健食品的主要销售渠道在超市和药店，且由消费者自行选择购买。这不仅要求消费者对保健食品要有充分了解，也要求销售人员有相当的科学文化素质。就北京市调查情况看，北京市保健食品从业人员行业基本常识匮乏现象突出。在行业知识培训中，往往忽视科普知识和行业政策普及，因而销售人员也无法正确向消费者普及保健食品知识。

三、创新是发展我国保健(功能)食品产业的根本出路

从上述制约我国保健(功能)食品产业发展的主要瓶颈可以看出,知识创新的不足、管理体制与监管机制的不完善、企业发展机制的不健全等弊病影响了产业的发展。因此,创新是发展我国保健(功能)食品产业的根本出路,其主要包括:研发与技术创新、管理体制创新、监督机制创新、企业发展机制创新等四方面。

(一)研发与技术创新

研发与技术创新至少涵盖基础研究、应用技术研究、以及产业化研究等三个层次的创新。

在基础研究方面,由于保健(功能)食品既不同于食品又区别于药品,是适宜亚健康态人群服用的。因此,要用现代生物学、医学、营养学的基本理论来阐述、界定及干预亚健康,要结合现代营养学、生物化学、生物制药、植物化学、食品科学等理论,来研究现代的功能食品体系。

在应用技术研究方面,可以围绕新功能和新原料两个方向进行。一方面,鼓励企业进行新功能的研究和申报,值得开发的新功能如:改善妇女更年期综合症、预防蛀牙、改善老年骨关节功能等;另一方面,鼓励企业开发新原料,我国有万余种药用植物资源,我们应在战略上高度重视中医中药的保健功能,把握"巨大市场、优势资源、传统中医药文化"的优势,开发中国特色的功能食品新原料。

在产业化研究方面,一是涉及保健(功能)食品生产中关键技术的创新,如功能因子分离和纯化技术、功能因子快速检测技术、保健食品的原料和产品的检伪技术等;二是涉及产品的创新,大力发展以食品作载体的保健(功能)食品,使其进入消费者的一日三餐。

(二)企业发展机制创新

目前,国内大多数保健(功能)食品发展策略是以营销为龙头,带动企业发展。多数企业的营销策略是"靠概念、靠炒作、靠广告"。用概念炒作代替技术创新,以概念炒作代替品牌战略。这样结果往往是:"小的做不大,大的做不强",而且"昙花一现"短寿的多。而一些国外的企业和产品纷纷涌入中国,用7%的产品占据我国40%的保健品市场。因此,我国保健(功能)食品企业发展

的策略,应改老“三靠”(“靠概念、靠炒作、靠广告”)为新“三靠”(“靠技术、靠质量、靠服务”),实现科技营销战略,探索科学营销模式,以推动企业发展。

(三)监督体制创新

虽然,我国已经初步形成了保健(功能)食品的管理法律、法规和标准体系,但在实施过程中却存在着多头管理的局面。各管理部门之间缺乏沟通与信息交流,产生了一些的政策盲点,加上至今尚无“保健(功能)食品”的国家标准,导致监测指标与标准不明、监督管理缺乏准绳,阻碍了保健(功能)食品产业的健康发展。因此,监督机制的创新势在必行。

(四)管理体制创新

我国《保健食品管理办法》实施至今已经有十三年,《保健食品注册管理办法》实施至今也有四年了。这是我国管理保健食品的两部大法,由这两部大法衍生了61部管理法规和条例,已不算少。但在管理体制上还有一些值得探讨的问题:

有关保健(功能)食品的单轨制和双轨制管理问题　我国是将保健食品和功能食品看成一个概念,并以一套法规予以管理,称为单轨制。而日本是将功能食品(称为特定保健用食品)和保健(或健康)食品看成两个概念进行管理,可称为双轨制。双轨制最大的优点是采用了疏导的方法,不仅提高了特定健康用食品的审批门槛,而且促进了“健康食品”的大幅度发展。我国实行单轨制的最大弊端是保健食品审批的门槛要求过低,并且面对市场上出现的诸如“功能性饮料”、“功能性糖果”等产品进行管理时又无法可依。因此,需要进行体制创新。

采取“产品”管理还是“声称”管理　自1995年实施《食品卫生法》后,一直将保健食品作为一项单独的产品行管理,并给予特定标识和批准证书,它既区别于一般食品也不同于药品。目前日本即是如此。但国外还有采取标签管理的模式,或称之为健康声称管理模式。即:在食品标签上,除了要标明各类营养素的含量外,还可以标识健康声称。这类声称由国家有关部门进行严格管理,如欧盟、美国等。我国的保健食品到底应该采取何种管理方式,应从我国保健食品产业的现状出发、从维持市场平稳的角度出发,进行管理创新。

保健(功能)食品标准制定的问题　我国保健食品是按27项功能进行分类的。这种分类给制定保健食品的标准带来诸多困难。目前,一些国家对保健食品的功能是按原料分类的。如,韩国市场的健康食品有营养素补充剂、芦荟、人参与红参、乳酸菌四类。这种管理易于制定标准,将每种原料的安全量、功效作用量范围(特别是最小有效量)以及作用机理弄清楚,产品的功能就易于管理了,如同药典一样。

我国自《保健食品管理办法》实施以来已有 13 年,也积累了相当的保健食品原料与功能的相关数据。因此,可以参考韩国的原料分类管理经验,先从制定原料的标准着手,逐步过渡到保健食品的标准化管理,从而避免目前审批过程中的一些重复性工作,这就要求尽快建立各类功效成分的标准检测方法。

四、法规标准的制定与及时修订是确保我国保健(功能)食品产业健康发展的基础

我国保健(功能)食品的管理存在很多问题,究其成因,法律法规的滞后及其前后脱节是主要因素之一。如,早在 1999 年和 2003 年卫生部就分别取消了"抑制肿瘤"和"延缓衰老"两项功能的受理,而目前市场上仍有少数产品(特别是 1996—1998 年获得批号的产品)在宣传其具有"抑制肿瘤"、"延缓衰老"的功效。2005 年 7 月 1 日开始实施的《保健食品注册管理办法(试行)》中规定,保健食品批号的有效期为 5 年,这就意味着标有"抑制肿瘤"功效的产品距卫生部取消"抑制肿瘤"功能受理达 11 年之久。可见,市场上老一代产品的标签标示与现行的管理体制存在脱节问题。相比之下,各发达国家对法律法规的修订就比较及时。如,美国对食品标签上功能声称的管理依据主要是《营养标签与教育法(NLEA)》(1990)和《膳食补充剂健康与教育法(DSHEA)》(1994),明确了"营养素含量声称"、"结构/功能声称"以及"具有明确科学共识的健康声称",随后又于 1997 年颁布了《食品药品管理局现代化法》(FDAMA),明确了健康声称授权的第二条途径——"具有权威声明的健康声称",而"2003 年 FDA 较好营养的消费者健康信息计划"又对"有条件的健康声称"做出了具体的规定。这些法规的出台都是管理与市场需求之间的平衡,在确保消费者健康利益的前提下维护市场的稳定发展。

因此,我们应借鉴国外发达国家为加强管理而适时修订法规或颁布补充规定的经验,针对我们在管理中存在的一些疏漏,为适应产业发展及市场需求而定时修改或补充出台新法规,避免上述的法律法规严重滞后或法规之间脱节、不衔接的问题,以确保保健(功能)食品管理制度的连续性和系统性。

五、结束语

当前，我国保健（功能）食品法规的制定已远远落后于产业发展，特别是目前《食品安全法》业已出台执行，制定保健（功能）食品的国家安全标准已迫在眉睫。因此，有必要研究国外发达国家的相关法规、标准及研究报告，特别是近几年，美国、日本、欧盟和韩国等国对功能食品的管理都有重要进展，更需我们深入了解其管理法规与标准建立的背景与科学依据，结合我国实际情况进行管理模式的综合比较与分析，旨在提出完善我国保健（功能）食品管理体系的意见和建议，以推动我国保健（功能）食品产业的发展，确保人民群众的食用安全，使社会环境和市场环境和谐、协调发展。

（作者：金宗濂，陈文；原载于《食品工业科技》2009 年第 7 期）

欧盟对功能食品的管理

欧盟是一个超国家的组织,既有国际组织的属性,又有联邦的特征。欧共体最初建立时,特别强调减少和消除成员国之间的贸易壁垒。食品行业是最需要将各种法规进行统一的一个领域。尤其是健康食品、功能食品、多种形式的膳食补充剂、营养食品等产品的贸易都会受到欧盟各成员国间不同法律法规的限制,使得这些食品即使在欧盟成员国之间也不能进行自由流通和公平竞争。随着功能食品、营养补充品市场的不断扩大,健康声称已成为一种重要的食品管理手段。经过几十年的努力,欧委会于2006年底宣布于2007年开始执行《食品中营养与健康声称法规》[1],各成员国之间的相关食品法规将逐步统一,使这些食品具有了实现自由贸易的基础。另外,《食品中添加维生素、矿物质及其他物质的法规》(即《强化食品法规》)[2]、《膳食补充剂指令》[3]、《新食品管理法规》[4-5]以及《特殊营养用途食品的管理法规》[6]等法规也都涉及对功能食品的管理。

一、欧盟功能食品的范畴

迄今,欧洲对于功能食品还没有立法定义或官方定义,也没有将功能食品列为一个独立的条目,仍将其归于食品条目下管理。因此,在欧洲,功能食品必须遵守所有与食品相关的法律法规,包括组成、标签以及声称等。欧盟现有的功能食品包括以下几类:膳食补充剂(food supplements)、新食品(novel food)、特殊营养用途食品(food for particular nutritional use,也称作"PARNUTS")、强化食品,也包括有营养声称和健康声称的普通食品。

(一)膳食补充剂[3]

欧盟2002/46/EC关于《膳食补充剂指令》的第2章,将膳食补充剂被定义为:补充正常膳食的食品、浓缩的营养素或其他具有营养或生理效应的物质,可以是单一成分或混合物,以胶囊、片剂、药片、药丸和其他相似的形式出现,也可以是一些液体或粉末,需分装在具有能够准确计量的容器中。

(二)新食品[4]

《欧盟新食品管理法规》(EC)No 258/97 对新食品的定义为:在 1997 年 5 月 15 日以前,在欧盟还没有被大量消费的食品或食品成分(如 Noni 果汁)。几经修订后,法规中规定了 4 种类型新食品:由微生物、真菌或藻类组成或从微生物、真菌或藻类中分离的食品;由植物和动物组成或从植物和动物组织中分离的食品(不包括安全的传统种植和饲养的动植物);拥有新的分子结构或定向修饰分子结构的食品;经过新工艺生产的食品,新的生产过程可能导致食品或食品成分发生了组成和结构上的显著变化,从而影响到营养价值、机体代谢或不良物质水平的改变。

(三)特殊营养用途食品[6]

在指令 89/398/EEC 中被定义为满足特殊营养功能而设计的食品,是为特殊人群设计和销售的。随后经指令 99/41/EC 和指令 2001/15/EC 的补充修订后,最终确定 PARNUTS 分为五大类产品:即新生儿配方乳粉和较大婴儿配方乳粉,谷物食品和幼儿食品,控制体重的食品,特殊医疗用途的食品,运动食品。

(四)强化食品[2]

欧盟于 2006 年底公布了关于食品中添加维生素、矿物质或其他物质的 No. 1925/2006 号法规,即强化食品法规。从中可看出强化食品包括维生素、矿物质,以及除了维生素和矿物质以外的具有营养或生理学效应的其他物质。因此,该法规涵盖了某些功能食品,特别是植物来源的功能食品。

二、功能食品的相关管理法规

(一)《通用食品法规》(Regulation laying down the general principles and requirements of food law)[7]

欧盟委员会于 2002 年 1 月 28 日通过了《通用食品法规》(EC)——No. 178/2002 法规。在该法规中提出了食品的官方定义、有关食品法律的原则和要求、建立欧盟食品安全局(Europe food safety authority,EFSA)确定食品安全的立法程序等内容。(EC)No. 178/2002 法规将食品定义为:不论处理过、部分处理或者未处理的,人类有意摄取或适合人类摄取的任何物质或产品。食品包括饮料,口香糖及在生产、储藏或加工过程中特意加入食品的其他物质,也包含水。该法规适用于所有食品,其目的是为确保人类健康和消费者利益。而且新法规不再把食品安全和贸易混为一谈,只关注食品安全问题,要求实行食品供应链(即从农场到餐桌)的综合管理,对食品生产者提出了更高的要求。对产品具有责任可追溯性,问题食品将被召回。该法规涵盖了对添加了功能性成分的食品(如功能食品、保健食品、食疗食品和食品添加剂)的管理。

(二)食品营养与健康声称法规(Regulation on nutrition and health clamis made on foods)[1]

欧盟于2006年10月公布的关于食品营养及健康声称的(EC)No. 1924/2006法规,已于2007年1月19日起生效,并于2007年7月1日起实施。No. 1924/2006法规共5章29款,对营养与健康声称的定义、适用范围、申请注册、一般原则、科学论证等内容做出了明确的规定。该法规适用于在欧盟市场出售、供人食用的任何食品或饮品,旨在确保在食品包装上向消费者提供的营养、健康资料准确可靠,以避免使消费者产生误解。该法规的基本宗旨是对欧盟成员国间食品及相关功能食品的营养和健康声称在标签、介绍、广告等方面提供法律法规的协调,使相关食品在各成员国之间能够自由流通。

1. 营养框架(food profiles) 该法规规定任何有关营养和健康声称的食品必须遵守法规中有关营养框架的条款。法规第4条对营养框架做出了规定,如任何食品中的盐、糖和脂肪的比例要以EFSA提供的恰当比例为准。营养框架是基于饮食、营养素与健康的关系的科学知识而确定的。营养框架必须该法规发布2年后强制执行前建立。

2. 营养和健康声称的条件和一般原则 根据法规第5条规定,允许营养和健康声称的条件为:食品中的活性成分的含量必须达到声称所宣示的营养和生理学效果,并且该声称必须被普遍接受的科学证据所证实。声称的宣传要为消费者所理解并且不会引起误解。法规第10条强调了均衡多样的饮食的重要性,并规定当过量摄入该食品中某种成分(如维生素A)时要对可能出现的健康危害进行提示和警告。未加工过的新鲜食品例如水果、蔬菜和面包不能进行营养和健康声称。

3. 营养和健康声称的分类

(1)营养声称(nutrition clamis) 法规第8条规定,食品的营养声称必须按照法规附录中列出的24项声称进行标注,如"低脂"、"脱脂"、"低糖"、"无糖”等。此外,标注营养声称时还必须遵守法规中的其他条件,如:酒精含量超过1.2%的饮品,不得标示健康及营养声称。

(2)一般性健康声称(generic health clamis) 这类声称采取准许列表管理制度。即凡列入允许使用健康声称范围内的声称,满足使用条件的食品均可标注[8]。法规第十三条规定了要在法规进入强制执行前的12个月内,由各成员国向欧盟委员会提出一般健康声称的申请名单。在2010年1月前,这些在所申请的健康声称必须在成国内已经被允许使用至少3年。欧盟委员会将会有条件地采纳这些名单。其遵循的原则是声称要建立在新的科学证据或专利数据的保护之下。欧洲各国的相关部门必须于2008年1月31日前向欧盟委员会提交允许使用的健康声称建议名单及使用条件、相关的科学证据。在征求EFSA的意见后,欧盟委员会将不迟于2010年1月31日前公布欧洲允许使用健康声称的名单。欧盟委员会根据科学的发展及新健康声称的申请情况,适时地对名单内容进行补充修订、增加或撤销。根据EFSA官方网站统计,截止到2008年12月17日,共有9720项针对第13条健康声称的申请,去除重复的申请,共有4185项申请,其中1900项为植物来源的相关健康声称。

(3)特殊或其他健康声称(product specific/other health clamis) 法规第14条规定,降低疾病风险声称与促进少年儿童生长与健康及除第13条规定的其他特殊的相关声称均归属于特殊或其他健康声称。第14条所规定的这些声称必须经过欧盟委员会授权许可才能进行(授权程序详见下文审批机制)。对于使用降低疾病风险声称时,在产品标签、广告或宣传品上还需注明声称中所述疾病具有多种危险因素,降低其中一个危险因素可能会带来益处。

(三)强化食品管理法规(Regulation on the additional of Vitamins and minerals and of certain other substances to foods)[2]

欧盟于2006年底公布了关于食品中添加维生素、矿物质或其他物质的(EC)No. 1925/2006号法规。该强化营养食品法规旨在保护消费者利益,统一各成员国所实行的不同食品法规,允许含有维生素、矿物质或其他物质的营养强化食品在欧盟自由流通。该法规已于2007年7月1日起实施。2007年7月1日前上市的该类食品,最迟于2009年12月31前遵守该法规的要求。

(EC)No. 1925/2006号法规主要针对食品中补充维生素和矿物质做出新的规定,同时包括了植物在内的其他物质。该法规规定:对添加到食品中的维生素和矿物质,做出大量的限制规定,要求该法规生效两年内由欧委会提出,同时规定添加的维生素和矿物质必须是生物利用率高(即必须是身体可以吸收)的;列出一个多达100多种营养强化食品配方的成分列表;添加维生素和矿物质的食品对消费者健康无害,即可在食品中添加这两样物质。但对新鲜蔬菜、水果及肉类禁止添加此类物质;提供给消费者的信息必须是“易懂且实用”必须提供必要的相关细节来防止过量摄入维生素和矿物质;不能用于特殊营养用途的食品,例如,婴儿配方食品、新食品、新食品原料或食品添加物等。

(四)膳食补充剂指令(Directive on the approximation of the laws of Member States relating to food supplements)[3]

欧盟(EC)No. 2002/46关于膳食补充剂指令所关注的主要是维生素和矿物质。该指令与上述强化食品法规的主要区别在于本指令所指的是单独补充浓缩的维生素、矿物质或其他物质;而强化食品法规所指为添加于食品中的维生素、矿物质及其他物质。该指令首先对维生素与矿物质进行规定并给出使用上限。对于在膳食补充剂中使用的其他物质种类,欧洲委员会须在2007年7月12日前向欧洲议会和国会递交建立特定规则的可行性报告。报告内容包括具有营养和生理效应的营养品或物质分类,以及欧洲委员会认为对增补此指令必要的任何提议。

(五)新食品管理法规(Regulatin concerning novel and novel ingredients)[4-5]

《欧盟新食品管理法规》(EC) No. 258/97对新食品的授权程序做出了明确规定。欧洲委员会于2008年1月14日采纳了一项提议对新食品管理法规进行修订,旨在保护消费者利益。在条例草案中,提出新食品在欧盟市场的授权程序应当更简化、更高效。如指出,许多新食品在第三世界国家有很长的安全历史但在欧盟市场还不允许上市。

(六)特殊营养用途食品(PARNUTS)的管理指令(Directive on substances that may by added for specific nutritional purposes in foods for particular nutritional uses)[6]

2001年2月,欧委会通过了《关于允许加入到PARNUTS中的营养物质的指令》(EC)No. 2001/15,对PARNUTS产品的营养物质实行准许列表制度。

如果功能食品和健康食品为了特殊营养目的,PARNUTS法律可适用于这些产品。但关于食品营养及健康声称的法规生效后,更多的健康食品或功能食品也许倾向于后者的管理。因PARNUTS的定义中规定必须是为特殊人群设计和销售的食品,否则都不认为是 PARNUTS 产品,这就局限了食品的用途。因此,生产商可以根据其产品的定位,选择归属于食品营养和健康声称管理法规管理,还是 PRNUTS 指令管理。

三、审批及监督管理

(一)管理机构

欧盟委员会是欧盟的执行机构,欧盟委员会是提出各项法规且在法规通过后负责监督法规在各成员国的执行情况的一个机构。有关食品方面的法规也不例外,所以食品法规的监督管理由欧盟委员会负责。

欧盟委员会下设 36 个总司和与之相当的部。在食品法律领域最重要的总司是健康和消费者保护总司。其任务是保护欧盟消费者的健康、安全和经济利益,是欧盟委员会下属具体负责欧盟食品安全法规、政策执行和协调的机构[9]。

EFSA 是欧盟食品安全技术方面的咨询机构。EFSA 的主要任务是在科学、独立、公开和透明的工作原则下,对食品安全有影响的所有领域向欧盟委员会和欧洲议会等欧盟决策机构提供科学的评估和建议,并向民众提供食品安全的科学信息。

食品链和动物健康常务委员会(SCFCAH)是欧盟的食品法规、决策的支持机构。该委员会是一个监管委员会。欧洲委员会只有在获得该委员会成员国有条件多数同意时才可以采取执行措施。

(二)审批程序

1. 食品营养与健康声称法规的审批　(EC) No. 1924/2006 食品营养与健康声称法规规定营养声称和第 13 条规定的一般健康声称采取列表制度,而第 14 条规定降低疾病风险声称与促进少年儿童生长与健康及其他特殊的相关声称必须经过欧盟委员会授权许可后才能进行。

整个审批过程大约要经过 1 年。欧盟委员会对营养和健康声称审批的程序包括[10]:

(1)申请。EFSA 起草了“健康声称申请注册科学与技术指南”,对所需提交资料的内容、要求、格式等做出了规定。该指南于 2007 年 7 月 6 日通过执行。申请人需按照该指南准备资料并提交给本国的相关管理部门,再由该部门转交给 EFSA,EFSA 据此给出技术建议并上报欧盟委员会,最终由欧盟委员会作出该健康声称是否可用或是否列入允许使用健康声称名单的决定。

(2) 欧盟委员会公报。(EC)No. 1924/2006 法规第 20 条规定了公报的详细内容。涉及以下两个要点,首先公报包括营养声称一般性健康声称及使用上述声称的限制性条件;被授权的特殊或其他健康声称及适用条件,被禁止的健康声称名单及被禁止的原因。这样便于在申请特殊健康声称时,生产商能较为清楚地了解到自己的申请是否是被禁止的声称以及可以使用健康声称时所需要的条件。其次,建立在特定科学数据基础上被授权的特殊健康声称,应该独立备案,备案时应包括以下信息:欧盟委员会授权该健康声称的日期及被授权的原始申请者;被授权健康声称的特定的科学数据的说明;被授权健康声称被限制使用的说明。

2. 新食品的审批　新食品的审批包括两种途径[10-11]。第一种为简化程序,基于通告体系。如果申请者能够提供证据所申请的新食品或其中的成分与现有某种食品或成分在组成、营养价值、代谢、用途、产生不良物质水平等方面相同,且所申请的新食品来源于微生物、真菌、藻类、动物、植物,与传统的来源不同就能够进行新食品标识。第二种为常规授权程序。如果所申请的新食品不能满足简化程序的条件,食品成分中含有新的分子结构,或食品的加工过程过去从未使用过(该加工过程导致食品成分和结构的显著变化从而影响到营养价值、代谢途径或产生不良物质的水平),就必须进行常规授权程序。生产商或相关利益组织向本成员国递交申请,如本成员国对其申请持肯定意见,则需要转发给欧盟及其他 26 个成员国,无异议即可通过。但事实上,总会有至少一个成员国提出反对意见。此时就需要欧盟委员会对此做出风险评估。欧委会委托 EFSA 进行风险评估,若 EFSA 确认能够通过风险评估,则需提交含有证明食品所含成分在其使用条件下服用安全的科学数据的资料。SCFCAH 在收到 EFSA 科学风险评价意见后决定是否同意使用。如果批准,将由生产商来证明它的安全性以及预见最高限量使用的后果。

3. 特定营养用途食品的审批　特定营养用途食品采用的也是准许列表制度[9-12]。如果生产商能证实食品的特殊用途与产品确有关联,并符合食品的各项法规要求,即可标识食品的特殊营养用途。但必须进行通告程序,即产品上市前必须通知各成员国有关部门,生产商必须出示有关文件证明该产品作为特殊用途食品的适宜性和安全性。

四、标　签

目前,欧盟各成员国执行统一的食品标签指令——2000/13/EC。如果提到营养和健康声称,则遵守《食品营养及健康声称法规》或《PATRTUTS 法规》。

(一)食品标签指令

食品标签指令规定要标注以下信息:食品名称、成分列表、某些成分的数量、净含量、保质期、任何特殊的储存和使用条件、制造商、包装商和销售商的名称和地址、产地、任何必要的使用说明、单位体积所含酒精度超过 1.2% 的饮料须注明酒精具体的浓度。

(二)《食品营养及健康声称法规》

法规对食品标签上营养资料的可靠性提出了非常严格的要求。法规要求的标示,必须按照成分重量的顺序列出所有成分。对特定食品还制定了附加的法规,如对食品营养成分的标注,欧盟做了明确规定,要求必须标明食品的能量指标和蛋白质、碳水化合物、脂肪、糖、饱和脂肪酸、纤维和钠的含量等。淀粉、糖醇、胆固醇、维生素和矿物质达到一定量之上,也须提供其含量。营养和健康声称的规定详见 2.2。其他一般规定如下:声称不得鼓励或纵容过量食用某种食品;不得令消费者以为均衡及多样化的饮食不能提供适当的营养;不得提及可能引起消费者恐慌的身体功能变化,如某含钙食品宣传时声称如不服用该产品,将导致骨质疏松。该法规中还规定,使用降低疾病风险声称时,在产品标签、广告或宣传品上还需注明声称中所述疾病具有多种危险因素,降低其中一个危险因素可能会带来益处。

(三)《特殊营养用途食品指令》

指令中规定适宜的 PARNUTS 产品可标注“食疗”或“规定饮食”。该指令禁止医疗声明。在食品的标识和销售中不应该宣称或暗示该产品具有可以预防或治疗疾病的特性。除非生产商提供具有说服力的证据、申请不受该禁令约束的特许[9]。

五、基本要求

(一) 生产管理

无论何种食品，均要求符合食品生产企业的一般良好操作规范(GMP)要求。

在《通用食品法规》——(EC) No. 178/2002 中，欧盟首次对食品生产提出了可溯性的概念。以法规形式，明文规定食品在生产、加工、流通等各个阶段强制实行溯源制度。为此，相关生产程序必须保全记录以供查询。2004 年，欧盟开始实施《食品卫生法》，对食品卫生进行了较为严格的规定，明确食品生产者应承担欧盟消费者安全食品的责任，且生产商必须进行验证程序、危害分析和关键控制点规定的有关程序。该规定能非常有预见地对欧盟或成员国食品生产商的生产进行指导，并要求所有食品生产商必须进行登记。2006 年，欧盟正式实施了《食品及饲料安全管理法规》，进一步完善了"从农场到餐桌"的全程控制管理。对各个生产环节提出了更为具体更为明确的要求，确保食品的"零风险"。法规要求生产商有适当召回产品的系统和从市场撤回产品的程序(当他们认为产品不符合食品安全时)。生产商还有加强通报的责任，如果他们认为或有原因相信在市场上销售的产品对人体健康有害，应立即通知主管当局[7,13]。

(二) 成分

必须由下述一种或几种膳食成分组成：维生素、矿物质、草本植物、氨基酸、微生物来源的产品、藻类来源的产品、动物组织等。

(三) 剂型

膳食补充剂指令中规定为胶囊、片剂、药片、药丸和其他相似的形式。其他法规中对产品的形态未做具体规定。

(四) 安全性

符合一般食品的安全性要求。

(五) 功效

功能声称符合"食品营养与健康声称法规"中有关"营养声称"和"健康声称"的规定或"特殊营养用途食品指令"中有关的规定。

（六）许可制度

“食品营养与健康声称法规”中规定实施一般营养和健康声称的列表制度和特殊产品的行政许可制度。

（七）对进口产品的规定

要求符合欧盟的各项法规要求。

六、结束语

随着健康食品、功能食品和营养补充食品市场的不断扩大，健康声称已成为一种重要的食品管理手段。尤其在20世纪90年代后期，健康声称在食品的标识、销售和发展过程中越发重要，特别是在抗氧化物质、益生菌和益生元等一些功能性食品概念的宣传中。美国、日本等国家都在立法中允许健康声称。立法总有一定的滞后性，欧洲在有关食品的健康声称方面情形一直如此。尽管欧洲关于功能食品及健康声称的关注与研究起步较晚，但在立法理念、管理制度、科学论证等方面均有自己的特色，符合欧盟食品工业的实际情况和市场需要。其营养和健康声称采取列表制度与行政许可相结合的管理制度，有效地提高了行政管理效率，节约了社会资源[8]，这点非常值得我们借鉴。

参考文献（略）

（作者：魏涛，陈文，秦菲，金宗濂；原载于《食品工业科技》，2009年第9期）

日本对功能食品的管理

日本是较早开始研究功能食品科学依据的国家之一。为了应对因人口老龄化、生活方式性疾病等因素而日益加重的医疗负担,早在1984—1986年间,文部省就已将"食品机能的系统性分析与拓展"列为特定研究项目[1]。这一课题以研究人类健康为目的,以最新的科学视角和现代医学、生物学理论为基础,探讨饮食与人类健康的关系,并积极开发功能食品。1984年7月,厚生省生活卫生局成立了健康食品对策室,以加强宣传由治疗疾病向预防疾病转化的健康理念,并着手规划机能性食品的市场导入体系。1991年7月,厚生省对《营养改善法》进行了修订[2],提出了"特定保健用食品"(foods for specified health uses)(FOSHU)的概念,将其归列于"特别用途食品"中,并颁布了《特定保健用食品许可指南及处理要点》。随后,又对一些法规性文件进行了修订,于2001年建立了"保健功能食品制度"[3],并于2005年对该制度又进行了修订。2002年,日本废止了《营养改善法》,开始实施《健康增进法》[4]。

一、日本功能食品的范畴

(一)特定保健用食品

1991年,日本修改了《营养改善法》[2],提出了"特定保健用食品"(FOSHU)。FOSHU的定位归属于"特别用途食品"中的"特殊膳食用食品"。其定义为:在日常饮食生活中因特定保健目的而摄取、摄取后能够达到该保健目的并加以标示的食品。这类食品应具备以下特征:食品中的某种成分具有特定的保健作用,食品中的致敏物质已被去除,无论是添加了功效成分、还是去除了致敏物质的食品都必须经过科学论证,产品的功效声称经过厚生省批准,同时产品不得有健康和卫生方面的危险。从此,日本对功能食品开始了制度化管理,目的是向消费者提供具有健康益处的食品。

(二)营养素功能食品

2001 年 4 月,厚生省又建立了“保健功能食品制度”[3],提出了“营养素功能食品”(food with nutrient function claims,FNFC),并将其和 FOSHU 一并纳入“保健功能食品制度”内管理。FNFC 包括十二种维生素和两种矿物元素,但在 2005 年对“保健功能食品制度”修订时将矿物元素扩充至五种[6,7]。这十二种维生素分别是:A(或 β-胡萝卜素)、D、E、B_1、B_2、B_6、B_{12}、C、烟酸、生物素、泛酸、叶酸;五种矿物元素包括:钙、锌、铁、镁、铜。这类产品可以在标识上标明其中营养素的功能声称。

“保健功能食品制度”的建立,一方面是为了给消费者提供准确、贴切的食品信息,使消费者更好地了解各类食品的特性,能够根据自身饮食结构的现状,合理地选择适合自己的产品;另一方面则是参考了其他国家对营养补充剂的管理法规,设置了既具有日本特色又与其他国家有一定共性的管理体制。

二、健康辅助食品[8]

健康辅助食品是以补充营养成分,达到保健目的而摄取的食品。这类产品由日本健康·营养食品协会(Japan health food & nutrition food association,JHFA)管理。JHFA 对其安全性、标签表示的内容进行规格基准型审批,获批的产品可以标注 JHFA 的特殊标志,但不能有降低疾病危险性或增进健康的功能声称。截止到 2009 年 3 月,JHFA 已批准了 60 类产品,包括蛋白质类、脂类、糖类、维生素类、矿物质类、草药等植物成分、发酵产品、藻类、蜂产品、菌菇类及其他。

三、食品标签上的声称

对于 FOSHU 产品,除了标注健康声称外,标签上还必须包括:每日推荐摄入量、营养信息、食用方法及注意事项、过量服用警告等,不得有任何误导消费者的信息。在管理体系中,FOSHU 属于食品范畴,因此不能强调治疗效果。如有关高血压的健康声称不能是“改善高血压”,而只能是“该食品适用于高血压人群”[4,9]。可以看出,日本对健康声称的表述有严格的措词规定,以避免误导消费者。

截止到2009年6月,厚生省已批准的870个FOSHU产品主要涉及八大类[4,9]:有整肠作用的食品、适合于高胆固醇人群的食品、适合于高血压人群的食品、适合于高血糖人群的食品(可减缓餐后血糖值的升高)、能提高矿物质吸收的食品、对维持牙齿健康有帮助的食品、适合于高中性脂肪高体脂人群的食品(不易使餐后血液中中性脂肪含量上升或不易使脂肪在体内积聚)、对维持骨骼健康有帮助的食品。这八大类健康声称产品涉及的功能因子主要包括:寡糖、乳酸菌、膳食纤维、糖醇、多不饱和脂肪酸、多肽和蛋白质、矿物质、胆碱、醇和酚类、配糖、类异戊二烯和维生素以及其他。

对于17种FNFC产品,标签上需要标注[5,7]:营养成分的含量、热量、每日推荐摄取量、食用方法及注意事项、营养成分的功能声称等信息。另外,所有FNFC产品特别要醒目标注的是:本产品并非厚生省的个别许可产品、大量摄取并不能增进健康。17种营养素的功能声称是:钙:骨骼和牙齿形成的必要营养素;锌:维持味觉正常、皮肤和黏膜健康、参与蛋白质、核酸代谢、维持健康;铁:有助于红细胞生成;铜:维持酶的正常功能、有助于红细胞和骨骼形成;镁:有助于骨和牙形成、有助于产能、维持酶的正常功能、保持血液循环正常;维生素A:维持暗视力、保持皮肤和黏膜健康;维生素B_1:有助于糖类产生能量、维持皮肤和黏膜健康;维生素B_2:维持皮肤和黏膜健康;维生素B_6:有助于蛋白质产能、维持皮肤和黏膜健康;维生素B_{12}:有助于红细胞生成;维生素C:抗氧化、维持皮肤和黏膜健康;维生素D:有助于肠道对钙的吸收、利于骨骼生成;维生素E:抗氧化、防止脂质氧化、维持细胞健康;烟酸、生物素、泛酸:维持皮肤和黏膜健康;叶酸:有助于红细胞生成、胚胎正常发育。

四、审批机制

根据《健康增进法》和《食品卫生法》,FOSHU和FNFC虽然都属于保健功能食品,但彼此的审批形式不同。FNFC的审批形式为规格基准型,十二种维生素和五种矿物元素的使用量都规定有允许摄取量范围的上下限,只要产品中营养素的含量在此范围内,即可申请为营养素功能食品。FOSHU产品需要经过厚生省的严格审批,属个别许可型,耗时半年。需要提交许可申请书、审查申请书及其支撑资料、样品分析结果等材料,经过“药事·食品卫生审议会”和“食品安全委员会”对产品的有效性、安全性进行综合评定[9,10]。样品分析需由“国立健康·营养研究所”或其他登录在册的机构完成。近几年,日本对审批过程做了一些的修改,但并没有放松安全性评价,而是适当放宽了功效评价标准。FOSHU 管理关注的是产品的健康声称,产品标签上需标注 FOSHU 的特殊标志,进口的产品也必须有许可证标识。

(一)功效审批

为了鼓励产业发展,也为了给消费者提供正确的保健功能食品资讯,以指导消费者选择出适合自己的产品,日本政府自 2003 年起就开始重新研讨保健功能食品的管理制度,于 2005 年 2 月实施《健康增进法》、《食品卫生法》以及营养表示标准等的修订规则,将个别许可型的 FOSHU 范围扩大,增添了“附带条件的 FOSHU”、“规格基准型的 FOSHU”以及“降低疾病风险标示的 FOSHU”。

1. 附带条件的 FOSHU”[11]

安全性审查没有改变,但作用机理与功效性的审查标准比原本的 FOSHU 要宽松。一方面,由原来的显著性差异比较必须小于 5% 放宽到 10%;另一方面,作用机理不够明确,但在有限的科学依据下,也可认为产品具有保健功效。在标签上可以描述为“本品含有某种成分,可能是适用于某种生理状态”。这类产品的特殊标志与原本的 FOSHU 产品有所区别,带有“附带条件”的字样。

2. 规格基准型的 FOSHU[11]

这是从已获得批准的 FOSHU 中筛选出的,必须满足以下三个条件:某保健用途的产品已超过 100 个、其中某功效成分获得许可已超过 6 年并且有多个企业的该功效成分获得批准。只要满足上述三个条件,表示获准的产品较多、积累的科学根据较为充分;则此类产品不需要在“药事·食品卫生审议会”上进行个别审查,只需在厚生省医药食品局食品安全部基准审查科的新开发食品保健对策室进行简单的规格基准审查即可获得批准。目前,已有 3 种膳食纤维、6 种寡糖共计 9 种成分被批准为规格基准型。规格基准型 FOSHU 的安全性临床实验的标准并未改变。

3. 降低疾病风险标识的 FOSHU[12,13]

当食品中的功效成分在医学、营养学上已被广泛证实具有降低疾病风险时,允许其在标签上表示降低疾病风险的标示。已获厚生省批准的是:钙能降低女性患骨质疏松症的风险、叶酸能降低胎儿神经管畸形的风险,并给出了每日摄取钙和叶酸的范围,分别是:300—700mg、400—1000μg。

(二)安全性审批

日本厚生省要求FOSHU产品及有关成分须经安全毒理学评价证实安全无害[10]。但其需要提供的安全资料远远少于食品添加剂和药品的要求。

五、基本要求

日本对FOSHU进行研究时突出的一点是明确具有保健功能的活性成分,并确保这类食品是安全有效的。按照厚生省要求,由生产商制定产品质量标准,明确标出功效成分含量。在产品的生产管理过程中,按照两个指南执行[13],一个是《GMP指南》,针对生产和品控,从各程序的标准、责任人等多方面进行管理;另一个是《原料安全性自检指南》,涉及两个要点:必须收集基础原料的安全性毒性信息,根据当前的饮食经验对安全性不能确保的原料必须进行毒性实验。

剂型:以普通食品形态为主;安全性:须经安全毒理学评价证实安全无害,提供安全性证实资料;功效:功效声称须符合"保健功能食品制度"中的相关规定;标识:需标注FOSHU的特殊标志,还要标明注意事项和警示的内容。

六、监督管理[14,15]

首先,要求企业实施自行管理,包括确定标准、审核标签和声明,并于2007年6月由JHFA向生产商发出了"正确进行特定保健用食品广告宣传的自主准则",要求企业在标示许可的范围内进行产品宣传,以达到稳定市场、普及特定保健用食品的目的,从而在行业自律方面起到积极的作用;其次,各地方政府每年都会制定(修订)监督指导规划,聘有食品卫生监督员,现场检查违规情况;第三,实行举报制,一旦发现产品有问题,可以及时向厚生省医药食品局食品安全部基准审查科的新开发食品保健对策室通报,以便对策室采取相应措施。对于违规情况,可以处以1—3年的监禁、50万—300万日元(重者1亿日元以下)的罚款。

七、结束语

20世纪80年代日本就提出了“功能食品”的概念，于1991年将“功能食品”定名为“特定保健用食品”（FOSHU），产品上市前必须经厚生省的严格审批，标签上标有FOSHU的特殊标志和健康声称。2001年，又建立了“保健功能食品制度”，增加了“营养素功能食品”（FNFC），并将其和FOSHU一并纳入“保健功能食品制度”内管理。还有一类“健康辅助食品”的产品，不能声称功能，采用规格基准型管理模式，由日本健康·营养食品协会（JHFA）管理。可见，日本是将功能食品和保健（或健康）食品看成两概念，进行双轨制管理。突出的特点是采用了疏导的方式，不仅提高了FOSHU的审批门槛，而且促进了“健康食品”的大力发展。在FOSHU产品的健康声称方面进行了分类，扩展了规格基准型FOSHU、有条件的个别许可型FOSHU和降低疾病风险标示的FOSHU等三类，并在标识上有所区分。在监督管理方面，企业与行业协会的自律对保障产品的安全和质量起到了重要作用。

参考文献（略）

（作者：陈文，秦菲，魏涛，金宗濂；原载于《食品工业科技》2009年第8期）

我国对保健(功能)食品的管理

当前保健(功能)食品产业已成为世界范围内增速发展的特殊食品产业,近3年的市场增长率为8%。日本的特定保健用食品平均年增长率达25%,韩国的健康食品年增长率也超过13%[1]。世界各国对保健(功能)食品一般均实行有别于普通食品的特殊管理:一是把这类食品作为一种特殊食品类型,对其进行安全、功效验证等上市前审批的管理方法;二是采取产品注册备报代替上市前审批;不作为特定的食品类别,而是对食品标签中健康声称进行管理的方法[2]。无论上述哪种方式,各国政府对保健(功能)食品的特殊监管均有从严趋势。中国对保健(功能)食品的监管采用上述第一种管理方式,涉及保健(功能)食品的审批、生产监管、市场监督三个环节,药监、卫生、工商、质检四个部门[3],具有较为完整的监管体系。

一、我国保健(功能)食品监管的相关法规与标准

我国保健(功能)食品管理体系的建立始于1995年,《中华人民共和国食品卫生法》的颁布首次明确了保健(功能)食品的法律地位。1996年3月,卫生部根据《食品卫生法》制定颁布了《保健食品管理办法》,明确了保健(功能)食品的定义、审批、生产经营、标签、说明书及广告宣传和监督管理等内容[4]。1998年,卫生部又颁布了《保健食品良好生产规范》,从而使保健(功能)食品产业的发展有章可循,有法可依。

《保健食品管理办法》及相关的部颁规章构成了我国保健(功能)食品的管理体系,其中《保健食品功能学评价程序和检验方法》规定了12项保健功能的评价程序与检验方法,2000年调整为22项,2003年5月卫生部又公布了《保健食品检验与评价技术规范》,将受理的22项功能扩展为27项。这27项功能可分为两大类:一类是与增进健康、增强体质相关的保健功能,有11项;另16项是与降低疾病风险、辅助药物治疗等相关的保健功能[5]。就此新规范而言,其

中的部分评价方法存在技术上的缺陷与漏洞，不能客观、科学、严谨地反映产品的功能特性，需要进行改进与完善。

2003年9月，国家食品药品监督管理局（SFDA）与卫生部进行了保健食品的职能移交，并于2003年10月10日开始开展保健食品的受理审批工作。2005年4月，SFDA颁布了《保健食品注册管理办法（试行）》，并于2005年7月1日起实施，明确了对保健食品的申请与审批、研发报告、原料与辅料的安全性、标签与说明书、实验与检验、再注册、复审、法律责任等的要求[6]。同年SFDA，还发布了《保健食品广告审查暂行规定》、《营养素补充剂申报与审评规定（试行）》等法规及相关文件。2007年，又相继出台了《保健食品命名规定（试行）》、《营养补充剂标示值等有关问题补充规定（征求意见稿）》等法规及相关文件。

至今，我国《保健食品管理办法》实施已经有13年，《保健食品注册管理办法》实施也有四年了。这是我国管理保健食品的两部大法，由这两部大法衍生了61部管理法规和条例。将这些按照注册、生产、流通等环节进行分类（见表1），不难看出，注册环节成为国家规范保健（功能）食品行业发展的重头戏，国家在注册准入环节出台的部级法规和标准规范性文件占到了整个行业法规和条例的70%，而生产和流通环节分别只占到12%和18%。由此可见，保健（功能）食品的准入门槛相对较高，这种制度在现阶段最大限度地保障了产品质量和维护了消费者的安全。但是，通过这个数字也能看出对于保健（功能）食品的流通环节的监管相对较弱。

表1　保健食品法规及条例类别统计表

保健食品管理环节	数量（部）	占总法规条例的比例（%）
注册环节部级法规	14	23
注册环节标准规范性文件	29	47
生产环节部级法规	1	2
生产环节标准规范性文件	6	10
流通环节部级法规	2	3
流通环节标准规范性文件	9	15
合计	61	100

我国保健（功能）食品法律法规建设虽然只有短短十几年的历史，但已基本形成了自己的管理结构与框架体系。同时伴随着国家机构改革的深入和各部门职责的进一步明确，我国保健（功能）食品法律法规体系有待进一步的完

善与科学化。

二、保健(功能)食品的范畴

我国的“保健食品”与国际上的“健康(功能)食品”、“营养药品”、“特定保健用食品”以及“膳食补充品”等概念相似,都是强调食品的传统功能以外的其他生理功效,并且将保健食品与功能食品视为同一概念。营养素补充剂作为保健食品的一种特殊形式,也纳入保健食品管理。

(一)保健(功能)食品

2005 年,在 SFDA 颁布的《保健食品注册管理办法(试行)》中对保健食品作了明确的定义:保健食品是指声称具有特定保健功能或者以补充维生素、矿物质为目的的食品。即适宜于特定人群食用,具有调节机体功能,不以治疗疾病为目的,并且对人体不产生任何急性、亚急性或者慢性危害的食品。保健食品是食品的一个种类,具有一般食品的共性,可以是普通食品的形态,也可以使用片剂、胶囊等特殊剂型;保健食品标签说明书可以标示保健功能以区别于普通食品。保健食品与药品的主要区别是,保健食品不能以治疗疾病为目的,可以长期使用而没有不良副反应;而药品应当有明确的治疗目的,并有确定的适应症和功能主治,可以有不良反应,并在医生指导下服用。

自 1996 年 6 月实施《保健食品管理办法》以来,一直将保健(功能)食品作为一项单独的产品进行管理,并给予特定标识和批准证书。

(二)营养素补充剂

根据《营养素补充剂申报与审评规定(试行)》[7],营养素补充剂是指以补充维生素和矿物质而不以提供能量(能量食品)为目的的产品。其作用是补充膳食供给的不足,预防营养缺乏和降低发生某些慢性退行性疾病的危险性。营养素补充剂包括 10 种矿物质和 15 种维生素,必须符合《维生素、矿物质种类和用量》、《维生素、矿物质化合物名单》等规定。

三、审批机制

1996 年 3 月,卫生部出台了《保健食品管理办法》,于当年 6 月 1 日开始实施。自此,由卫生部开展保健(功能)食品的审批。2003 年 9 月保健(功能)食品的审批职能由卫生部转为 SFDA,仍沿用卫生部颁布的相关法规。2005 年 7 月 SFDA 出台《保健食品注册管理办法(试行)》,保健(功能)食品的审批按此新法规执行。

《保健食品注册管理办法(试行)》规定:保健(功能)食品的注册申请仍为两级审批。各省、直辖市、自治区(食品)药品监督管理部门受 SFDA 委托,负责对国产保健(功能)食品注册申请资料的受理和形式审查(初审),对申请注册的保健(功能)食品实验和样品试制的现场进行核查,组织对样品进行检验(进口),保健食品申报资料的受理和形式审查由 SFDA 承担。之后由卫生部确定的检验机构负责承担样品检验和复核检验工作。SFDA 负责终审,主要进行技术评审和行政审批,决定是否准予注册。初审前,企业要在卫生部确定的检验机构完成申报产品的安全性毒理学实验、功能学实验(包括动物实验和/或人体试食实验)、功效成分或标志性成分检测、卫生学实验、稳定性实验。初审时须提交研发报告、生产工艺、质量标准、标签、说明书、样本及上述五项检测报告等多种材料。

省级药品监督管理部门受理申请后至 SFDA 发放保健食品批准证书的全过程属于政府行为,一个国产保健食品新产品从申请受理到批准注册为 150 日时限(详细申报程序见图 1)。而申请人在省局受理前,在认定的检测机构进行的各类实验过程,均不属于政府行为。

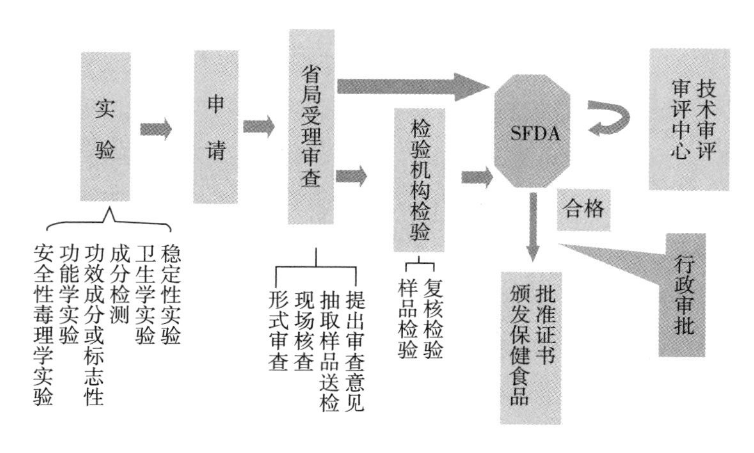

图 1　我国国产保健(功能)食品的审批程序

进口保健食品的注册由 SFDA 直接接受申请并对其进行形式审查。其后的程序与国产保健食品注册程序相同(详细申报程序见图2)。申请企业除要提交国产保健食品提交的材料外,还需提交产品在境外的相关6份材料。进口保健食品从申请受理到批准注册需140日。

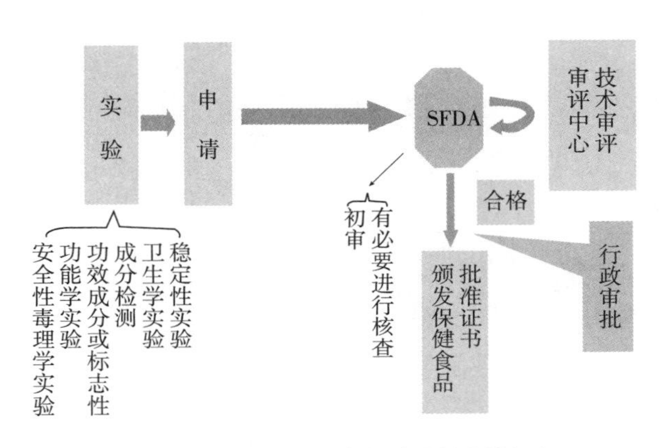

图2 我国进口保健(功能)食品的审批程序

相对于《保健食品管理办法》,新的注册管理办法增加了原料与辅料、实验与检验、再注册、复审等章节内容,责任主体由国家变为企业。同时,建立了保健(功能)食品的退出和淘汰机制并对新功能放开管理。新管理办法第20条规定,“拟申请的功能在SFDA公布范围内的,申请人应当向认定的检验机构提供产品研发报告;拟申请的功能不在公布范围内的,申请人还应当自行进行动物实验和人体试食实验,并向确定的检验机构提供功能研发报告”。新功能的申报需提交以下相关材料:①功能研发报告:包括功能名称、申请的理由和依据、功能学评价程序和检验方法以及研究过程和相关数据、建立功能学评价程序和检验方法的依据和科学文献资料等。②申请人依照该功能学评价程序和检验方法对产品进行功能学评价实验的自检报告。③确定的检验机构出具的依照该功能学评价程序和检验方法对产品进行功能学评价的实验报告以及对检验方法进行评价的验证报告。但到目前为止,尚未有企业申报新功能,这可能是由于新功能的申报前期的研发投入过大,对其新功能的检测方法又缺乏相应的保护措施,企业积极性不高所致。

申报营养素补充剂时,不需要提交产品的功能学评价实验报告和/或人体试食实验报告和食品毒理学实验报告,其他申报资料与申报保健食品相同。另外,配方中如使用了营养素的新的化学物形式(一般以营养强化剂使用卫生标准为参照),则要求提供营养素的该种化学物形式消化吸收实验及有关的安全资料。

四、功能与安全性评价

根据《保健食品管理办法》及《保健食品注册管理办法(试行)》,对于既是食品又是药品原料的水提物之外的所有保健(功能)食品均需进行毒理学安全性评价。按照2003年修订的《食品安全性毒理学评价程序》,保健(功能)食品可依照其成分原料进行急性毒性、三项致突变实验以及30d喂养实验等不同阶段的评价实验。由保健(功能)食品评审专家委员会进行安全性资料的评估。

在保健功能评价方面,2003年5月卫生部公布了《保健食品检验与评价技术新规范》,涉及27种保健功能的检验项目与检测方法、实验原则及结果判断。依据《保健食品管理办法》及《保健食品注册管理办法(试行)》,申请保健(功能)食品注册时,须提交功能评价报告、保健食品的功效成分或标志性成分的定性和/或定量检验方法、稳定性实验报告、卫生学检测报告等资料。因在现有技术条件下,不能明确功效成分的,则须提交食品中与保健功能相关的主要原料名单。《保健食品注册管理办法(试行)》规定,若申报的功能不在SFDA公布的范围内,还应当对其功能学检验与评价方法及其实验结果进行验证,并出具实验报告。

五、标签与声称

根据《保健食品管理办法》及《保健食品注册管理办法(试行)》,保健(功能)食品标签内容应当包括产品名称、主要原(辅)料、功效成分/标志性成分及含量、保健功能、适宜人群、不适宜人群、食用量与食用方法、规格、保质期、储藏方法和注意事项以及保健(功能)食品批准文号和标志等。

《中华人民共和国食品安全法》第51条规定,声称具有特定保健功能的食品不得对人体产生急性、亚急性或者慢性危害,其标签、说明书不得涉及疾病预防、治疗功能,内容必须真实,应当载明适宜人群、不适宜人群、功效成分或者标志性成分及其含量等;产品的功能和成分必须与标签、说明书相一致。

迄今为止,卫生部批准的27种保健功效的宣传要依据SFDA制定的“保健食品广告审查暂行规定”实施。

对于营养素补充剂允许产品宣传“补×××”,但不得宣传营养素的功能。

六、基本要求

(一)原料与辅料

保健(功能)食品的原料是指与保健(功能)食品功能相关的初始物料,辅料是指生产保健(功能)食品时所用的赋形剂及其他附加物料。2002年,卫生部发布了《关于进一步规范保健食品原料管理的通知(卫法监发〔2002〕51号)》[8],对保健(功能)食品涉及的各种原料物质的管理作了明确的规定。目前国家规定可用于保健食品的原料包括:①食物成分;②《食品添加剂手册》目录中可用于营养强化剂以及具有营养功能的成分;③《新资源食品管理办法》中涉及的食品新资源;④《关于进一步规范保健食品原料管理的通知》中规定的87种既是食品又是药品的原料以及114种可用于保健食品的重要原料。申请注册的保健(功能)食品所使用的原料和辅料不在规定范围内的,《保健食品注册管理办法(试行)》第64条规定要提供该原料和辅料相应的安全性毒理学评价实验报告及相关的食用安全资料。但具体申报办法还未公布。《保健食品注册管理办法(试行)》规定申报材料中要包含原料和辅料的来源及使用的依据,此项规定有利于保证产品的质量。

进口保健食品所使用的原料和辅料应当符合我国有关保健食品原料和辅料使用的各项规定。

(二)生产要求

《保健食品注册管理办法(试行)》第26条规定:“申请注册保健食品所需的样品,应当在符合《保健食品良好生产规范》(保健食品GMP)的车间内生产,其加工过程必须符合保健食品良好生产规范的要求。”标志着保健食品行业门槛的提高。这必然导致企业的优胜劣汰,将对净化市场、促进竞争、提高产品质量起到积极的促进作用。

1998年卫生部发布的《保健食品良好生产规范》是强制性国家标准,不仅针对卫生操作方面作了具体要求,而是涉及了保健(功能)食品生产的全过程,使保健(功能)食品生产中发生差错和失误、各类污染的可能性降到最低程度,是保健(功能)食品生产全过程的质量管理制度。保健(功能)食品具有功效成分，是一类介于药品和普通食品之间的一种食用种类，制定和实施《保健食品良好生产规范》，对于保证我国保健（功能）食品生产的质量，规范我国保健（功能）食品生产经营活动，具有重要的意义。

（三）其他要求

剂型：片剂、胶囊、软胶囊、粉剂、饮品或普通食品类型。安全性：须经安全毒理学评价证实安全无害，提供安全性证实资料。功效：功效声称须符合《保健食品管理办法》及《保健食品注册管理办法（试行）》中的相关规定。标识：需标注保健（功能）食品的特殊标志和批准文号。

七、监督管理

《中华人民共和国食品安全法》第一章第四条规定：国务院设立食品安全委员会，其工作职责由国务院规定。国务院卫生行政部门承担食品安全综合协调职责，负责食品安全风险评估、食品安全标准制定、食品安全信息公布、食品检验机构的资质认定条件和检验规范的制定，组织查处食品安全重大事故。国务院质量监督、工商行政管理和国家食品药品监督管理部门依照本法和国务院规定的职责，分别对食品生产、食品流通、餐饮服务活动实施监督管理[9]。因此，作为食品之一的保健食品的监督管理也由卫生、质监、工商、药监四个部门共同负责。这样形成多个部门多头管理，监管部门分工不明确、职能交叉、工作分散、信息不畅、缺乏协调、影响保健食品监管力度的提高。

八、我国保健（功能）食品管理中存在的主要问题

从以上对管理体系的论述中可以看出，我国对保健（功能）食品的管理存在一些问题，主要表现在：①法律法规不完善，核心法规——《保健食品注册管理办法（试行）》仅是一个产品注册管理办法，缺乏新功能、新原料、再注册等配套的管理办法，缺乏系统的检验检测技术规范；②监管体系缺位，监管过程中存在多头管理的局面，各部门之间缺乏沟通与信息交流，未能建立起从行政许可到市场监督一体化的管理体制；③生产方面，研发投入不足，新产品开发慢，低水平重复现象严重，个别企业违规生产，食品安全问题突出；④经营方面，产品标识和功能声称不规范，夸大宣传影响行业整体信誉，营销模式缺乏创新。上

述诸方面的问题已成为制约产业发展的瓶颈问题,因此,有必要与国外发达国家的管理体制进行比较,寻找国内外功能食品在管理方面的差距,以推动我国保健(功能)食品行业步向稳定、健康的发展轨道。

九、结束语

目前,我国对保健食品实行注册准入制度,还缺少关于生产、流通等环节的监管法律法规,因此,存在保健食品重审批、轻监管的不足。保健食品市场问题不断,如在减肥、抗疲劳、促进生长发育、调节血糖、调节血脂类保健食品中非法添加违禁物品问题时有发生,非法生产经营问题屡禁不止,保健食品不实宣传问题严重,使消费者对保健食品的信任度下降。当今,世界各国均对食品安全高度重视,尤其对保健(功能)食品的管理更为严格。为了我国保健(功能)食品产业的有序健康发展,呼吁国务院尽快出台保健(功能)食品的监管条例,对保健(保健)食品监管科学化、制度化。

参考文献(略)

(作者:魏涛,陈文,秦菲,金宗濂;原载于《食品工业科技》2009 年第 12 期)

五、教学和学科建设

更好地发挥实验室的社会服务功能

北京联合大学应用文理学院生化系自从确立了以食品与健康关系为主要方向以后，在实验室建设上，始终兼顾教学、科研与社会服务三种功能，建立了包括七大类功能共六十余项检测指标的保健食品功能检测方法。1996 年7 月，保健食品实验室分别获北京市实验动物管理委员会和北京医学实验动物管理委员会所颁发的实验动物环境设施合格证书；1996 年10 月，通过了北京市技术监督局的计量认证；1997 年4 月 21 日卫生部正式认定北京联合大学应用文理学院保健食品功能检测中心（以下简称“中心”）为保健食品功能学检测机构。

实践证明：有条件的高校实验室开展社会服务，在学校和社会之间建立起一个双向交流的窗口，推动了实验教学内容和方法的革新，为实验室建设开辟出一条新的经费渠道，建立起自我滚动发展的机制。

一、建立起学校和社会息息相通的双向交流“窗口”

开拓学校实验室的社会服务功能，其意义首先在于建立起学校和社会双向交流的一个窗口，使之成为产、学、研相结合的一种行之有效的途径。

一年多来，“中心”一共接受了 56 家企业 62 种产品的 80 项功能的检测任务，通过“中心”检测和研究的保健食品，不仅在种类上，而且在功能类型和基础材料类型上，比过去成倍地增加，为学科建设、课程建设提供了大量的第一手材料。更重要的是，“中心”由此步入保健食品产业与科技发展的主战场，并逐步地从边缘走向中心。“中心”与众多保健食品的企业和科研单位建立起了密切的联系，进行多方面的协作，积极参与并推动有关保健食品及其科技发展战略的研讨和学术交流，摸到了保健食品发展的脉搏，比较真切地把握住它的现状、发展动向和存在问题。这一切对于学校生化专业的教学、科研及师资队伍的建设，具有巨大的推动作用。

另外,接受企业委托,用现代科学方法,确认企业生产的保健食品功能,其本身就是对保健食品的一种重要的科技投入。我国有关企业生产的保健食品多是根据中医理论和民间秘方配制而成,属于第一代传统保健食品,经过严格的功能学检验就能使之转变成有明确的保健功能和量效关系的现代功能食品。从某种意义上讲,这也是知识转化为现实生产力的一种方式。经过我们检验而被肯定的产品中已经有数十种被卫生部鉴定认可而投入市场。事实证明,开拓实验室的社会服务功能是高等学校直接介入社会经济发展的一种有效形式。

二、推动实验教学内容和方法的改革

教学实验是高校教学中的一个重要实践环节。传统的教学实验,主要是印证性和模拟性的实验。这些实验在培养学生具有实验工作的基本知识、基本方法等方面,有着不可替代的作用。为了开拓和发展应用方向,特别是在高等职业教育中,不仅要给学生以基本实验训练,而且要给予综合性、实战性的实验训练,增强学生真刀真枪解决问题的能力。我们将社会服务纳入实验室的工作内容,为这种综合性、实战性的实验训练创造了更多的条件。

“中心”建立时,就明确它既是为社会服务的检测机构,又是我校食品检测高等职业教育的实训基地。1997 年 9 月,“中心”开始接待学生实习,学生到“中心”可以参加实验动物饲养、制造模型动物、生化指标测定、盲样测试、数据统计处理等检测工作全过程。“中心”工作人员为同学们讲了“检测程序与质量系统”等五个专题。由于这些专题均来自检测工作第一线的经验和体会,使实习同学较好地把握检测工作的任务、方针、程序、规范、方法及注意事项,从而受到扎实有效的训练。

三、开辟新的经费渠道,实行自我滚动发展

“中心”是不以赢利为目的的自收自支的事业单位,为社会有偿服务所收取的检测经费,用于“中心”的日常开支和“中心”自身建设,从而形成了服务和建设的滚动发展的机制。

从 1996 年 7 月筹备建立“中心”到 1997 年底,用于实验室建设的经费共 105.8 万元,除市教委和联大校部拨给“中心”35 万元作为高职实训基地的经

费,市科委拨给“中心”15 万元作为动物房建设的补助款,其余 55.8 万元均来自“中心”收取的检测费。现在已建成 140 平方米的检验室和 100 平米的二级动物房,置备了全部的空调设备以及分光光度计、分析天平、二氧化碳培养箱、自动酶标仪、离心机、生化培养箱、超净工作台、显微镜等仪器共 20 余件。

开展对社会的有偿服务,开辟了新的经费渠道,有力推动了实验室建设,同时,对“中心”在实验室建设过程中更加精打细算、提高效益以及更好地走群众路线,实行民主决策方面也是有意义的。

（作者:徐峰,葛明德,金宗濂;原载于北京联合大学《高教研究》1998 年第 1 期,并被《二十一世纪中国社会发展战略研究文集》收录）

发展高等职业技术教育
培养“技术型”的食品工业人才

1995年应用文理学院生物化学部与北京市第一轻工业学校联合试办“食品工艺与质量监控”专业的高等职业教育班。经过几次研讨，并学习兄弟院校的经验，我们对开展高等职业教育的必要性的认识有了明显的提高。为了适应首都经济建设的发展，推动食品工业发展，生物化学部在培养“食品科学与营养学”专业的学科型人才的同时，大力发展高等职业技术教育，培养技术型的食品工艺与质量监控人才。

一、发展高等职业技术教育，提高劳动者的科学文化素质，是振兴我国食品工业的必由之路

高等职业教育是国民教育体系中的重要组成部分，是生产社会化、现代化的重要支柱。随着科学技术的迅速发展，技术密集型企业和以高新技术产业为代表的第三产业的兴起，不仅需要研究、设计、规划、决策的学术型、工程型人才，更需要大批受过高等职业教育并在生产或工作第一线从事生产技术和经营管理的技术型和管理型人才。当前，世界各国有识之士都逐渐认识到“技术”对于社会发展所起的促进作用。越来越多的国家期望通过职业教育，提高和改善劳动者的素质，以此提高科技转化为生产力的能力，以推动经济的高速发展。

在我国，食品工业是从手工业基础上发展起来的，设备陈旧落后，工人的素质低，技术力量差。至1985年，北京市的食品行业中，中专以上的技术人员不足0.9%，至90年代，技术人员的比例也不超过2%，这是北京市食品工业长期落后的根本原因之一。为此，应用文理学院在1983年设置了“食品科学与营养学”专业，为北京市的食品工业培养高级专门人才。但是，近10年来，随着改革开放的不断深入，食品工业的面貌发生了根本的变化，不仅像生物工程这样的高新技术引入食品工业，而且高精尖的自动化设备和生产线也武装首都的食品工厂。越来越多

的人逐渐认识到，企业的竞争实质上是技术的竞争，说到底是人才的竞争。企业发展需要一批具有一定的理论知识，又有较强的实际动手能力，面向生产第一线从事成熟技术应用和运作的技术和管理人才。1995 年 5 月，应用文理学院生物化学部主任金宗濂教授去台湾讲学，走访了台湾的重点食品企业——统一食品集团。该企业仅是一般食品的生产企业，但它的经济效益却与大陆地区效益较好的药业大厂（如南方制药厂）相当。除了科研投入不同外，重要原因是员工的素质。他们的工人，一般受过高等职业技术教育，还有相当一批本科生。由此可见，职业教育与社会经济发展存在着天然的、紧密的联系，它是社会经济发展的一个支撑。发展食品工业不仅需要从事科研、开发、规划和设计的学术型人才，更需要大批在生产第一线从事生产组织和管理的技术型人才。由于生产现代化，中等技术人才已不能胜任现代化大生产，培养高等技术人才被提到议事日程。因此，生物化学部决定在本科专业《食品科学与营养学》和《近代仪器分析》的基础上，试办高等职业技术教育班，以满足北京市食品工业向现代化企业接轨的需要。

二、以职业岗位设置专业、确定培养目标是高等职业教育的一个重要特征

高等职业技术教育是高等教育的一个组成部分。它具有高等教育的属性，但又不同于普通高等教育。高等职业教育并非仅以知识的获取为主要目标，而是达到胜任一定的职业岗位要求为目标。在调查中我们了解到，在食品和工业发酵行业中，需要一批能够从事常规工艺技术实施、工艺管理、生产调度、产品检测的工艺员、质量监控员以及产品更新、副产品综合利用、小型技术试验等高等专业技术人员。这些岗位，要求在岗技术人员有较强的实际动手能力，较好的应变能力和组织能力，在理论方面仅要求知识够用。因此，高等职业技术教育与普通高等教育相比，具有以下特点：

（一）以岗位设置专业，从岗位出发提出能力和技能的培养目标。

（二）在理论知识方面，要求理论深度低于普通高等教育，但要具有较宽的知识面。我们调整了部分课程，不再上“普通物理”课，增开了“电子电工、化工仪表”等课程；取消了“物理化学”课，其他基础理论课学时相对减少，以理论知识够用为限。

（三）在实践教学方面，比普通高等教育要求更高，加强实践教学环节，强调

综合运用各种知识解决实际问题。目前，本专业的普通实验课学时已占总学时的43.6%写，除此之外，还有15周的综合训练、岗位培训和16周的毕业设计，以增强学生的职业技能和职业能力。

（四）学生毕业后，不仅可以取得学历文凭，而且权威机构还将授予技术等级证书。

中等专业教育也是按某一职业岗位设置专业，培养中级技术型的专门人才为目标。在这一点上，它与高等职业教育的本质是一样的。但两者相比，高等职业教育具有以下特点：

（一）培养目标是高级的技术型人才。

（二）在文化基础方面要高于中专，特别是在外语、应用数学、计算机应用等方面要有所加强，并应用于实践。

（三）在专业理论方面，在中专理论课的基础上，进一步加深、拓宽，适应高新技术和复合岗位的需要。

（四）在实践技能和能力方面，不仅熟练程度有所提高，而且能够适应日益现代化、复杂化的岗位。

总之，高等职业教育的培养目标是高等技术人员或技术师。它的文化基础是高中水平或建立在中专技能和技术基础之上的。因此，高等职业教育和中专教育是可以衔接的。我们设置的《食品工艺与质量监控》专业，培养高级技术人才，它既区别于《食品科学与营养学》专业培养的学科型人才，也不同于中等专业学校培养的中级技术人才。

三、注重职业技能和职业能力培养是高等职业教育的核心

培养目标明确后，一个重要的问题就是如何确定课程体系、课程内容及时间分配计划。我们认为，《食品工艺与质量监控》专业是培养工艺员（食品、发酵）及质量监控的技术型人才，因此，教学计划、课程设置和教学过程要具有明确的职业性特征，要确立知识和能力的标准，既要与中专衔接好，又要突出以能力培养为核心的职业技能和职业能力的培养。所以，在吸取国内外的经验后，我们从食品工艺和质量监控这两个岗位来确定能力培养目标，并围绕能力培养制订教学计划。

高等职业技术教育是以岗位设置专业，因此在课程设置上要满足岗位的要求。基础理论知识以够用为限，加强实践环节，进行各方面的综合训练，实践学时

要占总学时的50%以上。根据岗位需要，我们将能力培养分为七个方面，参见附表。

附表　食品工艺与质量监控专业培养目标分析

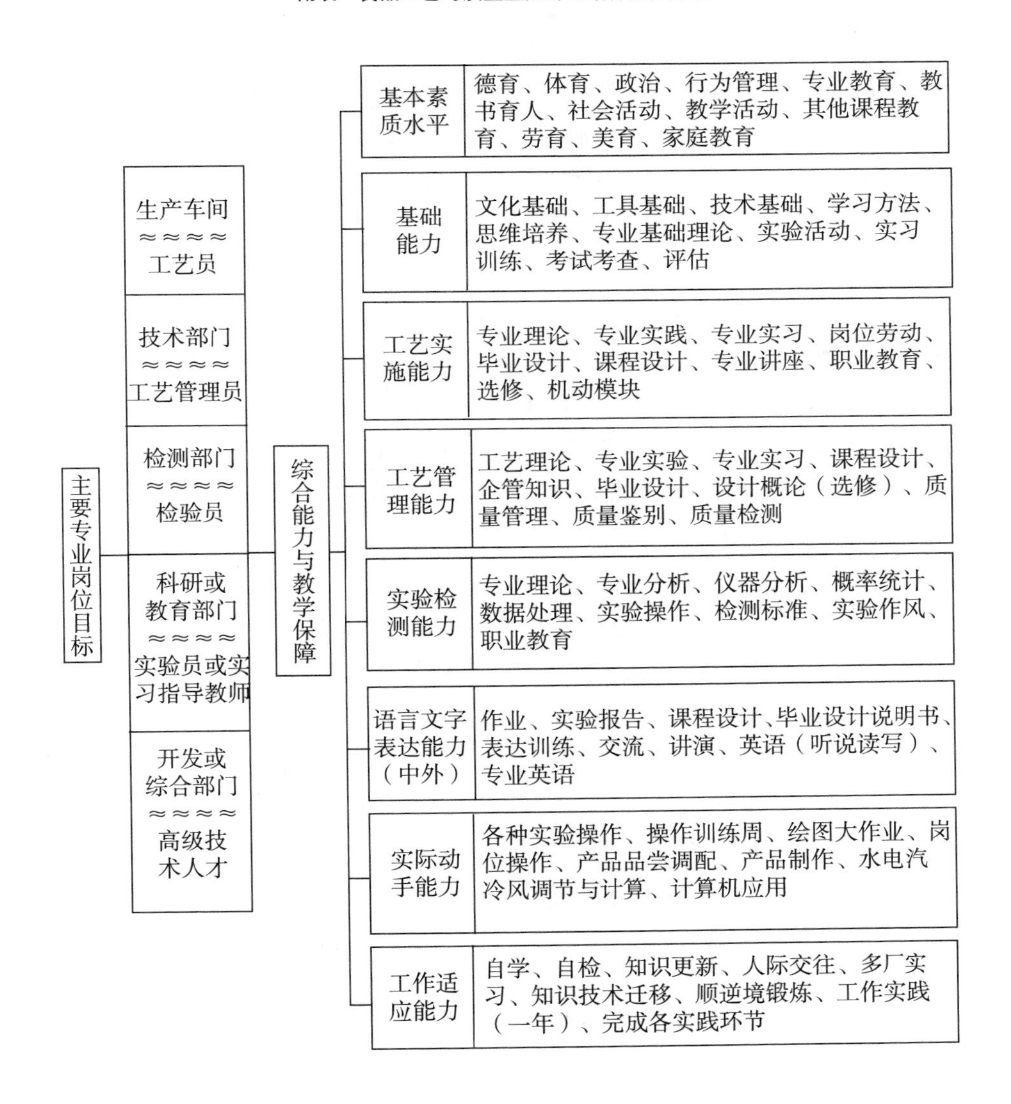

(一)基础能力

要具有高级技术人员的基本素质,能够将所学知识和技能运用于实际工作;具备一定的自学能力和知识更新能力,解决工作和学习中的一般问题;具有一定的计算能力、写作能力和社交能力。

(二)工艺实施能力

掌握食品发酵工艺的基本原理,熟悉食品发酵产品的检验项目和规定;懂得主要生产设备的工作原理和操作要点,针对生产问题,设计小型的工艺试验等。要熟悉原辅料产品的质量评价,掌握原材料设备对产品质量的影响,确定小型的技术改革项目,并提出方案等。

(三)工艺管理能力

掌握食品工艺的基本原理,熟悉食品发酵产品的检验项目和规定;熟悉全厂各车间的生产任务和生产规律,协助或参与新产品、新工艺、新技术的开发;具备食品品尝、酒类品评的初步技能,掌握工艺实验操作技能;具备起草工艺调整文件的能力,熟悉企业标准及企业工作程序,运用企业管理知识参与经济活动分析,懂得商品营销知识及市场调研方法;能够起草生产情况报告和总结等。

(四)实验检测能力

熟悉食品发酵产品国家标准,懂得食品发酵工艺基本原理;掌握食品发酵专业分析检测理论知识,掌握容量分析各种规范操作技能及仪器分析方法选择和操作技术;熟悉食品发酵产品理化检验标准,懂得检验与生产、工艺管理的关系;熟悉并执行微生物检验标准,在微生物实验项目、仪器分析项目、发酵分析项目方面每项不少于50学时。

(五)实际动手能力

掌握基础课、专业课及实验操作技能,通过工艺实习、课程设计、毕业设计的基本训练,具备自己动手制作试验、仪器安装等技能;会画工艺布置、配件管路、试验装置、试验设备等草图。要掌握计算机基础知识和操作技能,能使用常用的计算机应用软件,使计算机成为自己工作中必不可少的重要工具。

(六)中外语言及文字表达能力

能够起草工作计划和工作总结;能够做好资料整理和信息汇编工作;掌握试验报告、技术文件、技术论文书写方法和格式,并能够用专业技术术语进行交流;外文知识和能力要达到大学三级,并具有一般的听、说、交际能力。

（七）工作适应能力

要具有独立的工作和生活能力以及自我约束能力；能够适应工作环境的变化，与上、下级相互配合，与群众搞好关系，正确对待逆境和困难。要具有较宽的知识面，能够跟上工作的新要求，在人际交往中，要礼貌待人，言谈举止稳重大方，要体现企业的精神面貌，维护企业的荣誉等。

能力培养目标确定之后，我们将以怎样的方式来实现这些目标？我们参阅了台湾、韩国等国内外相同专业的课程设置，决定采取阶梯式的课程结构：即第一年是职业基础教育；第二年是职业领域专门训练；第三年向特定的职业深入。

配合实现每项培养目标，我们开设了相应的相关技术课、专业基础课、专业课以及各种综合训练、毕业设计等教学实践活动。

四、与重点中专联合办学是有效利用资源，确保教学质量的好形式

突出岗位技术技能和实际动手能力的培养，是高等职业教育的一大特征，如果在整个教学过程中，不能全面、系统地突出这种能力的培养，就不能实现我们制定的培养目标，也办不出高等职业教育的特色。因此，在能力教学的目标和教学计划确定之后，最重要的问题是如何从教学的软、硬件方面来确保这一目标的实现，其中最重要的两个方面是实践教学及教材。由于种种原因，北京联合大学，特别是应用文理学院食品专业，目前尚无实践基地，尤其是食品工艺，连个像样的实验室也没有。经过有关领导推荐，我们决定与北京市重点中专——北京市第一轻工业学校共同举办了应用文理学院首届高等职业教育——《食品工艺与质量监控》专业大专班。最近几年，北京市一轻学校得到80万美元世界银行贷款，购置了许多较为先进的仪器和单元设备，还有一条饮料生产线。我们可以充分利用一轻学校现有的仪器设备条件，这样不仅可以共享教学资源，满足教学要求，完成教学过程中重要的实践环节，确保办学质量，而且可以节省大量的教学经费开支。

从双方的师资队伍建设来看，联合办学也是大有好处的，可以取长补短。大学的教师理论知识较深，科研能力强，但缺少生产第一线的实践经验。而中专教员，他们更着眼于实践环节，实践经验较为丰富，但在理论及科研方面相对较弱。因此，这种联合办学的形式，对双方教师是互相学习，取长补短，共同提高的极好机会。另外，高等职业教育的教师应是“双师型”的，既要有高等教育的理论基础和学术水平，又要有在生产第一线上的实践经验；既是教授、副教授，又是高级工

程师、工程师或高级技师。要使我们的教师具备“双师型”的素质，通过这种联合办学形式，双方教师可以共同学习，共同进步，共同提高，逐步达到“双师型”的基本要求。

高等职业教育的发展在我国是近几年的事。要确保教学质量，教材问题日益突出。1995 年应用文理学院金宗濂教授去台湾讲学，收集了有关仪器类的高等职业技术教育的教材。我们正在组织力量以台湾教材为基础，结合我国大陆地区的食品工业实际，编写适合《食品工艺与质量监控》专业用的教材，以确保培养高质量的技术型人才。

（作者：白桦，唐秀华，孙士英，金宗濂；
原载于《北京联合大学学报》1995 年第 4 期）

附录:金宗濂教授著述目录

(按发表日期先后为序)

1. 金宗濂等. 光辐射、冲击波对开阔地面畜禽的杀伤特点及受害畜禽利用价值研究. 中国人民解放军国防科学技术委员会出版,我国核试验技术资料汇编第八分册《我国核试验技术资料汇编第八分册》

2. 金宗濂等. 接受 * * 拉特早期核辐射对畜禽繁殖机能影响研究. 中国人民解放军国防科学技术委员会出版,我国核试验技术资料汇编第八分册《我国核试验技术资料汇编第八分册》

3. 金宗濂等. 接受 * * 拉特早期核辐射对畜禽远期效应观察. 中国人民解放军国防科学技术委员会出版,我国核试验技术资料汇编第八分册《我国核试验技术资料汇编第八分册》

4. 金宗濂等. 简易掩蔽地坑对光辐射、冲击波防护作用研究. 中国人民解放军国防科学技术委员会出版,我国核试验技术资料汇编第八分册《我国核试验技术资料汇编第八分册》76 – 86

5. 金宗濂. 达乌尔黄鼠(Citellus dauricus)冬眠的一些观察. 北京大学研究生硕士论文摘要汇编,理科版,1982 届

6. Y. P. Cai, Z. L. Jin, Induced Rammer hiberhation in Cittelus dairies, Program and Abstract for Living inde cold An international Symposium Staford University conference center Fallen Leaf Lake, California, 1985

7. 蔡益鹏,金宗濂,郑为民. 中国达乌尔黄鼠有否血源性冬眠触发物质. 科学通报,1986 年第 4 期

8. 蔡益鹏,金宗濂,郑为民. Does the Blood – Borne Hibernation Induction Trigger(hit) Exist in the Chinese Seasonal Hibernator(Citellus dauricus PALLAS)? , *Science Bulletin*, 1986(4)

9. 蔡益鹏,金宗濂,郑为民. 中国达乌尔黄鼠的夏季诱发冬眠——对有否冬眠触发物质的探讨. 生态学报,1987 年第 4 期

10. 金宗濂,蔡益鹏. 季节、环境温度与黄鼠冬眠的关系. 生态学报,1987 年第 2 期

11. 金宗濂,蔡益鹏. 人工低体温条件下达乌尔黄鼠的脑电研究. 生理通讯,中国生理学第一届比较生理学学术会议论文摘要汇编,1987 年

12. 金宗濂,蔡益鹏. 人工低体温条件下达乌尔黄鼠心电研究. 生理通讯,中国生理学第一届比较生理学学术会议论文摘要汇编,1987 年

13. 金宗濂,文镜. 复方脉饮的配方及其对运动疲劳及耐力影响. 中草药,1990 年第 8 期

14. 金宗濂,文镜. 从血乳酸动态变化看药物和实物抗疲劳的作用. 北京联大学学报,1990 年第 1 期

15. 金宗濂. 参芪合剂抗衰老及有效成分研究. Progress Report to ZENYAKU, 1990 年

16. 金宗濂,唐粉芳,戴涟漪,丁伟,周宗俊. 榆黄蘑发酵液的抗衰老研究. 北京联合大学学报,1991 年第 7 期

17. 金宗濂,唐粉芳,戴涟漪,丁伟,周宗俊. 金针菇发酵液的抗衰老作用. 中国应用生理学杂志,1991 年第 12 期

18. L. C. H. Wang, Z. L. Jin, Decrease in cold Tolerance of Age Rat Caused by the Enhanced Adenosine Activity, *Pharmocology Biochemistry and Behavior*, 1992 年

19. 文镜,金宗濂. 小鼠运动后血尿素的变化规律及药物影响的实验研究. 华北地区生化学术会议论文摘要汇编,1992 年

20. Z. L. Jin et al. , Age – dependent change in the Inhibiting effect of Adenosine on hippocaml Ach Release in Rat, *Brain Research Bullitin*, 1993 年(Vol. 301)

21. 文镜, 陈文, 王津, 金宗濂. 金针菇抗疲劳的实验研究. 营养学报,1993 年第 4 期

22. 金宗濂. 开发中医药食疗宝库,发展中国特色的营养保健食品——从食养、食疗到功能食品. 中国中西医结合杂志,1993 年第 9 期

23. 文镜,金宗濂, 陈文, 周宗俊. 榆黄蘑对小鼠血乳酸、血尿素、乳酸脱氢酶影响的实验研究. 北京联合大学学报,1994 年第 2 期

24. 唐粉芳,金宗濂,王磊, 张文清, 赵红,李静绮. 香菇发酵液对小鼠抗衰老及增强免疫功能的评价. 北京联合大学学报,1994 年第 1 期

25. 唐粉芳,金宗濂,王磊, 郭豫. 富硒营养粉对人工缺硒小鼠免疫、衰老、疲

劳等生理指标的影响. 北京联合大学学报,1994 年第 1 期

26. 唐粉芳,金宗濂,王磊, 郭豫. 半乳糖亚急性致衰老模型的研究. 北京联合大学学报,1994 年第 1 期

27. 唐粉芳,金宗濂,赵凤玉,张文清. 金针菇发酵液对小鼠免疫功能和避暗反应影响. 营养学报,1994 年第 4 期

28. 文镜,唐粉芳,金宗濂:黑粘米酶解水提液延缓衰老作用研究,赖来展著:黑色食品开拓研究,1995 年

29. 金宗濂. 小议我国功能食品的发展方向. 科技与企业,1995 年

30. 文镜, 金宗濂, 翟士领."燕京 2 号"口服液抗疲劳作用的实验研究. 首届国际中医药保健与食疗研讨会论文汇编,1995 年

31. 金宗濂,朱永玲,赵红等. 功能因子——腺苷(Adenosine)受体阻断剂改善老年记忆障碍的研究. 首届国际中医药保健与食疗研讨会论文汇编,1995 年

32. 文镜, 王津, 金宗濂. 通过小鼠运动后血尿素变化规律观察中药的抗疲劳作用. 北京联合大学学报,1995 年第 2 期

33. 金宗濂,赵红, 王磊, 唐粉芳, 高松柏. SOD 作为延衰食品功能因子的可行性研究. 食品科学,1995 年第 8 期

34. 金宗濂,王卫平,赵红. 腺苷与阿尔采默氏型老年痴呆症——一种可能的分子机制的新思路. 心理学动态,1995 年第 4 期

35. 金宗濂. 中国保健食品功能评价程序和检验方法建立与实施. 海峡两岸首届营养与保健食品学术研讨会论文摘要,1996 年

36. 金宗濂. 中国功能食品的回顾与展望. 燕京研究院 94 国际学术研讨会——当代食品工业发展趋势论文集,北京大学出版社,1996 年

37. 金宗濂,文镜, 李嗣峰, 王家璜. 参芪合剂抗衰老的实验研究. 中草药,北京大学出版社,1996 年第 2 期

38. 金宗濂,朱永玲,赵红等. 腺苷受体阻断剂对老年大鼠记忆障碍的研究. 营养学报,1996 年第 1 期

39. 金宗濂. 发展具有中国特色的功能食品. 中国食物与营养,1996 年第 1 期

40. 文镜,金宗濂. 肝癌细胞能量代谢中三种酶活力的比较研究. 北京联合大学学报,1996 年第 2 期

41. 唐粉芳,陈文, 金宗濂. 硒的生理活性及保健功能. 中国食物与营养,1996 年第 3 期

42. 金宗濂. 你知道吗？1997：保健食品将有新标准——谈新出台的保健食品功能学评价程序和检验方法，中国食品，1996 年第 11 期

43. 金宗濂. 1997：保健食品将有新标准——谈新出台的保健食品功能学评价程序和检验方法，中国食品，1996 年 12 期

44. 王政，刘忠信，戴涟漪，李鹏宇，谢承宁，王昉，金宗濂. 金针菇增强免疫保健营养液的研制. 北京联合大学学报，1996 年第 4 期

45. 金宗濂，王卫平. 茶碱对东莨菪碱造成的记忆障碍大鼠海马皮层及机体乙酰胆碱含量的影响. 中国营养学会第四次营养资源与保健食品学术会议论文摘要汇编，1997 年

46. 金宗濂，王卫平. 茶碱对喹啉酸损毁单侧 NBM 核大鼠学习记忆行为的影响. 中国营养学会第四次营养资源与保健食品学术会议论文摘要汇编，1997 年

47. 魏涛，金宗濂. 壳聚糖降脂、降血糖、增强免疫作用的研究. 中国甲壳质资源研究开发应用学术研讨会论文集（下册）青岛，1997 年

48. 文镜，陈文，金宗濂. "六珍益血粥"的配制及其对贫血改善作用的实验研究. 食品科学，1997 年第 1 期

49. 文镜，金宗濂. 大鼠脑组织腺苷含量的 HPLC 分析. 北京联合大学学报，1997 年第 1 期

50. 文镜，陈文，金宗濂. 复方生脉饮对小鼠心肌 LDH 同工酶的影响. 中草药，1997 年第 11 期

51. 文镜，唐粉芳，高宇时，高兆兰，金宗濂. 果蔬组织中维生素 C 对邻苯三酚法测定 SOD 的影响. 中华预防医学杂志，1997 年第 6 期

52. 文镜，陈文，金宗濂. 用血糖动态变化评价抗疲劳功能食品可行性的研究. 食品科学，1997 年第 11 期

53. 施鸿飞，王磊，唐粉芳，金宗濂. 黑米对小鼠 HyP 和 GSH – Px 的影响. 南京中医药大学学报，1997 年第 11 期

54. 魏涛，唐粉芳，郭豫，金宗濂等. 壳聚糖降血糖作用的研究. 中国甲壳资源研究开发应用学术研讨会论文集（下册），1997 年

55. 魏涛，唐粉芳，郭豫，金宗濂等. 壳聚糖降脂作用的研究. 中国甲壳资源研究开发应用学术研讨会论文集（下册），1997 年

56. 唐粉芳，金宗濂. 茶碱的动员脂肪功能及其在功能食品中的应用. 全国第二届海洋生命活性物质天然生化药物学术研讨会论文集，1998 年

57. 金宗濂. 口服茶碱对喹附酸损伤 NBM 核大鼠学习记忆行为影响. 全国第二届海洋生命活性物质天然生化药物学术研讨会论文集,1998 年

58. 金宗濂. 苯异丙醛腺苷对大鼠学习记忆行为和脑内单胺类递质的影响. 全国第二届海洋生命活性物质天然生化药物学术研讨会论文集,1998 年

59. 金宗濂. 嘌呤类物质的生理活性剂第三代功能食品研制与开发. 无锡轻工大学学报,1998 年第 17 期

60. 金宗濂,葛明德. 以科研为先导,推动学科建设,办好特色专业,食品科学和营养学专业方向与学科建设 15 年回顾. 北京联大高教研究,1998 年第 2 期

61. 金宗濂. 保健食品研讨会:A. 中国大陆保健食品现状及展望;B. 中国大陆保健食品的管理制度和政策;C. 中国大陆保健食品市场开拓;D. 中国大陆保健食品功能性评估及方法;E. 嘌呤类物质生理活性与第三代保健食品研究与开发,台湾新竹食品工业发展研究所,1998 年

62. 金宗濂. 保健(功能)食品的现状和展望. 食品工业科技,1998 年第 4 期

63. 唐粉芳,陈文, 金宗濂. 硒的生理活性及保健功能. 中国食物与营养,1996 年第 3 期

64. 施鸿飞,曹晖, 孙鸿才, 唐粉芳, 王磊, 金宗濂. 桑源口服液延缓小鼠衰老指标观察. 南京中医药大学学报,1998 年第 11 期

65. 徐峰,葛明德, 金宗濂. 更好地发挥实验室的社会服务功能. 北京联大高教研究,1998 年第 1 期

66. 张连龙,金宗濂. 脑白金胶囊改善睡眠作用的实验研究. 安徽医药,1999 年第 2 期

67. 金宗濂等. 肝细胞能量代谢中三种酶活力比较研究. 北京联合大学学报,1996 年第 2 期

68. 金宗濂. 中国保健(功能)食品的现状及趋势. 中国食品工业 50 年,中国大百科全书出版社,1999 年

69. 文镜,赵建, 毕欣, 张东平, 金宗濂. 金属硫蛋白抗亚急性辐射的实验研究. 中国营养学会第五次营养资源与保健食品学术会议论文摘要汇编,1999 年

70. 金宗濂,文镜,王卫平,贺闻涛. 天然腺苷受体阻断剂茶碱改善学习记忆障碍机理的研究. 食品工业科技,1999 年第 12 期

71. 金宗濂,文镜. 茶碱的动员脂肪及抗疲劳功能及其机理研究. 食品工业科技,1999 年第 12 期

72. 文镜,金宗濂. 金属硫蛋白抗亚急性辐射的实验研究. 中国营养学会第五次营养资源与保健食品学术会议论文摘要汇编,广西,1999 年

73. 金宗濂,文镜等. 茶碱的动员脂肪及抗疲劳功能及其机理研究. 东方食品国际会议论文摘要集,北京,1999 年

74. 文镜,金宗濂. 参芪合剂对血乳酸、血尿素及肌力影响. 当代卓越医家学术研究. 香港医学出版社,1999 年

75. 金宗濂. 于怀谦中国大陆保健食品功能评价原理. 食品工业(台湾),1999 年第 12 期

76. 金宗濂,文镜. 茶碱的动员脂肪功能及其在功能食品应用. 食品工业科技,1999 年第 12 期

77. 金宗濂. 中国保健食品的现状、存在问题和发展趋势. 中国保健食品,2000 年第 2 期

78. 魏涛,金宗濂等. 壳聚糖降血脂、降血糖及增强免疫作用的研究. 食品科学,2000 年第 4 期

79. 文镜,王卫平,贺闻涛,金宗濂. 不同龄大鼠不同脑区乙酰胆碱的反相高效液相色谱测定. 北京联合大学学报,2000 年第 2 期

80. 魏涛, 唐粉芳, 王卫平, 高兆兰,金宗濂. 金属硫蛋白抗氧化及增强免疫作用的研究. 中国食品添加剂,2000 年第 2 期

81. 金宗濂. 中国大陆和台湾地区健康(保健)食品的管理体制的比较研究. 中国保健食品,2000 年第 3 期

82. 金宗濂. 我国保健食品科研开发进展(一)——功能因子及其作用机理研究. 未来五十年北京农业与食品业的发展研讨会论文集,2000 年

83. 金宗濂. 文镜,王卫平,贺闻涛. 茶碱改善东莨菪碱诱发的大鼠记忆障碍. 生理学报,2000 年第 5 期

84. 文镜,常平,顾晓玲,金宗濂. 红曲中内酯型 Lovastatin 的 HPLC 测定方法研究. 食品科学,2000 年第 12 期

85. 金宗濂. 嘌呤类物质生理活性和第三代保健(功能)食品研制与开发. 食品科学,2000 年第 12 期

86. 文镜,顾晓玲,常平,金宗濂. 双波长紫外分光光度法测定红曲中洛伐他汀(Lovastatin)的含量. 中国食品添加剂,2000 年第 4 期

87. 金宗濂. 我国保健食品科研开发进展(一)功能因子及其作用机理研究.

未来五十年北京农业与食品也发展学术论文集。北京市科学技术学会重大学术活动之一,第六届世界城市首脑会议系列活动之一。

88. 金宗濂. 我国保健食品现状与21世纪发展趋势. 卫生部首届保健食品理论研讨会论文汇编,2000年

89. 金宗濂. 中国大陆和台湾地区健康食品管理体制比较. 卫生部首届保健食品理论研讨会报告,2000年

90. 金宗濂. 中国保健食品科研开发进展(一)功能因子及其作用机理研究. 中国保健食品,2001年第1期

91. 文镜,金宗濂. 茶碱促进脂肪动员功能的研究. 东方食品国际会议论文集,2000年

92. 金宗濂. 保健食品管理与开发. 中国卫生画报,2001年第4期

93. 金宗濂. 中国保健食品的现状及管理体制. 保健食品科技发展国际研究会论文集,2001年

94. 金宗濂. 我国保健食品市场现状及发展趋势. 食品工业科技,2001年第3期

95. 文镜,金宗濂. 芪草当归五子汤抗疲劳的研究. 世界名医论坛杂志,2001年第2期

96. 魏涛,金宗濂. 木糖醇改善小鼠胃肠道功能的实验研究. 食品工业科技,2001年第5期

97. 金宗濂. 中国保健食品科研发展进展(二)对功能性基础配料研究. 中国保健食品,2001年第7期

98. 金宗濂. 中国保健食品科研开发进展(三)对功能性基础配料研究. 中国保健食品,2001年第9期

99. 金宗濂. 我国保健食品的管理体制及消费者需求. 中国保健食品,2001年第10期

100. 金宗濂. 我国保健食品的管理体制及消费者需求(续). 中国保健食品,2001年第11期

101. 金宗濂. 我国保健食品的管理体制及消费者需求(续). 中国保健食品,2001年第12期

102. 文镜,赵建,毕欣,金宗濂,金瑞元,茹炳根. 金属硫蛋白抗辐射的实验研究. 营养学报,2001年第3期

103. 文镜,常平,顾晓玲,金宗濂. 红曲及洛伐他汀的生理活性和测定方法研究进展. 中国食品添加剂,2001 年第 1 期

104. 金宗濂. 我国保健食品市场现状及发展趋势. 食品工业科技,2001 年第 3 期

105. 金宗濂,王政,陈文,田熠华,金川,张颖,马远芳. 低聚异麦芽糖改善小鼠胃肠道功能的研究. 食品科学,2001 年第 6 期

106. 文镜,常平,顾晓玲,金宗濂. 红曲及洛伐他汀的生理活性和测定方法研究进展. 中国食品添加剂,2001 年第 1 期

107. 姜招峰,张蕾,谢宏,赵静,赵江燕,金宗濂. Aβ 神经毒性作用机制的研究:Aβ1 -40 与 CU(Ⅱ)的螯合. 中国生物化学与分子生物学会第八届会员代表大会暨全国学术会议论文摘要集,2001 年

108. 魏涛,陈文,齐欣,彭涓,金宗濂. 木糖醇改善小鼠胃肠道功能的实验研究. 食品工业科技,2001 年第 5 期

109. 金宗濂. 我国保健食品的现状与发展趋势. 食品工业科技,2001 年第 3 期

110. 金宗濂. 我国保健食品产业现状及发展趋势. 第二届世界养生大会论文集,2002 年

111. 金宗濂. 我国保健食品管理体制及消费者需求(续). 中国保健食品,2002 年第 1 期

112. 金宗濂. 我国保健食品管理体制及消费者需求(续). 中国保健食品,2002 年第 3 期

113. 金宗濂. 日本的特定保健用食品及其管理体制. 中国保健食品,2002 年第 4 期

114. 金宗濂. 2001 年中国产业研究报告. 中国工业经济联合会信息工作委员会,2002 年

115. 金宗濂. 2001 年中国保健食品产业现状 2002 年展望. 中国食品工业与科技蓝皮书,2002 年

116. 金宗濂. 进入 WTO 后,我国保健食品产业面临危机与机遇. 中国保健食品产业面临危机和机遇. 中国保健食品行业入世对策及行规高层研讨会文集,2002 年

117. 金宗濂. 从现代食品分析技术发展谈技术应用型人才培养. 北京联合大学技术应用型本科研讨会论文集,2002 年

118. 文镜,金宗濂. D－木糖调节肠道功能的实验研究. 世界名医论坛杂志,2002 年第 2 期

119. 金宗濂. 日本的特定保健用食品及其管理体制. 中国保健食品,2002 年第 5 期

120. 金宗濂. 美国的健康食品及其管理体制. 中国保健食品,2002 年第 6 期

121. 金宗濂. 美国的健康食品及其管理体制(续). 中国保健食品,2002 年第 7 期

122. 金宗濂,文镜. 参芪合剂抗衰老的实验研究. 中国医学月刊,2002 年第 1 期

123. 金宗濂. 我国保健食品市场现状及发展趋势. 中国食品工业年鉴,2002 年

124. 金宗濂. 台湾的保健食品及管理体制(上). 中国保健食品,2002 年第 8 期

125. 金宗濂. 台湾的保健食品及管理体制(下). 中国保健食品,2002 年第 9 期

126. 文镜,罗琳,常平,金宗濂. 紫外分光光度法测定红曲中酸式 Lovastatin 的含量,中国食品添加剂,2002 年第 1 期

127. 金宗濂. 2001 年中国保健食品产业的现状及 2002 年展望. 食品工业科技,2002 年第 2 期

128. 魏涛,张蕊,金宗濂. 褪黑激素抗氧化作用的研究. 食品工业科技,2002 年第 2 期

129. 金宗濂. 中国保健食品现状、存在问题和发展趋势. 中国食品工业年鉴,2002 年

130. 魏涛,魏威凛,贡晓娟,金宗濂. 冬虫夏草菌丝体镇咳、祛痰及抗菌消炎作用的研究. 食品科学,2002 年第 3 期

131. 杜昱光,白雪芳,金宗濂,燕秋,朱正美. 壳寡糖抑制肿瘤作用的研究. 中国海洋药物,2002 年第 4 期

132. 文镜,赵建,朱晔,沈琳,金宗濂. 利用失血性贫血动物模型评价含 EPO 因子功能食品的方法. 食品科学,2002 年第 7 期

133. 文镜,李晶洁,郭豫,张东平,赵江燕,金宗濂. 用蛋白质羰基含量评价抗氧化保健食品的研究. 中国食品卫生杂志,2002 年第 4 期

134. 文镜,金宗濂. D－木糖调节肠道功能的实验研究. 世界名医论坛杂志,

2002年第2期

135. 文镜,吕菁菁,戎卫华,金宗濂.低聚壳聚糖抑制肿瘤作用的实验观察,食品科学,2002年第8期

136. 魏涛,唐粉芳,郭豫,贡晓娟,张鹏,魏威凛,金宗濂.冬虫夏草菌丝体改善肺免疫功能的研究.食品科学,2002年第8期

137. 魏涛,唐粉芳,金宗濂.褪黑激素的生理功能.食品工业科技,2002年第9期

138. 金宗濂.中国保健食品产业的出路——与国际接轨　与世界同行.中国保健营养,2002年第11期

139. 金宗濂.对发展我国保健食品行业的一些思想.中国食品工业与科技蓝皮书,2003年

140. Zonglian Jin, Bodi Hui,Development of functional food production and market in China :expereme progress and scope for future ASEAN food science and technology :cooperation and integration for development proceeding of the 8th ASEAN food conference Hanoi Vietnam ,2003

141. 文镜,金宗濂.红曲中 Lovastatin 的检测,全国功能性发酵制品生产与应用技术交流展示会论文集,2003年

142. 金宗濂,唐粉芳.国外功能食品研究现状与法规.全国功能性发酵制品生产与应用技术交流展示会论文集,2003年

143. 金宗濂.从我国食品工业的发展试论应用型食品科学人才的培养.2003年海峡两岸高职教育学术研讨会论文集,2003年

144. 金宗濂.2002年中国保健食品制造业发展报告.中国食品工业发展报告(2003),中国轻工出版社,2003年

145. 文镜,常平,刘迪,金宗濂.RP-HPLC 以开环形式测定红曲中总 Lovastatin 含量.食品科学,2003年第3期

146. 魏涛,唐粉芳,张鹏,何峰,潘丽颖,金宗濂.褪黑激素调节免疫和改善睡眠作用的研究.食品科学,2003年第3期

147. 金宗濂.我国保健食品的市场走向及发展对策.食品工业科技,2003年第4期

148. 文镜,刘迪,金宗濂,洛伐他汀检测方法研究进展.北京联合大学学报(自然科学版),2003年第3期

149. 雷萍,金宗濂. 红曲中生物活性物质研究进展. 食品工业科技,2003 年第 9 期

150. 金宗濂. 我国保健食品市场走向及对策. 食品工业年鉴,中华书局,2004 年

151. 裴凌鹏,惠伯棣,金宗濂,张静. 黄酮类化合物的生理活性及其制备技术研究进展. 食品科学,2004 年第 2 期

152. 郭俊霞,金宗濂. 食物中一些降压的生物活性物质及其降压机理. 食品工业科技,2004 年第 2 期

153. 唐粉芳,张静,邹洁,孙伟,焦晓慧,金宗濂. 红曲对 L－硝基精氨酸高血压大鼠降压作用初探. 食品科学,2004 年第 4 期

154. 金宗濂. 保健食品消除自由基作用体外测定方法和原理. 食品科学,2004 年第 4 期

155. 雷萍,金宗濂. 几种食源性生物活性肽. 食品工业科技,2004 年第 4 期

156. 常平,李婷,李茉,金宗濂. γ－氨基丁酸(GABA)是红曲中的主要降压功能成分吗. 食品工业科技,2004 年第 5 期

157. 金宗濂. 保健食品注册管理制度及其进展. 第五届食品毒理学专业委员会学术会议及国际生命科学学会中国办事处生物活性物质学术研讨会论文集,2004 年

158. 金宗濂. 红曲降压的生理活性及功能因子研究初探. 第五届食品毒理学专业委员会学术会议及国际生命科学学会中国办事处生物活性物质学术研讨会论文集,2004 年

159. 金宗濂. 功能食品的发展趋势及未来. 食品工业科技,2004 年第 9 期

160. 裴凌鹏,惠伯棣,张帅,金宗濂. 葛根黄酮改善老龄小鼠抗氧化功能的研究. 营养学报,2004 年第 12 期

161. 金宗濂. 大陆保健食品管理体制变革. 2005 全球华人保健食品科技大会论文集,2005 年

162. 金宗濂. 解读《保健食品注册管理办法》——中国保健食品的注册管理及框架. 最新消费者维权法律文件解读,人民法院出版社,2005 年

163. 金宗濂. 中国保健食品的注册管理体制及架构. 中国食品工业与科技蓝皮书,2005 年

164. 张馨如,郑建全,魏嵘,任勇,金宗濂. 红曲中降压活性物质的提取工艺研

究.食品科学,2005年第4期

165.斐凌鹏,金宗濂等.葛根黄酮对DNA氧化损伤的保护研究.食品科学,2005年第4期

166.金宗濂.全球功能食品的市场及其发展趋势.食品工业科技,2005年第9期

167.金宗濂.红曲降压活性、活性成分及作用机理研究.农产品加工(学刊),2005年第10期

168.金宗濂.拥有巨大市场的保健食品——中国生物技术产业发展报告.化学出版社,2005年

169.金宗濂.21世纪全球功能食品及其发展趋势.中国食品工业与科技蓝皮书,2006年

170.金宗濂.保健食品中功能因子研究进展.2006年第四届中国功能食品配料应用暨发展研讨会,2006年

171.金宗濂.提高科技水平,我国保健食品走向世界.国际商情,2005年

172.金宗濂.世界功能性食品发展趋势与我国保健食品进展.中国老年学会老年营养与食品专业委员会第一届学术研讨会论文集,2006年

173.金宗濂.2005年我国营养产业与功能食品学科.食品科学技术学科发展研究报告,2006年

174.金宗濂.功能食品学科的现状及发展.食品学科技术学科发展报告,2007年

175.金宗濂.红曲降压活性、活性成分及作用机理研究.第四届第二次中国毒理学会食品毒理专业委员会学术会议论文集,2006年

176.金宗濂.2005年我国保健食品的注册及“注册管理办法”的实施态势.中国食品学报,2006年第6期

177.郭俊霞,郑建全,雷萍,高岩峰,陶陶,金宗濂.红曲降血压的血管机制:抑制平滑肌钙通道并激发其一氧化氮释放.营养学报,2006年第6期

178.秦菲,陈文,金宗濂.丙烯酰胺毒性研究进展.北京联合大学学报(自然科学版),2006年第9期

179.董福慧,金宗濂,郑军,裴凌鹏,高云,杨淑芹,蔡静怡.四种中药对骨愈合过程中相关基因表达的影响.中国骨伤,2006年第10期

180.秦菲,陈文,金宗濂,栾娜.油炸食品中丙烯酰胺分析方法研究进展.中国

油脂,2006 年第 11 期

181. 郑建全,郭俊霞,金宗濂. 红曲对自发性高血压大鼠降压机理研究. 食品工业科技,2007 年第 3 期

182. 雷萍,郭俊霞,金宗濂. 红曲对降低肾血管型高血压大鼠血压的生化机制. 辽宁中医药大学学报,2007 年第 3 期

183. 常平,张颖,夏开元,金宗濂. 红车轴草提取物中异黄酮成分的分析. 食品科学,2007 年第 9 期

184. 郭俊霞,郑建全,雷萍,高岩峰,陶陶, 金宗濂. 红曲降压的血管机制:抑制平滑肌钙通道并激发其一氧化氮释放. 中国食品科学技术学会第五届年会暨第四届东西方食品业高层论坛论文摘要集,2007 年

185. 金宗濂. 功能性饮料的市场发展趋势与管理对策. 中国食品学报,2007 年第 6 期

186. 刘长喜,金宗濂,李连达. 保健食品开发研究和营销管理模式的理论体系. 营养与食品——健康中国高级论坛Ⅱ论文集,2008 年

187. 金宗濂,陈文. 我国保健(功能)食品产业的创新与发展. 北京联合大学学报(自然科学版),2008 年第 4 期

188. 陈文,吴峰, 谷磊,金宗濂. 从北京保健食品市场调查结果探讨保健食品管理问题. 北京联合大学学报(自然科学版),2008 年第 12 期

189. 金宗濂. 我国保健(功能)食品产业的创新. 食品与药品,2009 年第 3 期

190. 金宗濂,张安国. 还原低聚异麦芽糖调节肠道菌群动物实验研究报告. 中国食品添加剂,2009 年第 4 期

191. 尚小雅,王若兰,尹素琴,李金杰,金宗濂. 紫红曲代谢产物中的甾体成分. 中国中药杂志,2009 年第 7 期

192. 陈文,魏涛,秦菲,金宗濂. 美国对功能食品的管理. 食品工业科技,2009 年第 7 期

193. 金宗濂,陈文. 创新是推动我国保健(功能)食品产业发展的根本动力. 食品工业科技,2009 年第 7 期

194. 陈文,秦菲,魏涛, 金宗濂. 日本对功能食品的管理. 食品工业科技,2009 年第 8 期

195. 魏涛,陈文,秦菲,金宗濂. 欧盟对功能食品的管理. 食品工业科技,2009 年第 9 期

196. 秦菲,陈文,魏涛,金宗濂. 澳大利亚对功能食品的管理. 食品工业科技,2009 年第 10 期

197. 秦菲,陈文,魏涛,金宗濂. 韩国对功能食品的管理. 食品工业科技,2009 年第 11 期

198. 魏涛,陈文,秦菲,金宗濂. 我国对保健(功能)食品的管理. 食品工业科技,2009 年第 12 期

199. 陈文,魏涛,秦菲,金宗濂. 我国与国外发达国家在功能食品管理上的差距. 食品工业科技,2010 年第 1 期

200. 金宗濂. 中国保健(功能)食品的发展. 食品工业科技,2011 年第 10 期

201. 金宗濂. 中国功能(保健)食品发展动向. 食品工业科技,2011 年第 10 期

202. 王志文,张秀春,徐峰,金宗濂. 润康普瑞牌平脂康胶囊辅助降血脂功能实验研究. 北方药学,2011 年第 11 期

203. 王志文,张秀春,徐峰,金宗濂. 平脂康胶囊辅助降血脂功能人体试食研究. 中医药临床杂志,2012 年第 1 期

204. 王志文,张秀春,徐峰,金宗濂. 润康牌伊然胶囊延缓衰老功能的研究. 北方药学,2012 年第 1 期

205. 金宗濂. 我国保健食品研发趋势及其产业发展走向. 农产品加工,2012 年第 12 期

206. 王志文,张秀春,徐峰,金宗濂. 润康牌伊然胶囊改善睡眠功能实验研究. 内蒙古中医药,2012 年第 12 期

207. 金宗濂. 我国保健食品研发与生产中可能出现的安全问题及对策. 中国食品学报,2013 年第 5 期

208. 赵建元,魏涛,陈文,秦菲,金宗濂. 加拿大对功能食品的管理. 食品工业科技,2013 年第 11 期